2019 第壹拾捌辑

中国建筑史论汇刊

王贵祥 主编
贺从容 李菁 副主编

清华大学建筑学院主办

中国建筑工业出版社

内容简介

《中国建筑史论汇刊》由清华大学建筑学院主办，以荟萃发表国内外中国建筑史研究论文为主旨。本辑为第壹拾捌辑，收录论文11篇，分为古代建筑制度研究、佛教建筑研究、建筑考古学研究、建筑史学史研究、建筑文化研究以及英文论稿专栏，共6个栏目。

其中古代建筑制度研究成果包含3篇，分别为《宋代房屋基础营造——〈营造法式·壕寨制度〉读解》《山西高平开化寺营建历史考略》《佛光寺东大殿大木制度探微》；佛教建筑研究收录有《晋东南地区北朝佛塔探析》《禅刹山门内外建筑类型演变》、《中国南传上座部佛教建筑的研究现状与展望》；建筑考古学研究本辑收录2篇，它们是《莫高窟第254、257窟中心柱窟的复原研究与名称考——塔寺》、《6—11世纪莫高窟净土变建筑图像设计与平面布局研究》；建筑史学史研究收录《中国营造学社学术活动年表考略》；建筑文化研究收录《尼泊尔的尼瓦丽楼阁谱系——中国建筑视野下的类型研究》。另有1篇英文论稿。此外，还有清华大学最新的测绘成果一份。上述论文中有多篇是诸位作者在国家自然科学基金支持下的研究成果。

书中所选论文，均系各位作者悉心研究之新作，各为一家独到之言，虽或亦有与编者拙见未尽契合之处，但却均为诸位作者积年心血所成，各有独到创新之见，足以引起建筑史学同道探究学术之雅趣。本刊力图以学术标准为尺牍，凡赐稿本刊且具水平者，必将公正以待，以求学术有百家之争鸣、观点有独立之主张为宗旨。

Issue Abstract

The *Journal of Chinese Architecture History* (JCAH) is a scientific journal from the School of Architecture, Tsinghua University, that has been committed to publishing current thought and pioneering new ideas by Chinese and foreign authors on the history of Chinese architecture.This issue (vol.18) contains 11 articles that can be divided according to research area: the traditional architectural system, Buddhist architecture, building archaeology, historiography of architectural history, architectural culture, and the foreign language section.

Three papers discuss the traditional architectural system, "Building a Song-dynasty House Foundation—New Insight into Rules for Moats and Fortifications Specified in *Yingzao Fashi*", "The Construction History of Kaihua Temple in Gaoping County, Shanxi Province", and "A Brief Discussion of the Large-Scale Carpentry System of Foguangsi East Hall". Next are three contributions to the study of Buddhist architecture, "Northern Dynasties' Pagodas in Southeastern Shanxi Province", "Development of Building Types in Proximity of Chan Temple Gates", and "Current State and Perspective of Theravada Buddhist Architecture Reserach". The section on building archaeology includes two articles, "Recovery and Name Investigation of the Mogao Central Pillar Caves 254 and 257——*Tasi* (Pagoda-Temple)" and "Design and Layout of Architecture in Pure Land Paintings inside the Mogao Grottoes". One paper discusses the historiography of Chinese architectural history, "Chronology of Academic Events of the Society for Research in Chinese Architecture". Architectural culture is the theme of the next paper, "A Typological Study of Newari Architeeture in Kathmandu Valley in Chinese Perspective". Additionally, there is one article in English in the foreign language section about a structural timber known as *hanegi* typical for traditional Japanese architecture. Finally, there is a field report of Tsinghua University School of Architecture's latest surveying and measuring. This issue contains several studies supported by the National Natural Science Foundation of China (NSFC).

The papers collected in the journal sum up the latest findings of the studies conducted by the authors, who voice their insightful personal ideas. Though they may not tally completely with the editors' opinion, they have invariably been conceived by the authors over years of hard work. With their respective original ideas, they will naturally kindle the interest of other researchers on architectural history. This journal strives to assess all contributions with the academic yardstick. Every contributor with a view will be treated fairly so that researchers may have opportunities to express views with our journal as the medium.

谨向对中国古代建筑研究与普及给予热心相助的华润雪花啤酒（中国）有限公司致以诚挚的谢意！

主办单位	Sponsor
清华大学建筑学院	School of Architecture, Tsinghua University

顾问编辑委员会 — **Advisory Editorial Board**

主任 — **Chair**
庄惟敏（清华大学建筑学院院长） — Zhuang Weimin (Dean of the School of Architecture, Tsinghua University)

国内委员（以姓氏笔画为序） — **Editorial Board**
王其亨（天津大学） — Wang Qiheng (Tianjin University)
王树声（西安建筑科技大学） — Wang Shusheng (Xi'an University of Architecture and Technology)
刘　畅（清华大学） — Liu Chang (Tsinghua University)
吴庆洲（华南理工大学） — Wu Qingzhou (South China University of Technology)
陈　薇（东南大学） — Chen Wei (Southeast University)
何培斌（香港中文大学） — Ho Pury-peng (The Chinese University of Hong Kong)
钟晓青（中国建筑设计研究院） — Zhong Xiaoqing (China Architecture Design & Research Group)
侯卫东（中国文化遗产研究院） — Hou Weidong (Chinese Academy of Cultural Heritage)
晋宏逵（故宫博物院） — Jin Hongkui (The Palace Museum)
常　青（同济大学） — Chang Qing (Tongji University)
傅朝卿（台湾成功大学） — Fu Chaoqing (Taiwan Cheng Kung University)

国外委员（以拼音首字母排序） — **International Advisory Editorial Board**
爱德华（柏林工业大学） — Eduard Koegel (Berlin Institute of Technology)
包慕萍（东京大学） — Bao Muping (University of Tokyo)
国庆华（墨尔本大学） — Guo Qinghua (The University of Melbourne)
韩东洙（汉阳大学） — Han DongSoo (Hanyang University)
妮娜·科诺瓦洛娃（俄罗斯建筑科学院） — Nina Konovalova (Russian Academy of Architecture and Construction Sciences)
梅晨曦（范德堡大学） — Tracy Miller (Vanderbilt University)
王才强（新加坡国立大学） — Heng Chyekiang (National University of Singapore)

主编 — **Editor-in-chief**
王贵祥 — Wang Guixiang

副主编 — **Deputy Editor-in-chief**
贺从容　李菁 — He Congrong, Li Jing

编辑成员 — **Editorial Staff**
贾珺　廖慧农 — Jia Jun, Liao Huinong

中文编辑 — **Chinese Editor**
张弦 — Zhang Xian

英文编辑 — **English Editor**
荷雅丽 — Alexandra Harrer

目 录

古代建筑制度研究 /1

王贵祥　　宋代房屋基础营造——《营造法式·壕寨制度》读解 /3
贾　珺　　山西高平开化寺营建历史考略 /22
陈　彤　　佛光寺东大殿大木制度探微 /57

佛教建筑研究 /101

赵姝雅　贺从容　　晋东南地区北朝佛塔探析 /103
朴沼衍　　禅刹山门内外建筑类型演变 /117
张剑文　　中国南传上座部佛教建筑的研究现状与展望 /143

建筑考古学研究 /159

孙毅华　周真如　　莫高窟第254、257窟中心柱窟的复原研究与名称考
　　　　　　　　——塔寺 /161
张亦驰　　6—11世纪莫高窟净土变建筑图像设计与平面布局
　　　　　研究 /177

建筑史学史研究 /229

卢　倩　刘梦雨　　中国营造学社学术活动年表考略 /231

建筑文化研究 /269

国庆华　　尼泊尔的尼瓦丽楼阁谱系——中国建筑视野下的类型
　　　　　研究 /271

英文论稿专栏 /301

张毅捷　戴明珠
马志韬　　桔木成因分析 /303

古建筑测绘 /311

姜　铮（整理）　　山西高平二郎庙、三嵕庙测绘图 /313

Table of Contents

Traditional Architectural System / 1
Building a Song-dynasty House Foundation—New Insight into Rules for
Moats and Fortifications Specified in *Yingzao Fashi* ·················· Wang Guixiang / 3
The Construction History of Kaihua Temple in Gaoping County, Shanxi Province ······ Jia Jun / 22
A Brief Discussion of the Large-Scale Carpentry System of Foguangsi East Hall ······ Chen Tong / 57

Buddhist Architecture / 101
Northern Dynasties' Pagodas in Southeastern Shanxi Province······ Zhao Shuya, He Congrong / 103
Development of Building Types in Proximity of Chan Temple Gates ············ Piao Zhaoyan / 117
Current State and Perspective of Theravada Buddhist Architecture Reserach
·· Zhang Jianwen / 143

Building Archaeology / 159
Recovery and Name Investigation of the Mogao Central Pillar Caves 254 and
257——*Tasi* (Pagoda-Temple) Sun Yihua ···································· Zhou Zhenru / 161
Design and Layout of Architecture in Pure Land Paintings inside the
Mogao Grottoes ··· Zhang Yichi / 177

Architectural History / 229
Chronology of Academic Events of the Society for Research in Chinese
Architecture ···Lu Qian Liu Mengyu / 231

Architectural Culture / 269
A Typological Study of Newari Architecture in Kathmandu Valley in Chinese
Perspective ··· Guo Qinghua / 271

Foreign-Language Section / 301
Cause Analysis of *Hanegi* ························· Zhang Yijie, Dai Mingzhu, Ma Zhitao / 303

Field Reports / 311
Revised Survey and Mapping of Gaoping Erlang temple and Sanzong
temple,Shanxi ··· Jiang Zheng / 313

古代建筑制度研究

宋代房屋基础营造
——《营造法式·壕寨制度》读解[1]

王贵祥
（清华大学建筑学院）

摘要：本文是在梁思成先生《〈营造法式〉注释》基础上[2]，对宋《营造法式·壕寨制度》部分所作的补疏与读解。本文仍以宋《营造法式》该节内容的文本为基础，对文中各个条目所涉及的内容逐条加以释读，在史料论证的基础上，尽量将宋代房屋之基础、墙体等部分的营造术语与方法以现代人可以理解的方式作一定程度的梳理与诠释。

关键词：营造法式，壕寨制度，取正与定平，立基与筑基，筑墙

Abstract: This paper expands on Liang Sicheng's annotated study of the Song manual *Yingzao fashi* (published as *Yingzao fashi zhushi*) and re-interprets the sections of the original text that specify regulations for moats and fortifications (*haozhai zhidu*). Following the original content arrangement, the paper explains the meaning of each entry and based on actual examples of historical architecture, translates the Song terminology and methodology for building a house foundation and walls into a language that is easy to understand for the modern reader.

Keywords: *Yingzao fashi*, regulations for moats and fortifications, directional alignment and leveling, erecting and building a foundation, wall construction

导言

中国古代建筑营造，包括了设计与施工两个阶段。其中，设计阶段还包括了房屋选址、建筑方位确定、建筑标高确定以及建筑组群的布置与组合等环节。

有关建筑方位、建筑标高的确定，以及房屋地基的开挖与建造等问题，也包括房屋施工的相关问题，例如在房屋建造场地上为每一座房屋确定一个正确的坐向与朝向，均属于古代营造工程中的"取正"范畴。

在确定了房屋的建造位置，并为建筑群中的主要建筑确定了坐向与朝向，同时也确定了附属建筑各自的坐向与朝向之后，就要为每一座房屋设计其基础的四至，并在这一基础上，为这座房屋开挖地基。在开挖地基及建造房屋的基础之前，有一个重要的环节，就是"定平"，即确定房屋所处场地环境的地面是否平整，通过定平，确定房屋基础之四至的标准标高。

依据通过定平所确定的这一标准标高，就可以确定地基向下开挖的深度，同时也可以确定地面的设计标高以及房屋基础露出地面部分——房屋基座的设计高度。

---

[1] 本文系国家重点社会科学基金支持课题项目"《营造法式》研究与注疏"（项目批准号：17ZDA185）的子课题之一。
[2] 参见：梁思成. 梁思成全集·第七卷[M]. 北京：中国建筑工业出版社，2001：45-48，369-370 "壕寨制度图样一"与"壕寨制度图样二"。

在宋代之前，房屋地基的处理多是在经过开挖的基坑之内，将土质材料及类似的碎砖瓦或石札材料等分层回填并夯筑，使得承载上部建筑之基础部分的地基得以加固。在这一经过加固的地基之上，进一步营造房屋的基座，其方法也是通过分层夯筑土、碎砖瓦与石札，并辅以基座四周包砌的砖石砌体，从而形成房屋的基座。

然而，每座房屋的基座之面广与进深，以及基座顶面与地面标高的高度差，都需要根据每一座具体建筑的等级与体量加以设计。有关房屋基座的长、宽及高度尺寸的设计问题，被称为"立基之制"。而具体地实施这一过程，如在已经开挖好的基坑内开始夯筑土与碎砖瓦及石札等，即基础的营建施工过程，被称为"筑基"。此外，在特殊地理位置上的房屋，如临水建筑物，其地基与基础要经过特殊的处理。要对其地基进行加固，也要对基础与台座加以强化处理，这一过程被纳入到了"筑临水基"的范畴。

除了房屋的地基与基础主要是通过土质等材料夯筑而成之外，宋代及之前房屋的墙体，如房屋隔墙、围护墙，房屋院墙以及城墙等，亦多用土质材料夯筑而成。在宋《营造法式》中，除了将房屋的取正、定平等选址、设计问题放在"壕寨制度"的论述范围之内，也将与房屋地基与基座的设计与施工及房屋墙体、院落墙体、一般围合性墙体（露墙），以及城墙等以土质材料夯筑为基本方式的施工方法与过程，都纳入了"壕寨制度"的范畴之内。

换言之，中国古代建筑的设计与施工，大体上被归在古人所谓"土木之功"的范畴之下。其中，涉及房屋的选址、取正与定平、房屋地基、房屋基座，以及城墙、围墙、房屋墙体等部分的设计与施工，多属于"土功"的范畴，并与土工夯筑等施工方式有着密切的关联，属于现代房屋营造过程中的"圬工"范畴。这一范畴，大体上可以归在房屋基础营造的第一个阶段，即房屋地基与基础（基座）的开挖与营造阶段。这一阶段的设计与施工，在宋《营造法式》中，被称为"壕寨制度"。

壕寨制度

"壕寨"一词之用于工程建设，大约始于五代时期。五代后梁寿州人刘康乂，追随后梁太祖朱晃征战："所向多捷，尤善于营垒，充诸军壕寨使。"❶可知壕寨工程，最初指的是两军对垒时的营垒工事，五代时已经有专门负责这一类工程的官员，称"壕寨使"。北宋人苏轼所撰奏议《奏论八丈沟不可开状》云："当初相度八丈沟时，只是经马行过，不曾差壕寨用水平打量地面高下，……元不知地面高下，未委如何见得利害可否，及如何计料得夫功钱粮数目，显是全然疏谬。"❷这里的"壕寨"，或可看作专司土地测量或水利工程的官员及技术人员。

元代马端临撰《文献通考》中提到了宋《营造法式》的撰修："熙宁

❶ [宋]薛居正.旧五代史.卷二十一（梁书）.列传十一.刘康乂传.百衲本景印吴兴刘氏嘉业堂刻本.

❷ 文献[1].集部.别集类.北宋建隆至靖康.东坡全集.卷六十.奏议十三首.奏论八丈沟不可开状.

初，始诏修定，至元祐六年书成。绍圣四年命诚重修，元符三年上，崇宁二年颁印。前二卷为《总释》，其后曰《制度》、曰《功限》、曰《料例》、曰《图样》，而壕寨石作，大小木调镟锯作，泥瓦，彩画刷饰，又各分类，匠事备矣。"❶ 这里将壕寨与石作工程并列，都属于当时土木工程中的重要内容。

北宋人李诫编修《营造法式》，在《看详》中将"墙"一节中所提到的"城壁"、"露墙"、"抽纤墙"等"右三项并入壕寨制度"❷。《营造法式》中专有"壕寨制度"一节，其中包括了：取正、定平、立基、筑基、城、墙、筑临水基，共 7 类工程项目。

显然，北宋时人是将房屋建造工程的放线定位、地基找平、房屋基础夯筑、城垣筑造、围墙筑造、房屋墙体（抽纤墙）的砌筑或夯筑，以及滨水建筑物的基础筑造等，都纳入了"壕寨制度"的范畴之内。

《营造法式·壕寨功限》一节，将其前"壕寨制度"与"石作制度"中所囊括的地基、基础等土石工程，几乎都纳入了"壕寨"工程的范畴，其中包括：总杂功、筑基、筑城、筑墙、穿井、搬运功、供诸作功、石作功限、总造作功、柱础、角石、殿阶基、地面石（压阑石）、殿阶螭首、殿内斗八、踏道单钩阑（重台钩阑、望柱）、螭子石、门砧限（卧立柣、将军石、止扉石）、地栿石、流杯渠、坛、卷輂水窗、水槽、马台、井口石、山棚鋜脚石、幡竿颊、赑屃碑、笏头碣，共 25 项土石类工程，都纳入了壕寨工程的范畴之内。

换言之，壕寨工程中，既包括了诸如取正、定平、立基、筑墙、穿井等城垣筑造、房屋基础等挖土、夯土工程，也包括了房屋基座诸砖石工程，包括地面、钩阑、螭首，以及诸如地栿石、流杯渠、卷輂水窗、上马台、井口石、赑屃碑等一系列石作工程。

然而，我们或可以将其分为广义的壕寨工程与狭义的壕寨工程。狭义的壕寨工程，主要限定在《营造法式》之"壕寨制度"一节。在《营造法式》的作者看来，"壕寨制度"与"石作制度"，还是可以分得清的。壕寨制度，主要涉及房屋的定位与放线、找平，地基的处理，房屋基础的夯筑与建造（包括房屋等建造物取正与定平的具体实施）以及各种墙体的筑造和各种与水体有关的工程，如穿井、凿挖沟壕，以及筑临水基等工程方面的种种规则。

取正

"取正"一词，自古有之，这应该是一个多义词，但其基本的含义多少已经包含了"定取端正之方位"的意义。如《周礼注疏》中，汉人郑玄对《周礼》所云"以廛里任国中之地，以场圃任园地，……"注曰："皆言任者，地之形实不方平如图，受田邑者，远近不得尽如制，其所生育赋贡，取正于是耳。"❸ 其义是说，为百姓颁授田亩，或在城内设置里廛，都应

❶ 文献[2].[元]马端临.文献通考.卷二百二十九.经籍考五十六.子（杂艺术）.《将作营造法式》三十四卷.《看详》一卷.

❷ [宋]李诫.营造法式.营造法式看详.墙.清文渊阁四库全书本.

❸ 文献[1].[汉]郑玄,注.[唐]贾公彦,疏.周礼注疏.卷十三.

该尽量做到"方平如图",这样才有利于生民的生产与生活。

明代人丘濬《大学衍义考》中将"取正"之功能提升到了关乎"蕃民之生"的重要地位:"故民数者,庶事之所自出也莫不取正焉,以分田里、以合贡赋、以造器用、以制禄食、以起田役、以作军旅,……"❶可知取正在百姓日常生活中有着怎样的重要意义。当然,这里的取正,指的并不仅仅是建筑物的方位之中正,也包括田亩之方均,贡赋之合理,器用之便利,如此等等。

北宋李诚《营造法式》在"看详"一节中定义了"取正"在建筑上的最基本意义:"今谨按《周官·考工记》等修立下条:诸取圜者以规,方者以矩,直者抨绳取则,立者垂绳取正,横者定水取平。"❷这里的取正,指的是通过悬垂线的观察,以确认房屋的垂直与方正。

在"看详"一节,李诚专设了"取正"条目:"《诗》:定之方中。又:揆之以日。注云:定,营定也。方中,昏正四方也。揆,度也。度日出日入,以知东西。南视定,北准极,以正南北。《周礼·天官》唯王建国,辨方正位。"❸这里明确指出,城市与房屋的取正,是通过日出日入确定东西南北的方位,并因之而确定城市与房屋的方位。

李诚还进一步将取正的做法具体化:"今来凡有兴造,既以水平定地平面,然后立表测景、望星,以正四方,正与经传相合。今谨按《诗》及《周官·考工记》等修立下条:取正之制:先于基址中央日内置圜版,径一尺三寸六分。当心立表,高四寸,径一分。画表景之端,记日中最知景,次施望筒,于其上望日景,以正四方。"❹这是取正工作的第一步,即在建造物基址的中央放置一个直径为1.36尺的圆形平版,此为景(影)表,平版的中央立一根高0.4尺、直径0.01尺的细挺立柱,在正午时分,可以通过这个景表之影子的端头做出一个标记。然后再用望筒加以核对与校正。

这里的"望筒",当是一个用于取正的仪器,形如远望之圆筒。通过望筒,在白昼的正午时分向南望日,并标识出望筒北侧的日影,并在夜间透过望筒,直望位于北天空的北极星,并在望筒两侧各悬垂绳于地,且做出标识。结合白昼午时望日与夜间望北极星,确定出正确的南北方位,再以此为依据确定东西方位,则城市与房屋的四个方位就确定了下来。由此可以推知,这里的景表、望筒,有如今日建筑工程施工中用来定取方位的"经纬仪"。

对于地势偏斜的基址,也同样需要用景表、望筒来确定其方位:"若地势偏衺既以景表、望筒取正四方,或有可疑处,则更以水池景表较之。……其立表内向池版处用曲尺较,令方正。"❺水池景表,是一个辅助性的取正仪器,对确定方位有困难的地方,以其作为校正方位的辅助工具。因为用了水池景表,使得本来不平整的基址取正,在测量与定位的过程中,是通过对一个平整如水的仪器加以操作而完成的,从而避免了地势偏斜造成的误差。

❶ 文献[2].[明]丘濬.大学衍义考.卷十三.蕃民之生.

❷ [宋]李诚.营造法式.营造法式看详.方圜平直.清文渊阁四库全书本.

❸ [宋]李诚.营造法式.营造法式看详.取正.清文渊阁四库全书本.

❹ [宋]李诚.营造法式.营造法式看详.取正.清文渊阁四库全书本.

❺ 同上

从房屋施工的角度来看，取正的概念，还包括了对房屋之基座、柱子、墙体及梁栿等设置得是否垂直、端正加以校正。这样的操作，主要靠的是垂绳。故《营造法式》卷一·总释上，列举了"《管子》：夫绳，扶拨以为正。"❶及"《匡谬正俗·音字》：今山东匠人犹言垂绳视正为榄也。"❷而这里的榄字，则引"《字林》：榄，时钏切，垂枭望也。"❸其意应该是说垂绳以求正直之意。这一做法，与现代施工中工人采用垂线校正墙柱是否垂直的做法十分相近。

定平

所谓"定平"，顾名思义，就是指对建造工程之地基与基础加以找平。汉代人《周髀算经》中已经提到了"定平"的概念："商高曰：'平矩以正绳（以水绳之正，定平悬之体，将欲慎毫厘之差，防千里之失），偃矩以望高，覆矩以测深，卧矩以知远（言施用无方，曲从其事，术在《九章》）。'"❹以水绳之正，定平悬之体。水者，用以定水平，而绳者，用以定垂直。《营造法式》引："《庄子》：水静则平中准，大匠取法焉。"❺也是说，定平主要是以水校定施工中各个高度层面上的水平问题。

宋《营造法式》引"《周官·考工记》：匠人建国，水地以悬。郑司农注云：于四角立植而垂，以水望其高下，高下既定，乃为位而平地。"❻其意思是，在建造物基址的四角，竖立四根立杆，通过用水制作的水平仪器向四角的立杆上望，标出一个水平的标志，从而确定建造物基址的平整与否。这里"水地以悬"的水平仪器，大约相当于今日施工中所用的水准仪。

《营造法式》中还具体给出了定平的操作过程："定平之制：既正四方，据其位置，于四角各立一表，当心安水平。"❼这里所说的"四角各立一表"的概念，与《周官·考工记》中的做法完全一致。当心所安的"水平"，即是古代匠人使用的一种水准仪。这个水平仪器，是设置在一个木桩之上的，其上开凿水槽，在水槽中注水，并且通过在水上的"水浮子"之顶端向四角立杆上望，以在立杆上做出的与水浮子顶端相同高度的标记为标准，反推出地面的水平标高，从而确保房屋基础本身的平整。

中国古代木构建筑的基础做法，是在台基之上再使用石头雕镌的柱础，《营造法式》中也给出了利用"真尺"检查柱础表面水平标高的做法。这是一种校正性的定平方法，即在已经基本平整的基座之上，通过用"真尺"对每一柱础是否平正加以校订。在"真尺"的中央设置一根立表，中施墨线，将真尺置于柱础顶面之上，再在真尺立表上垂绳，垂绳与墨线重合，则可以确知柱础是被置于水平位置上的。

真尺

《营造法式》"看详"与"壕寨制度"两节中，分别提到了"真尺"，两段话的内容不仅相同，用词也是一字不差："凡定柱础取平，须更用真

❶ [宋]李诫.营造法式.卷第一.总释上.取正.清文渊阁四库全书本.

❷ [宋]李诫.营造法式.卷第一.总释上.取正.清文渊阁四库全书本.

❸ [宋]李诫.营造法式.卷第一.总释上.取正.清文渊阁四库全书本.

❹ 文献[1].[汉]佚名.周髀算经.卷上.

❺ [宋]李诫.营造法式.卷第一.总释上.定平.清文渊阁四库全书本.

❻ [宋]李诫.营造法式.营造法式看详.定平.清文渊阁四库全书本.

❼ 同上

尺较之。其真尺长一丈八尺，广四寸，厚二寸五分。当心上立表，高四尺。（广厚同上。）于立表当心，自上至下施墨线一道，垂绳坠下，令绳对墨线心，则其下地面自平。（其真尺身上平处与立表上墨线两边，亦用曲尺较令方正。）"❶

前文"定平"中已经提到，使用真尺是一种校正水平的方法。真尺的具体形式，按照《营造法式》的描述，是一根长 18 尺、宽 0.4 尺、厚 0.25 尺的木杆。在木杆的中央，再垂直竖立一根高为 0.4 尺的短木杆，这根垂直木杆，同样宽 0.4 尺，厚 0.25 尺。当然，为了使这个垂直短杆能够稳固地安置在水平长杆上，其两侧可能还需要斜置的撑竿，将其固定在一个确定的位置上。

垂直木杆的中心，绘制有一条与横置的水平长杆相垂直的墨线。实际施工中，将水平长杆水平放置在需要校订其是否平直的一个结构平面上，如基础顶面，或柱础顶面等，然后在其中央垂直木杆的顶部，通过一个凸出的木榫，悬挂一根垂绳，若所悬垂绳与垂直木杆上的墨线完全重合，则可以证明这个结构体的顶面在一个水平标高上。

这一水平长杆与垂直短杆的结合体，就构成了古代匠人们施工时所用的"真尺"。真尺何以有 1 丈 8 尺之长？这说明在校正柱础水平之时，真尺很可能要搭在相邻的两个柱础之上，以确定这两个柱础是否是在同一水平之上。这样两两相校，最终可以将整座建筑物的各个柱础都校订在一个水平之上。这样细微的定平方式，也说明了中国古代建筑在施工上的精确与细致。

水平

《营造法式》中所说的"水平"是一种用于"定平"的仪器，类似于现代施工中的水准仪。据《营造法式·壕寨制度》："其水平长二尺四寸，广二寸五分，高二寸。下施立桩，长四尺，（安镶在内。）上面横坐水平，两头各开池，方一寸七分，深一寸三分。（或中心更开池者，方深同。）身内开槽子，广深各五分，令水通过。"❷

这里给出了宋代工匠所使用的水平仪器的基本规制：这是一个长 2.4 尺、宽 0.25 尺、厚 0.2 尺的木制水平尺杆，水平尺杆下有一个长为 4 尺的木桩。水平尺杆与木桩呈垂直布置。在水平尺杆的上面开一个水槽，槽宽与深各为 0.5 寸，水槽的两端，即水平尺的两端各凿有一个 1.7 寸见方的小池，池深 1.3 寸。也有在水平尺中央同时开凿一个小方池的做法，其池的大小与深浅，与两端的方池完全相同。再将这个水平尺杆用金属物（镶）连接在一起。

在实测水平时，将水平尺上的水槽与小方池中充满水。然后，依据《营造法式》的描述："于两头池子内各用水浮子一枚。（用三池者，水浮子或亦用三枚。）方一寸五分，高一寸二分，刻上头令侧薄，其厚一分，浮于池内。"❸

❶ [宋]李诫. 营造法式. 营造法式看详. 定平. 清文渊阁四库全书本.

❷ [宋]李诫. 营造法式. 卷第三. 壕寨及石作制度. 壕寨制度. 定平. 清文渊阁四库全书本.

❸ [宋]李诫. 营造法式. 卷第三. 壕寨及石作制度. 壕寨制度. 定平. 清文渊阁四库全书本.

具体的做法是："望两头水浮子之首，遥对立表处，于表身内画记，即知地之高下。"❶ 即按照三点一线的原理，通过肉眼，观察水平两头两个浮子的顶端，视线延伸至房屋四角所立木杆上，在杆上与两浮子相平的标高点位上做出标志，这样就确定了房屋四角的水平标高。

《营造法式》还给出了特殊情况下，如槽内无法用水，确定房屋水平的方法："若槽内如有不可用水处，即于桩子当心施墨线一道，垂绳坠下，令绳对墨线心，则上槽自平，与用水同。其槽底与墨线两边用曲尺较，令方正。"❷ 其方法是通过对垂线的观察，确保水平仪器的立桩与地面保持垂直，从而保证立桩上的水平杆为与地面平行的水平状态，再通过横杆上槽内两端的浮子尖端望房屋四角的立杆，从而确定房屋四角基础的标高。

中国古代营造施工中所使用的这种"水平"，与现代水平仪在原理上是相同的，具体的找平方式也是一样的。

望筒

望筒是古人确定城市、建筑群或房屋之方位，即"取正"时所使用的工具之一。具体形式如《营造法式》中的描绘，尺寸为："长一尺八寸，方三寸（用版合造）。两罨头开圆眼，径五分。筒身当中，两壁用轴安于两立颊之内。其立颊自轴至地高三尺，广三寸，厚二寸。"❸ 这个望筒，在观念上大约接近现代的望远镜。通过固定且视线可穿过的圆筒，远望夏日正午时分位于天际正南方的太阳或夜晚时分位于天际正北方的北极星，并且通过与两者各自对应的垂线在地面上做出两个相应的标志，两点连成一线，就可以确定一座城市、一个建筑群或一座房屋的南北方位。

其实际做法是："昼望以筒指南，令日景透北。夜望以筒指北，于筒南望，令前后两窍内正见北辰极星。然后各垂绳坠下，记望筒两窍心于地，以为南，则四方正。"❹ 也就是说，通过望筒，在白昼的正午时分向南望日，并标识出望筒北侧的日影；在夜间透过望筒，直望位于北天空的北极星，在望筒两侧各悬垂绳于地，并做出标识。结合白昼午时望日与夜间望北极星，确定出正确的南北方位，再以此为依据，确定东西方位，则城市与房屋的四个方位就确定了下来。所以，这里的望筒与今日建筑工程施工中，用来定取方位的"经纬仪"有异曲同工之妙。

水池景表

水池景表，也是古代施工中所使用的一种工具，这里的"景"，其意义与"影"通，故"景表"亦即"影表"。其功能主要是用于房屋基础与地面的"取正"，即确定房屋的恰当方位。

从概念上讲，水池景表似乎是一个辅助性的工具，也就是说在一般情况下，使用望筒取正，再用真尺找平，一般已经可以满足一座房屋的方位与平正问题。但是，对于地势偏斜的基址，则除了需要用望筒来确定其方

❶ ［宋］李诫.营造法式.卷第三.壕寨及石作制度.壕寨制度.定平.清文渊阁四库全书本.

❷ ［宋］李诫.营造法式.卷第三.壕寨及石作制度.壕寨制度.定平.清文渊阁四库全书本.

❸ ［宋］李诫.营造法式.营造法式看详.取正.清文渊阁四库全书本.

❹ ［宋］李诫.营造法式.营造法式看详.取正.清文渊阁四库全书本.

位之外，对地势偏斜、难以确定的可疑之处，还需要借助于水池景表的进一步校正："若地势偏衺既以景表、望筒取正四方，或有可疑处，则更以水池景表较之。"❶

水池景表的具体形式是："其立表高八尺，广八寸，厚四寸，上齐，（后斜向下三寸。）安于池版之上。其池版长一丈三尺，中广一尺。于一尺之内，随表之广，刻线两道；一尺之外，开水道环四周，广深各八分。用水定平，令日景两边不出刻线，以池版所指及立表心为南，则四方正。"❷

也就是说，先有一个可以充水的水池池版，池版长 13 尺，其中心部位的版宽为 1 尺，在 1 尺之外的四周环凿一个水道，水道的宽度与深度均为 0.08 尺。在池版的一端，垂直竖立一块高 8 尺、宽 0.8 尺、厚 0.4 尺的方形木版为景表。景表的上端齐平，但版后顶部向下 0.3 尺，需切削成斜抹的形式，从而使景表上端呈尖锐如刀锋状。在使用时，通过水平校订，使得池版位于水平的位置上，然后在正午的日光之下，转动池版与景表的方向，当景表的影子刚好落在池版之内，不超出四周的刻线时，可以证明池版是朝向正南方向的，即以景表之中心线向下做出标志，确定出正南的方位，如此，则东西方位也就确定了。

据《营造法式》，施工中还有一种使用水池景表的方法是："安置令立表在南，池版在北。其景夏至顺线长三尺，冬至长一丈二尺。其立表内向池版处用曲尺较，令方正。"❸ 这样的做法，是利用冬至日正午时日光处于正南最低处，或夏至日正午时日光处于正南最高处，通过经验得出的数据。冬至日正午时，景表影子的长度为 12 尺，或夏至日正午时，景表影子的长度为 3 尺，其池版都是位于正南与正北的方位上的。在使用水池景表时，还会用到古代木工匠师们常用的曲尺，对水池景表本身加以校正，以确保景表与池版处于相互垂直的状态。

池子及水浮子

这里的池子及水浮子，分别指古代房屋施工定平仪器——"水平"中位于立桩顶部水平尺杆上部的水槽与木质水浮子。水槽的宽度与深度各为 0.5 寸，水槽两端即水平尺杆两端，各凿有一个 1.7 寸见方、深 1.3 寸的小池。或在尺杆中央同时开凿一个同样大小的小方池。在实测水平时，将水平尺上的水槽与小方池内充满水。

水浮子则是一个底部边长 1.5 寸、高 1.2 寸，如后世枪械用于瞄准的准星一样的木质标志体，其形式为在一块 1.5 寸见方的小方木上，竖置顶端一侧偏薄的木片，厚仅 0.1 寸，形成略似准星的端头。水浮子可以浮在水平两端（或中央）的小水池中。

在施工定平时，则："望两头水浮子之首，遥对立表处，于表身内画记，即知地之高下。"❹ 即按照三点一线的原理，通过肉眼观察水平两头两个浮子的顶端，视线延伸至房屋四角所立木杆上，在杆上与两浮子相平的标

❶ ［宋］李诫. 营造法式. 营造法式看详. 取正. 清文渊阁四库全书本.

❷ ［宋］李诫. 营造法式. 营造法式看详. 取正. 清文渊阁四库全书本.

❸ ［宋］李诫. 营造法式. 营造法式看详. 取正. 清文渊阁四库全书本.

❹ ［宋］李诫. 营造法式. 卷第三. 壕寨及石作制度. 壕寨制度. 定平. 清文渊阁四库全书本.

高点位上做出标志，以此确定房屋四角的水平标高。

景表版

与水池景表一样，景表版也是古代施工中所使用的一种工具。"景"即"影"，"景表"亦即"影表"。与水池景表的功能相似，景表版是用来确定建筑方位的一种古代仪器。宋《营造法式》中仅仅在一个地方提到了"景表版"这一词，即"《营造法式》卷第二十九，壕寨制度图样"中的第一幅图："景表版等第一"。这里用了"等"，说明这幅图中除了景表版图，还有前面提到的"望筒"图。这幅图中所显示的两种工具：景表版与望筒，都是为即将建造的建筑物确定一个正确的方位——"取正"——而用的古代仪器。两者的功能，大约相当于今日施工中所用的经纬仪。

关于景表版的文字描述，隐藏在《营造法式·看详》中的"取正"一节，使用景表版的前提是："今来凡有兴造，既以水平定地平面，然后立表测景、望星，以正四方。"而其具体的操作方式是："先于基址中央，日内置圜版，径一尺三寸六分。当心立表，高四寸，径一分。画表景之端，记日中最短之景。次施望筒，于其上望日景，以正四方。"❶

其意是说，在开始一座建筑物的施工之前，先用水平确定地面的标高，然后在施工用地范围内的中心点（基址中央）上竖立起一块"景表版"，用来测量正午太阳的影子。以当日最短的日影（立表测景），确定南北方位；同时，结合望筒的使用，通过正午望日、夜晚望北极星，将望日与望星时望筒两端窍孔，通过垂线找到地面上的两个点，同样也能够确定南北方位。这样两种方式的相互结合与验证，就可以比较准确地判定建筑物是否是处在了正南正北的方位之上；之后再通过与南北线求正交线的方式，找出东西方位，从而确定建筑物的四个正确方位（以正四方）。

正是在这段文字中，作者给出了宋代"景表版"的基本形式："先于基址中央日内置圜版，径一尺三寸六分。当心立表，高四寸，径一分。"也就是说，景表版是一个圆圜状的平版，圆版的直径为1.36尺。在圆版的中心，竖立一根细小的杆子（景表），杆子仅高0.4尺，杆子的直径也仅为0.01尺。这一仪器尽管十分简单，却为主要倾向于坐北朝南方位布置格局的中国古代建筑群，包括城邑、宫殿、寺观、坛庙、住宅等的方位确定，提供了一个十分科学合理的实现方式。

立基（立基之制）

宋人沈括《梦溪笔谈》谈"营舍之法"时提到了中国建筑的三分法："凡屋有三分：自梁以上为上分，地以上为中分，阶为下分。"❷也就是说，中国古代建筑是由基座（下分）、屋身（中分）与屋顶（上分）三个部分组成的整体。立基，就是有关房屋之"下分"即房屋基座部分的设计与建造问题。

宋《营造法式·壕寨制度》中专有一节与"立基"有关的制度描述："立

❶ [宋]李诚.营造法式.看详.取正.清文渊阁四库全书本.

❷ [宋]沈括.梦溪笔谈.卷18.技艺.四部丛刊续编景明本.

基之制：其高与材五倍。（材分在大木作制度内。）如东西广者，又加五分至十分。若殿堂中庭修广者，量其位置，随宜加高。所加虽高，不过与材六倍。"❶

显然，这里的"立基"指的是房屋基座的设计。一座建筑物的基座，其高度应该是这座房屋所用材分高度的 5 倍（有关房屋材分制度的说明，在《营造法式》大木作制度一章中有详细的描述）。如果这座房屋的东西面广比较长，那么在初步确定的基座高度基础上，再增加 5 分至 10 分的高度。即其基座高为：5 材+5（至 10）分。例如，一座采用了一等材的殿堂建筑，其材高为 9 寸，则这座殿堂建筑的基座高度一般情况下应该设计为材高的 5 倍，即 4.5 尺。假设一宋尺合 0.315 米，则其基座高度约为 1.42 米。但如果这座殿堂的东西面广比较长一些，则可以将台座高度适度增加，如增加 6 分，以一等材的一分为 0.6 寸计，6 分即为 3.6 寸。则其基座高度应设计为：4.5 尺+0.36 尺=4.86 尺，约合 1.53 米。

如果这座房屋所处庭院的空间比较宽广，也需要根据庭院的尺度，适度增加房屋基座的高度。但是，无论怎样增加，也必须有一个适度的范围。一般情况下，一座房屋基座的高度，不能超过这座房屋所采用材分高度的 6 倍。仍然以采用一等材的殿堂为例，无论其庭院空间如何宽广，其殿堂基座的高度，可以适当增加，但不能高过房屋所用材高的 6 倍，即 5.4 尺，约合 1.7 米。

由此可知，这里的"立基"，说的就是对房屋基座高度的设计。

筑基（筑基之制）

在宋《营造法式·壕寨制度》中紧接着"立基"一节的是有关"筑基"的详细描述："筑基之制：每方一尺，用土二担；隔层用碎砖瓦及石札等，亦二担。每次布土厚五寸，先打六杵，（二人相对，每窝子内各打三杵。）以上并各四杵，（二人相对，每窝子内各打二杵。）次打两杵，（二人相对，每窝子内各打一杵。）以上并各打平土头，然后碎用杵辗蹙令平，再擀杵扇扑，重细辗蹙。每布土厚五寸，筑实厚三寸。每布碎砖瓦及石札等厚三寸，筑实厚一寸五分。"❷ 这里说的其实是房屋基础的施工方法与材料。

宋代建筑的房屋基础与后来的元明清时代房屋基础还有所不同。元代以来的重要建筑，除了房屋基座的整体本身之外，在基座内凡有柱子的位置上，会加设很深的柱基——磉墩。据考古资料的证明，明清两代皇家宫殿内殿堂建筑基座内柱子之下的磉墩，在结构与形式上已经十分坚固与严整。

但是，从上文中所了解到的宋代建筑基础，则显得简单与原始了许多。其基本的方法是，采用逐层夯土的方式筑造房屋的基础。在夯土层之间，还加入了一层碎砖瓦与石札层。土与碎砖瓦及石札的比例大约是 1∶1。基础施工的过程是分层夯筑，每层布土厚 5 寸，夯筑成 3 寸的厚度，其上

❶ [宋]李诫.营造法式.卷第三.壕寨及石作制度.壕寨制度.立基.清文渊阁四库全书本.

❷ [宋]李诫.营造法式.卷第三.壕寨及石作制度.壕寨制度.筑基.清文渊阁四库全书本.

再布一层厚3寸的碎砖瓦与石札，夯筑成1.5寸的厚度。这样分别用土与碎砖瓦与石札夯筑，直至基础的顶部。夯筑的时候，要按照一定的规律均匀夯打，使基础的强度与刚性在整体上保持一致。基础的顶部还要经过细致的辗蹍，使其平整。

《营造法式》中还提到了与基础相关的地基问题："凡开基址，须相视地脉虚实，其深不过一丈，浅止于五尺或四尺。并用碎砖瓦石札等，每土三分内添碎砖瓦等一分。"❶ 所谓"相视地脉虚实"，大约相当于现代施工中的地基验槽。即查验承载房屋基础之地基的土质情况，特别是土层的松紧虚实情况。

这里还提到了地基的开挖深度，一般情况下，其基坑的深度不超过1丈，但也不能浅于0.4—0.5丈。为了保证地基的承载力，要在开挖之后对地基采取相应的加固措施。此处即向基坑内添加碎砖瓦与石札。添加时为了地基的密实，还要在碎砖瓦与石札中掺入土。土与碎砖瓦及石札的比例为3∶1。这里的石札，指的应当就是较小石块组成的"石渣"。

显然，在北宋时代，即使是在殿堂建筑的柱子之下，似乎也没有特别设置的礓墩，房屋的柱础是放置在一个强度比较均匀的夯土基础之上的。基础露出地面的部分，除了按照柱网设置柱础之外，还要在夯筑基础的四周及顶部包砌或铺设砖、石、地面砖、压阑石等，及设置勾阑、丹陛、踏阶等，从而形成整座房屋高度上之"三分"中的"下分"——建筑基座——的外观。

宋《营造法式》卷十六"壕寨功限"中也专设了"筑基"一节："筑基：诸殿、阁堂、廊等基址，开掘（出土在内。若去岸一丈以上，即别计般土功。）方八十尺，（谓每长广方深各一尺为计。）就土铺填打筑六十尺：各一功。若用碎砖瓦、石札者，其功加倍。"❷

功限，是宋代对用工报酬的一个定义，即房屋营造的劳动者是按照所计功限的多少获得报酬的。无论什么工种，都可以按照其工作的难度与完成的数量，确定其完成的工作量——功限。"壕寨功限·筑基"一节，就是对开掘与填筑房屋地基或基础所做功的一个定量性描述：开挖一个深1尺、方广80尺的土基，可以计为1个功；而填埋、夯筑一个厚1尺、方广60尺的土层，也计为1个功。而在同时发生的劳动量，如若将从地基中挖出的土，搬运至距离基坑有1丈以上的距离之外，就要单独计算搬运的功限量；如果在填埋、夯筑一块厚1尺、方广60尺的土基的时候，同时填入或夯筑了碎砖瓦、石札，从而加大了工作量与难度，就应该计为2个功。以此类推。所谓1个功，一般情况下，是一个熟练而强壮的劳动者，在一个标准日内（冬日为短，夏日为长，春秋日则比较标准），应该完成的工作量。

挖土、搬运、填埋、夯筑等，大约都属于技术含量较低的普通用工，故其功限的计算，主要是依据劳动的量，而非某种技术的难度。这些不仅使我们能够了解当时是如何开挖或填筑一座建筑的地基与基础的，而且也

❶ [宋]李诫.营造法式.卷第三.壕寨及石作制度.壕寨制度.筑基.清文渊阁四库全书本.

❷ [宋]李诫.营造法式.卷第十六.壕寨功限.筑基.清文渊阁四库全书本.

可以窥见宋代在劳动定额与劳酬计算上的科学性与合理性。

筑临水基

《营造法式》中还提到了如何处理濒临水岸之建筑物的地基，并为临近水岸房屋的基础设计与施工提供了方法："筑临水基：凡开临流岸口修筑屋基之制：开深一丈八尺，广随屋间数之广，其外分作两摆手，斜随马头。布柴梢令厚一丈五尺。每岸长五尺钉桩一条。（长一丈七尺，径五寸至六寸皆可用。）梢上用胶土打筑令实。（若造桥两岸马头准此。）"❶

在临水岸边开挖房屋的地基，一般是根据房屋的通面广长度向下挖，开挖的深度为18尺，在房屋地基的两端，要按照地基的深度向外开挖两道斜向岸边的地基墙。这种临水岸的斜向地基墙，宋代称为"摆手"，清代称为"雁翅"，相当于对房屋两端水岸的加固性处理措施。两摆手的斜度，要与水岸边的码头（马头）找齐，使房屋两端地基的加固部分与水岸的护墙——码头，形成一个完整的基础结构体。

在这个深为18尺的临水基坑中，要填布木条（柴梢），木条叠压累积的厚度约为15尺。为了将填埋的木条固定住，沿着水岸边在每隔5尺的位置上向泥土中植入一根直立的木桩，以防止填埋入地基坑中的木条被水冲走。钉入的木桩一般长度约为17尺，直径约为0.5尺或0.6尺。

然后，在填埋入地基中、并通过均匀分布的木桩加以固定的木条（柴梢）之上，进一步填入具有防水功能的胶黏土，使胶黏土渗入木条缝隙之中，并通过夯筑的方式，使胶黏土与木条形成一个板结而坚实的整体，以达到承托上部房屋的强度与刚度。

这里所说的仅仅是临水岸边房屋的地基处理方式。经过处理的岸边地基具有了防水的功能，在这一经过处理的地基之上，应当再按照前文所叙述的立基与筑基的方式设计与建造房屋的基础与基座，并布置房屋立柱的石制柱础，从而完成一座临水岸房屋的地基、基础与基座及柱础的设计与施工过程。

按照《营造法式》，这里所采用的用柴梢填埋基坑，上用胶黏土夯筑的水岸地基处理方式，也适用于一般跨水桥梁两岸码头的地基处理。

城（筑城之制）

中国古代的筑城史，可以追溯到上古三代甚至更早的时期。《诗经》中的"筑城伊淢，作丰伊匹。"❷说的就是周文王筑造其京城丰城与镐城的情况。西汉人桓宽所撰《盐铁论》中提到："筑城者，先厚其基，而后求其高。"❸说明古人很早就意识到，作为防卫之用的城墙，其筑造关键在于两个基本量度：一个是城墙的厚度，另外一个是城墙的高度。

《营造法式·壕寨制度》中有："筑城之制：每高四十尺，则厚加高二十尺；其上斜收减高之半。若高增一尺，则其下厚亦加一尺；其上斜收亦减高之半。或高减者，亦如之。"❹这里给出的是宋代城墙的设计方式，其中所涉

❶ [宋]李诫.营造法式.卷第三.壕寨及石作制度.壕寨制度.筑临水基.清文渊阁四库全书本.

❷ 文献[1].诗经.文王之什.文王有声.

❸ 文献[1].[西汉]桓宽.盐铁论.卷3.未通第十五.

❹ [宋]李诫.营造法式.卷第三.壕寨及石作制度.壕寨制度.城.清文渊阁四库全书本.

的也主要是两个基本量度：城墙的高度与厚度。

按照《营造法式》的规定，城墙的高度与厚度是彼此相关联的。一般情况下，城墙高为40尺，城墙墙基部位的厚度，就应该是在这一高度尺寸的基础上，再加20尺。即，若城墙高40尺，城墙基部的厚度应为60尺。而为了墙体的稳固，城墙的断面一般为斜收的梯形，而城墙顶部的厚度，一般控制在城墙基部厚度的一半。如此，则城墙若高40尺，其基部厚度为60尺，而其顶部厚度则为30尺。这即是一座宋代城墙的一个基本断面尺寸。

在这一基础上，如果城墙高度增加1尺，其基底的厚度也应当增加1尺，其顶部的厚度，则应当增加0.5。相应的高度缩减情况也是一样，若其城墙在40尺的基础上，降低了1尺，其基底的厚度也应减少1尺，而其顶部的厚度则同时减少0.5尺。以此类推。

显然，上文中所谓"筑城之制"，指的是城墙的设计方法。

城墙地基与基础

同时，《营造法式·壕寨制度》中还给出了城墙及其地基与基础筑造的材料与施工方法："城基开地深五尺，其厚随城之厚。每城身长七尺五寸，栽永定柱，（长视城高，径尺至一尺二寸。）夜叉木（径同上，其长比上减四尺。）各二条。每筑高五尺，横用纴木一条。（长一丈至一丈二尺，径五寸至七寸。护门瓮城及马面之类准此。）每膊椽长三尺，用草葽一条，（长五尺，径一寸，重四两。）木橛子一枚。（头径一寸，长一尺。）"❶

首先，城墙要落在坚实的墙基之上，故在筑造城墙之前，要先开挖出一个深为5尺的城墙基坑。基坑的宽度与城墙底部的厚度相等。其次，在基坑内向地基的泥土中栽植永定柱。永定柱的高度，要与城墙的高度相当，柱径为1至1.2尺。永定柱沿着城墙的走向长度分布，城墙每长7.5尺，必须栽入2根永定柱。在两根永定柱之间，再斜插入两根夜叉木，夜叉木的直径也须为1至1.2尺，其长度要比永定柱的高度减少4尺。每两根永定柱之间，均各斜插2根夜叉木。

永定柱与夜叉木

永定柱，既起到加固城墙墙体的主体部分——相当于在城墙内部增加了一个骨架——以防止墙体内的夯土发生向外滑动的作用，本身又作为城墙中的一部分。既起到承托上部城墙荷载的作用，又防止城墙发生任何的内外倾斜。夜叉木，则相当于永定柱之间施加的木制斜撑，以确保永定柱与城墙的稳固。

纴木

在此基础上，可以开展夯筑城墙的施工。夯筑的城墙高度，每增加5尺，须横向设置一条纴木。纴木的长度约为10至12尺，直径约为0.5

❶ [宋]李诫.营造法式.卷第三.壕寨及石作制度.壕寨制度.城.清文渊阁四库全书本.

至 0.7 尺。这种纤木，大约相当于横向布置在墙体内的加固件，有如现代混凝土墙内的横向钢筋的作用。除了城墙之外，城门处所设的瓮城以及城墙外部凸出的马面部分，也都要按照同样的规则布置这种加固墙体的纤木。

膊椽（膊版）

上文中还提到了一种构件，称"膊椽"。从上下文中很难推测这一构件的作用。以其称"膊"，似有用胳膊抱住之意？以其称"椽"，似有均匀分布之木条之意？今人的解释之一，认为"膊椽"是夯筑城墙的施工过程中，在墙之两侧设置的侧向模板。《营造法式·看详》中"墙"条引《说文》："栽，筑墙长版也。（今谓之膊版。）"❶《营造法式·壕寨功限》中也提到："诸自下就土供坛基墙等：用本功。如加膊版高一丈以上用者，以一百五十担一功。"❷ 其意是说，不加两侧模板的坛基，在夯筑中其功限就是夯筑本身的功限，而如果加上两侧模板（膊版），且高度达到1丈以上者，则每夯筑150担土为1功。这两处描述，或也可以从一个侧面说明，"膊椽"很可能亦称作"膊版"，其功能就是夯筑墙体时的侧模板。

草葽与橛子

《营造法式》载，"每膊椽长三尺，用草葽一条。"草葽，即草绳。其意或为，每隔3尺的长度，要用草葽将膊椽捆绑一下，以固定住膊椽，便于墙内夯土的填筑与夯打。对草葽也有要求，其长度为5尺，其直径为0.1尺，每根草葽的重量还要达到4两（按16两为一斤计，每根为1/4斤）。这说明草葽是需要受力的一根草绳。

此外，在每段加设3尺长膊椽的同时，还要加上一枚木橛子。这是一根头细尾粗的木棍，长度为1尺，橛头的直径为0.1尺。这一木橛子的用途是什么并没有说清楚，或有可能是用来绷紧草葽，使其能够紧固膊椽，保证城墙夯筑时两侧挡土模板的受力强度？亦未可知。

纽草葽、斫橛子、划削城壁等功限

《营造法式》有关功限的描述中提到："诸纽草葽二百条，或斫橛子五百枚，若划削城壁四十尺，（般取膊椽功在内。）各一功。"❸ 所谓"纽草葽"，这里的"纽"同"扭"，说的是将草扭结成草绳的过程。"斫橛子"，则是制作木橛子的过程。"划削城壁"，可能是对夯筑完成的城墙外壁加以划削修整，使其整齐坚实。这三件工作的功限分别为，每扭200条草葽、斫制500枚木橛子、划削40尺长的城壁，都各计为1功。其中，划削城壁的功限中，还包括了将原本附在城壁之外的模板——膊椽——搬取开的工作量。这里也从一个侧面证明了膊椽有可能指的就是夯筑城墙时设置于墙两侧的模板。

❶ [宋]李诫.营造法式.看详.墙.清文渊阁四库全书本.

❷ [宋]李诫.营造法式.卷第十六.壕寨功限.总杂功.清文渊阁四库全书本.

❸ [宋]李诫.营造法式.卷第十六.壕寨功限.筑城.清文渊阁四库全书本.

筑城功限

在《营造法式·壕寨功限》一节中,还详细描述了城墙填筑的功限:"筑城:诸开掘及填筑城基:每各五十尺一功。削掘旧城及就土修筑女头墙及护崄墙者亦如之。"❶ 如前所述,城基的深度一般为5尺,厚度大约为60尺。每开掘并填筑深5尺、宽60尺、长50尺的一段城墙的土基,可以计为1功。

女头墙与护崄墙

这里同时给出了两种施工的情况:一种是"削掘旧城",当是在旧城基之上建城的过程;另外一种是"修筑女头墙及护崄墙"。

据宋人撰《守城录》:"女头墙,旧制于城外边约地六尺一个,高者不过五尺,作'山'字样。两女头间留女口一个。"❷ 可知这里所说的"女头墙",当是设置的城墙顶部外侧如"山"字状,中间有"女口"的雉堞。而"护崄墙",其"崄",通"险"。同是在《守城录》中有:"修筑里城,只于里壕垠上,增筑高二丈以上,上设护险墙。下临里壕,须阔五丈、深二丈以上。攻城者或能上大城,则有里壕阻隔,便能使过里壕,则里城亦不可上。"❸ 可知,护崄墙有可能指的是内城护城壕内侧的较矮的防护墙。其目的是增加在护城壕内侧巡行的士兵的安全性。既防止士兵误入壕沟,也防止敌人从壕沟中袭击士兵。因女头墙与护崄墙都是较为低矮的土墙,其用工也与填筑城墙墙基一样,每50尺(这里可能是长度)为1功。

城墙施工

此外,《营造法式·壕寨功限》一节还通过功限的计算,描述了城墙施工的一些情况:"诸于三十步内供土筑城:自地至高一丈,每一百五十担一功。(自一丈以上至二丈每一百担,自二丈以上至三丈每九十担,自三丈以上至四丈每七十五担,自四丈以上至五丈每五十五担同。其地步及城高下不等,准此细计。)"❹ 这里给出了填筑城墙的方法即用工情况。填筑城墙的取土范围,一般为30步以内,其填筑过程的工作量,是随着城墙高度的增高而渐次减少的。如从地面至高约1丈的位置上,每运填150担土,为1功。自1丈至2丈的高度,则每运填100担土;自2丈至3丈的高度,每运填90担土;自3丈至4丈的高度,每运填75担土;自4丈至5丈的高度,每运填55担土,都可以计为1功的工作量。

由此得出两个推测:一是,一般城墙的高度应控制在40尺至50尺之间,再高则没有十分的必要了;二是,城墙的填筑不像房屋基座的夯筑那样,每填一层土,要间隔着夯填一层碎砖瓦或石渣。而且,为了基座的坚固与稳定,要逐层夯打。城墙的面积比较大,其墙体部分主要用土填埋,不用掺杂碎砖瓦或石渣。并且填筑的过程也是逐渐增加上部压力的过程。靠逐

❶ [宋]李诫.营造法式.卷第十六.壕寨功限.筑城.清文渊阁四库全书本.

❷ 文献[2].[宋]陈规,汤璹.守城录.卷2.守城机要.女头墙.

❸ 文献[2].[宋]陈规,汤璹.守城录.卷2.守城机要.修筑里城.

❹ [宋]李诫.营造法式.卷第十六.壕寨功限.筑城.清文渊阁四库全书本.

渐增加的城墙高度，使得下层的填土，变得十分坚实，而不必作逐层细密夯打的工作了。

墙（筑墙之制）

首先，从称谓上讲："墙（其名有五：一曰墙，二曰墉，三曰垣，四曰橑，五曰壁。）"❶ 相应的补充性解释还有："《说文》：堵，垣也。五版为一堵。橑，周垣也。埒，卑垣也。壁，垣也。垣蔽曰墙。"❷ 可知，墙为墉、为堵、为壁、为垣。周环之墙，称为"橑"。低矮之墙，称为"埒"。而埒的本义，又接近田埂，而田埂说到底，也是一种低矮的墙。

《营造法式·看详》一节，对"墙"有比较详细的解释。

一是，结合历史经典，从定义方面加以解释："《尔雅》：墙谓之墉。""《春秋左氏传》：有墙以蔽恶。""《淮南子》舜作室，筑墙、茨屋，令人皆知去岩穴。各有室家，此其始也。""《释名》：墙，障也，所以自障蔽也。垣，援也，人所依止以为援卫也。墉，容也，所以隐蔽形容也。壁，辟也，所以辟御风寒也。"❸ 以及，《营造法式·总释上》引《墨子》："故圣王作为宫室之法曰：高足以辟润湿，帝足以围风寒，上足以待霜雪雨露，宫墙之高足以别男女之礼。"这里说明，墙有区隔的作用，既有防卫性、隐蔽性及男女之防的礼仪性，也有御寒性。更重要的是，墙所围合的空间，还构成了人类生活的基本空间——室家。

二是，结合墙之施工，对筑墙时的工具所作的解释："栽，筑墙长版也。（今谓之膊版。）榦，筑墙端木也。（今谓之墙师。）"❹ 宋以前的墙，主要是夯土版筑的形式，故在施工中有许多辅助性工具，如："栽"，就是筑墙时两侧所用的模板；"榦"，与今日的"干"字相近，本义是支架、支柱，这里指筑墙施工时在墙之端头所立的支护板。

三是，对墙之造型与比例的描述与解释："杇亦墙也。言衺杀其上，不得正直。"❺ 这里指的是，墙要有收分，墙顶部的厚度一般要小于墙基处的厚度。因此，墙的表面，不应该是一个直上直下的面。

同时，为了墙体结构的稳固起见，墙的高度与厚度之间有一个基本的比例。如《营造法式》引《周官·考工记》："匠人为沟洫，墙厚三尺，崇三之。郑司农注云：高厚以是为率，足以相胜。"❻《营造法式》还给出了一个例子："今来筑墙制度，皆以高九尺厚三尺为祖。虽城壁与屋墙露墙各有增损，其大概皆以厚三尺崇三之为法，正与经传相合。"❼

筑墙之制

在这一基本的比例基础上，提出了墙的设计方法——筑墙之制："筑墙之制：每墙厚三尺，则高九尺，其上斜收比厚减半。若高增三尺，则厚加一尺，减亦如之。"❽ 既给出了基本的高厚尺寸与比例，也给出了高度增加或减少时相应的厚度损益方法。

---

❶ [宋]李诫.营造法式.卷第十六.壕寨功限.筑城.清文渊阁四库全书本.

❷ [宋]李诫.营造法式.看详.清文渊阁四库全书本.

❸ [宋]李诫.营造法式.看详.墙.清文渊阁四库全书本.

❹ [宋]李诫.营造法式.看详.墙.清文渊阁四库全书本.

❺ [宋]李诫.营造法式.看详.墙.清文渊阁四库全书本.

❻ [宋]李诫.营造法式.看详.墙.清文渊阁四库全书本.

❼ [宋]李诫.营造法式.看详.墙.清文渊阁四库全书本.

❽ [宋]李诫.营造法式.看详.墙.清文渊阁四库全书本.

也就是说，"筑墙之制"是一个设计问题，即基于墙之设计高度的墙体厚度及高厚比例的控制方式。

垒墙

除了夯筑的墙垣之外，还有结合房屋本体垒砌的围护墙。《营造法式·泥作制度》中给出了垒筑墙体的方法："垒墙之制：高广随间。每墙高四尺，则厚一尺。每高一尺，其上斜收六分。（每面斜收向上各三分。）每用坯甓三重，铺襻竹一重。若高增一尺，则厚加二寸五分。❶减亦如之。"❷

这里给出了房屋围护墙的高厚比与上部的收分等设计方法。墙高4尺，墙基的厚度为1尺，从而控制了高厚的比例。墙每高1尺，上部的两侧各向内斜收3分，从而控制了墙体的收分比例。而墙体的高度，每增加1尺，墙基之处厚度亦相应增加0.25尺，其收分方式当依前例。

如果是用土坯砌筑，每三层土坯要铺一层襻竹。这里的"襻"，有扭住或扣住的意思，故"襻竹"是用竹子将土坯墙扣扭在一起，大约相当于今日在垒筑的墙体中加横铺的钢筋，以增加墙体的强度，从而使墙体形成一个整体的意思。

在《营造法式·诸作料例》中，有"磊坯墙"条："用坯：每一千口，径一寸三分竹，三条。（造泥篮在内。）闇柱每一条，（长一丈一尺，径一尺二寸为准。墙头在外。）中箔，一领。石灰，每一十五斤，用麻捣一斤。（若用矿灰加八两；其和红、黄、青灰，即以所用土朱之类斤数在石灰之内。）泥篮，每六椽屋一间，三枚。（以径一寸三分竹一条织造。）"❸这里比较细致地给出了土坯墙在砌筑过程中，在墙体内部添加的襻竹、闇柱、中箔等加固型材料的情况。也给出了砌墙所用石灰中掺加麻捣等筋料及不同颜色矿灰的配比。这里提到的"泥篮"不知为何物，猜测有可能是施工过程中运送砌墙之泥的工具。由之或也可以得出一座六椽架房屋，其一间房的墙体砌筑约需用灰泥三篮？未可知。

《营造法式·壕寨功限》中提到："诸脱造磊墙条墼：长一尺二寸，广六寸，厚二寸，（乾重十斤。）每一百口一功。（和泥起压在内。）"❹墼，即未经烧制的土坯，则"条墼"者，当指条形的土坯。这里给出了一块条形土坯的尺寸，长为1.2尺，宽为0.6尺，厚为0.2尺。这里指的是制土坯的工作，制作这种条状的土坯，每100块坯，包括材料准备过程中和泥及制作过程中的去模（起压）等工作，可计为1功。

筑墙

《营造法式·壕寨功限》中也对墙基的筑造加以了描述："筑墙：诸开掘墙基，每一百二十尺一功。若就土筑墙，其功加倍。诸用蒉、橛就土筑墙，每五十尺一功。（就土抽纴筑屋下墙同；露墙六十尺亦准此。）"❺筑墙之始，需要开掘墙基，即向下挖土，再在所挖土坑中填土夯筑，形

---

❶ 梁思成《〈营造法式〉注释》对"垒墙"解释："各版原文都作'厚加二尺五寸'，显然是二寸五分之误。"参见：梁思成.梁思成全集·第七卷[M].北京：中国建筑工业出版社，2001：260。这里据此亦改为"厚加二寸五分"。

❷ [宋]李诫.营造法式.卷第十三.泥作制度.垒墙.清文渊阁四库全书本.

❸ [宋]李诫.营造法式.卷第二十七.诸作料例二.泥作.磊坯墙.清文渊阁四库全书本.

❹ [宋]李诫.营造法式.卷第十六.壕寨功限.总杂功.清文渊阁四库全书本.

❺ [宋]李诫.营造法式.卷第十六.壕寨功限.筑墙.清文渊阁四库全书本.

成墙的基础。用土填埋夯筑墙基，则每120尺长，计1功。如果包括了就地挖土与填埋、夯筑，其功加倍，则每120尺墙基，计2功。如果在墙基内加如草葽、木橛等，然后夯筑，则每50尺长的墙基，就可以计1功。

这里也提到了抽纴墙与露墙。抽纴屋下墙的工作量，与筑墙时加草葽、木橛是一样的，都是每50尺墙，计1功；筑露墙，稍微要容易一些，故每60尺计1功。

露墙

《营造法式·看详》，在"墙"的条目下，提到："凡露墙，每墙高一丈，则厚减高之半，其上收面之广比高五分之一。若高增一尺，其厚加三寸。减亦如之。（其用葽、橛，并准筑城制度。）"❶

所谓"露墙"，就是袒露之墙、露天之墙，即不附着于房屋之基础之上或不附属于房屋梁柱之旁的墙。如院落之间的院墙，或建筑群四周的围墙等。露墙的设计也有其比例：墙高1丈，墙基部位的厚度为0.5丈。墙体收分，至墙顶部，其厚约为0.2丈。如果墙的高度每增加1尺，其厚度则增加0.3尺，若高度减少1尺，厚度亦减少0.3尺。如果在露墙中使用了草葽、木橛等加固性材料，其功计法，与夯筑城墙时的情况一样。

抽纴墙

在《营造法式·壕寨制度》，筑城一节中，提到了纴木："每筑高五尺，横用纴木一条。（长一丈至一丈二尺，径五寸至七寸。护门瓮城及马面之类准此。）"❷ 纴者，用以编制的丝。所谓纴木，应是在墙中加入横向的木条，以增加墙体的强度。

《营造法式·看详》中指出："凡抽纴墙，高厚同上。其上收面之广比高四分之一。若高增一尺，其厚加二寸五分。（如在屋下，只加二寸。划削并准筑城制度。）"❸ 也就是说，凡是加了纴木的墙体，其高厚的比例设计与其上所描述的露墙的比例一样，即每高1丈，其墙基厚度为0.5丈。但是，其收分比较缓，故其墙顶的厚度，比同样高度的普通露墙要厚一些，约为0.25丈。抽纴墙的高度，每增高1尺，其厚度增加0.25尺。但如果是房屋间的围护墙，则随着高度的增加，每增高1尺，墙的厚度仅增加0.2尺。

此外，无论露墙或抽纴墙，都有可能是用土夯筑而成的，夯筑完成之后，还要对墙面进行划削，以使其平整。划削的做法与筑城墙时对城墙表面的划削方式相同。

《营造法式·壕寨制度》关于抽纴墙的表述，与"看详"中完全一样："凡抽纴墙，高厚同上，其上收面之广比高四分之一。若高增一尺，其厚加二

❶ [宋]李诫.营造法式.看详.墙.清文渊阁四库全书本.

❷ [宋]李诫.营造法式.卷第三.壕寨及石作制度.壕寨制度.城.清文渊阁四库全书本.

❸ [宋]李诫.营造法式.看详.墙.清文渊阁四库全书本.

寸五分。(如在屋下，只加二寸。划削并准筑城制度。)"❶ 而在《营造法式·壕寨功限》中，关于筑墙基的描述也提到了抽纴墙："诸开掘墙基，每一百二十尺一功。若就土筑墙，其功加倍。诸用葽、橛就土筑墙，每五十尺一功。(就土抽纴筑屋下墙同；露墙六十尺亦准此。)"❷ 其大意是，就土夯筑房屋下的抽纴墙，其工作的难度与工作量，大约与在夯筑墙基时掺加草葽、木橛等做法是一样的。一般每50尺长的抽纴墙墙基，可以计为1功。

❶ [宋]李诫.营造法式.卷第三.壕寨及石作制度.壕寨制度.墙.清文渊阁四库全书本.

❷ [宋]李诫.营造法式.卷第十六.壕寨功限.筑墙.清文渊阁四库全书本.

参考文献

[1] 文渊阁四库全书（电子版）[DB].上海：上海人民出版社，1999.

[2] 刘俊文.中国基本古籍库（电子版）[DB].合肥：黄山书社，2006.

山西高平开化寺营建历史考略

贾 珺

（清华大学建筑学院）

摘要：山西高平开化寺始建于五代后梁时期，历代多次重修，现存遗构包括后唐石塔、北宋大殿、金代观音阁以及元明清各代所建建筑。本文在现场测绘的基础上，通过辨析、考证寺内碑刻、题记、塔铭以及其他相关文献，对此寺的营建历史作出较为详细的论述。

关键词：开化寺，碑刻，营建历史

Abstract: The Buddhist temple of Kaihuasi in Gaoping county, Shanxi province, was established in the Later Liang dynasty, one of the dynasties in the Five Dynasties' Period, and subsequently renovated. The extant buildings include a stone pagoda from the late Tang dynasty, a main hall from the Northern Song dynasty, a Guanyin Pavilion from the Jin dynasty, and several buildings dating from the 14th to the 20th centuries. Based on site survey and textual study of tablet inscriptions, the paper explores the chronology of the temple.

Keywords: Kaihua Temple, stone tablets, construction history

一、引言

高平位于山西省东南部，古称长平、高都、泫氏，传说为炎帝故里所在，历史悠久，境内保存着大量古建筑。清代顺治年间编纂的《高平县志》是当地现存最早的方志，其卷一《舆地志》述其沿革："高平：《禹贡》冀辅支邑；春秋属晋，为赵献子采地；战国初隶韩，后属赵。秦列郡县，以其地为高都县，属上党郡。汉改为泫氏县，仍隶上党。后魏改隶建兴郡，后隶长平郡。北齐省泫氏县，移治高平城，改高平县，属高都郡。隋改高平县隶泽州。唐武德初改县为盖州，贞观初罢盖州，徙治晋城县；天宝初复改为高平郡；乾元初复置泽州；会昌初州隶河阳府，县隶泽州。宋属河东道。金隶河北东路平阳府。元隶晋宁路。明初改隶平阳府，洪武九年仍改高平县属泽州，隶山西布政司，今因旧。"❷县境东北35里舍利山的南麓坐落着一座名为开化寺的佛寺（在今陈堰镇王村范围内），寺院内外尚存五代、宋、金、元、明、清历朝营造之塔、殿、阁等不同类型建筑，且有北宋壁画和大量不同时期的碑刻、塔铭、题记传世，弥足珍贵，深受学术界重视（图1）。

开化寺创建已逾千载，历代增修改建频繁，已有多位学者对其历史沿革进行梳理论述，其中以徐怡涛先生博士论文《长治、晋城地区的五代、宋、金寺庙建筑》❸的论述最为精详。但由于现存碑刻、塔铭、题记散落多处，难以查考，且残损漫漶，释读困难，导致以往研究还存在

---

❶ 本文为国家自然科学基金项目"基于《营造法式》的唐宋时期木构建筑、图像及仿木构建筑中的建筑装饰与色彩案例探究"（项目批准号51678225）、国家社会科学基金重大项目《《营造法式》研究与注疏》（项目批准号17ZDA185）、清华大学自主课题"《营造法式》与宋辽金建筑案例研究"（项目批准号2017THZWYX05）的相关研究成果。

❷ 文献[7].卷1.舆地志.

❸ 文献[17].

若干可补充或商榷之处，尚待进一步的探讨。

2015—2017年，清华大学建筑学院组织师生对开化寺进行全面测绘和调查。笔者作为参与者之一，得以全面搜集相关文献史料，对其营建历史重新考证，在若干问题上取得一些新的发现，故而撰写此文，以求证于方家。

图1 高平开化寺航拍图
（清华大学建筑学院提供）

二、创寺年代

关于高平开化寺的始建年代，学术界目前主要有三种说法，各有依据。

第一种说法是始建于北齐时期，如柴泽俊先生在《山西几处重要古建筑实例》一文中提出："考其寺内碑文，开化寺初创于北齐武平二年（571年），当时规模不详。"❶ 常四龙先生《开化寺》称："开化寺创建了（于）北齐武平二年（571年），经历了北魏到隋唐，由发展到鼎盛的黄金时代，再由鼎盛到衰落的两个阶段。"❷ 此说源于寺内所藏清代康熙三十一年（1692年）《重修开化寺观音阁记》铭文："距泫城三十里有舍利山，山建开化寺，盖后唐武平二年创也。"查后唐无"武平"年号，历史上惟北齐后主高纬于570年至576年设有"武平"年号（末帝高绍义于578年继续沿用），可能由此推定北齐为始创时期。

❶ 文献[13]: 164.

❷ 文献[14]: 7.

第二种说法是始建于晚唐昭宗时期，如张亚洁、张康宁先生《山西高平开化寺宋代壁画》称："高平开化寺位于山西省高平市城东北 17 公里处的舍利山麓，该（寺）创建于晚唐昭宗时期。"❶崔玉先生硕士论文《高平开化寺宋代壁画研究》称："开化寺的创建年代不是北齐，而是唐昭宗的龙纪和大顺年间，即 889—890 这一年。"❷此说源自宋、金、元碑刻中提及唐昭宗曾赐予开化寺创寺祖师大愚田地，且明代万历十四年（1586 年）《申禁化城土木记》称："此地一盛于唐，龙纪、大顺间建清凉若。"民国 5 年（1916 年）《补修开化寺碑文》亦称："泫城东北乡舍利山有开化寺者，为我高十四寺之冠。相传创自有唐，诚古刹也。"

第三种说法是始建于五代后唐庄宗同光年间，如梁济海先生《开化寺的壁画艺术》载："寺院创建于五代后唐同光年间（923—926 年），初名清凉寺。"❸王宝库先生《高平市开化寺》载："寺创建于五代唐庄宗同光年间，初名'清凉寺'。"❹此说有后唐同光年间所建大愚祖师墓塔为证，且清代康熙三十一年（1692 年）《开化寺补修中殿记》亦称："寺为大愚禅师卓锡地而肇造于后唐庄宗时。"

除此之外，《开化寺补修中殿记》碑上还提及两种分别将始建时间定为晋朝和初唐的传闻并予以驳斥："或曰创自晋，盖误集字之短碣云，按：集字仿于《圣教序》，转相摹拟，在在皆有，晋唐即相距，岂能起右军而挥洒哉？且有宋年月可考也。或又曰自唐太宗，而借寺前翁仲为口实，益虚诞不足论。"这两种传闻分别因为寺内一块集东晋王羲之书法而刊刻的古碑和寺前山坡上的一对翁仲而引发，均不能成立。

前文所列举关于创寺年代的三种主要说法也并不确实。"北齐说"实际上是对明显出现矛盾错讹的晚期碑文的进一步曲解，邈不可稽。"晚唐说"和"后唐说"虽有一定依据，但在早期文献中也没有找到更直接的证明。

实际上安设于大愚祖师墓塔上的后唐同光三年（925 年）塔铭上对于创寺年代有更确切的记载："（大愚）因上党重围之后，于高平游历之间，厌处城隍，思居林麓。众仰道德，咸切邀迎。时有僧及俗士王希朋，与县镇官寮、住下□□，共请于舍利山院。果蒙俞允，栖泊禅庐，才不二年，俄构堂宇。"此处明确指出大愚禅师受高平僧俗之邀来到舍利山建寺是在"上党重围"之后。所谓"上党重围"，发生于唐末天祐四年（907 年），当年四月朱温篡唐称帝，正式建立后梁王朝，改元开平，派军进攻晋王李克用统治的河东地区，大将李思安率军至潞州（古称上党郡，治所设于上党县）城下，在城外筑重城夹寨，长期围攻。次年（908 年）李克用去世，李存勖即晋王位，率军从晋阳出发，乘雾突袭，大破围困潞州的梁军，解除重围。

塔铭下文又提及："（大愚）于天祐十八年四月八日，蒙府主令公李、

❶ 张亚洁，张康宁. 山西高平开化寺宋代壁画[J]. 文物世界，2011（2）：43.

❷ 文献 [19]：2.

❸ 梁济海. 开化寺的壁画艺术[J]. 文物，1981（5）：92.

❹ 王宝库. 高平市开化寺[J]. 五台山研究，1995（4）：47.

郡君夫人杨氏专差星使，请至府庭，留在普通院中。"天祐"本为唐昭宗李晔最后一个年号，由唐哀帝李柷沿用，自904年至907年，前后不足4年。天祐四年（907年）即后梁开平元年，朱温篡位后唐朝宣告灭亡，但河东、凤翔、淮南等藩镇仍沿用天祐年号，"天祐十八年"即后梁末帝龙德元年（921年）。此后大愚一直在普通院居住到圆寂为止。由此推断，大愚创寺时间当在后梁开平二年（908年）到龙德元年（921年）之间，考虑到他先在禅庐栖泊约2年之后才正式构建堂宇，那么可以将正式建寺时间进一步限定于910年至921年，均属于后梁时期，既非晚唐，亦非后唐。

三、祖师灵迹

大愚圆寂后归葬舍利山，其墓塔的塔铭由高平县令、将仕郎、前太子校书王希朋撰写，题为《大唐舍利山禅师塔铭记并序》，落款署有门人灵鉴、院主觉丕以及觉明、觉元、觉海等数十位弟子法名，全文如下：

"禅师俗姓刘，法号大愚，本潞城县人也。自卯❶岁归空，依年受戒，始讲律于东洛，复化道于西周。惠解无伦，敏聪罕类。五言八韵，人间之哲匠词竦；返鹊回鸾，海内之明公笔浅。加以轻清重浊，上惑去疑，达五音之玄门，明四声之妙趣。凡关智艺，世莫能加。著述书篇，流传不少。固得皇都道侣，钦凑如麻；赤县衣冠，敬瞻若市。

后因父母倾殁，葬事将终，身披麻纸之衣，志隐岩溪之畔。遂于峡山石洞中，发愿转《大藏经》及念诸经陀罗尼五十余部，各十万八千遍。又刺血写诸经，共三十卷。并造陀罗尼幢，以报劬劳❷之德也。其后则不拘小节，了悟大乘。道符佛□，德符禅性。洞晓色空之义，圆明行识之门。

而又因上党重围之后，于高平游历之间，厌处城隍，思居林麓。众仰道德，咸切邀迎。时有僧及俗士王希朋，与县镇官寮、住下□□，共请于舍利山院。果蒙俞允，栖泊禅庐，才不二年，俄构堂宇。问道毳客❸，雾集云臻；悉学缁徒，摩肩接踵。其郁名扬华夏，声振王侯。须见皈依，遽闻迎命。

于天祐十八年四月八日，蒙府主令公李❹、郡君❺夫人杨氏专差星使，请至府庭，留在普通院中。贵得一城瞻敬，莫不冬夏来往。禅伯满堂，无非悟道之人，悉是慕檀之士。师乃坚持绝粒，供养专勤。

奈何去同光元年九月廿三日，化缘□终，视□迁灭，坐□浮世，体不坏伤，精一之行转明，凡百之情益□。春秋七十四，僧腊❻五十五。莫不上感侯伯，下及官僚。阖城之道俗悲攀，拥之僧尼泣送。旋归山院，益动门人。小僧觉丕等，痛法乳❼之悲，无阶可报，念师资之道，有失依投，瞻尊亲于法堂。

❶ 卯岁：幼年。

❷ 劬劳：典出《诗经·小雅·蓼莪》："哀哀父母，生我劬劳。"后世特指父母养育子女的辛劳。

❸ 毳客：指身穿毳衲的僧人。

❹ 府主令公李：五代晋国名将李嗣昭（？—922年），本姓韩，字益光，小字进通，晋王李克用之弟代州刺史李克柔义子，曾任泽州、潞州节度使，官自司徒、太保至侍中、中书令，天祐十九年（922年）在征伐镇州时阵亡。"嗣昭有子七人，……皆夫人杨氏所生。杨氏治家善积聚，设法贩鬻，致家财百万。"参见：文献[1]，卷52。

❺ 郡君：古代女性封号。

❻ 僧腊：僧尼受戒后的年岁。

❼ 法乳：佛教术语，谓以正法之滋味长养弟子之法身，犹如母乳之于幼儿。

二年，俨若起灵塔于翠巘，不日将成，安厝有期，聊申序述。呜呼，以禅师性格行孤持，意识玄明，平生利济之心，曩日慈悲之便，徵诸往事，万一难陈。含毫强名，辄为记矣。"

此记对大愚禅师的生平以及建寺过程所述甚详，但未提及大愚作《心王状奏六贼表》和韵母上呈唐昭宗并得到赏赐的重要轶事。《心王状奏六贼表》是一篇宣扬佛法的文章，论述如何降服心魔，"渡生死之爱河，达菩提之彼岸"。金代皇统元年（1141年）高平县令王庭直为大愚所撰此表刻碑，并作跋曰："高平县舍利山大愚禅师作《心王状奏六贼表》并韵母三十六字，唐昭宗特赐土百顷，祠部❶三十八道，紫衣十道（恐后代徒弟不习经业，迴土九十顷）。"北宋天圣八年（1030年）《泽州高平县舍利山开化寺田土铭记》载："唐昭宗特赐上件地土一十顷，充供僧之用，大顺元年赐。"元代至顺元年（1330年）《皇元重修特赐舍利山开化禅院碑并序》称："且古之梵宇天下者皆有因，惟其道之所就，不以干也。故秦以草堂，汉以鸿胪，举斯二者，以其仁也。故尊而创之，非干然矣。今开化者，亦有因耳。始大愚禅师之创，即唐时嘉僧，作《心王表》，昭宗以方外之宾，尤敬，特赐腴田万亩，师虞将来恐尚产业，惟受千百，余亩退焉。"清代顺治《高平县志·仙释》载："大愚公隐于舍利山五音洞，调演声律，达五音之玄门，明四声之妙音，寿九十余，一夕谕门徒曰：'上帝有招，吾将归矣。'遂沐浴端坐而逝。每风晨月夕，洞中常若有五音之声，后人因名其洞为五音。……表并韵母三十字上唐昭宗，特赐土百顷、祠部三十八道、紫衣十道，住舍利山。"❷清代《山西通志》另载："舍利山在县东北二十五里，上有五音洞，下有舍利泉。唐释大愚公隐此，调演五音于洞中，常闻五音不绝，后撰韵母三十上昭宗，赐田及紫衣，盖洞中所调演也。"❸

综合以上文献，可以对大愚禅师的一生有一个相对清晰的了解。大愚俗姓刘，潞城县人，大约出生于唐代大中四年（850年），自幼出家，19岁受戒，聪慧博学，精通音韵，父母去世后曾经隐居石洞，发愿转经念咒，刺血写经。唐代末年，曾撰《心王状奏六贼表》和韵母30字（一说36字）献于唐昭宗，获赐100顷（1万亩）田土、36道度牒和10道紫衣，大愚退回90顷（9000亩）赐田。后梁初期，大愚应邀在舍利山驻锡，开始时住在简陋的禅庐中，后来正式修建殿堂屋宇，广受僧俗拥戴。龙德元年（921年，即天祐十八年）应节度使李嗣昭夫妇之请至普通院修行，于后唐同光元年（923年）圆寂，享年虚74岁。

大愚弟子众多，影响遍及河东地区。元代至元十九年（1282年）《资圣寺创兴田土记》提及高平另一古刹资圣寺的祖师钦公紫岩大师在学法时曾经"初参大愚，次见犨牛，后得法于安闲脚下松溪老人处，密传心印。"金代名臣李晏为其父亲李森所撰《先考正奉君墓志》记载其祖父李异曾经"受韵于大愚公长老，有《切韵门庭》行于世。"❹李晏在墓志中又提及其

---

❶ 祠部：原为唐代礼部的别称，主管学政、选举、仪礼等事务，武则天延载元年（694年）五月敕令天下僧尼均属祠部管理，并由祠部司发放度牒。此种度牒称"祠部牒"，简称"祠部"。

❷ 文献[7].卷9.

❸ 文献[9].卷23.

❹ 文献[6].卷15.[金]李晏.先考正奉君墓志.

伯父李林、父亲李森"当崇宁、大观间……始应进士举",由此推断实际上李异是一位生活于北宋中后期的文士,与大愚所处的晚唐、后梁时期相差甚远,所谓"受韵于大愚公长老"云云,实属附会,但也从侧面说明大愚地位崇高。

大愚富有文采,顺治《山高平县志·艺文志》收录了其诗作《长平吊古》❶。另《五代名画补遗》记载了唐末、五代大画家荆浩(约850—?)的一则轶事:"时邺都青莲寺沙门大愚尝乞画于浩,寄诗以达其意曰:'大幅故牢健,知君恣笔踪。不求千洞水,止要两株松。树下留盘石,天边纵远峰。近岩幽湿处,惟藉墨烟浓。'后浩亦画山水图以贻大愚,仍以诗答之。"❷开化寺祖师大愚确与荆浩为同时代人,但无法判断是否与乞画的邺城青莲寺僧人大愚是同一人。

舍利山上旧有一个石洞,名为五音洞,传说为当年大愚调习声韵的处所,被后世视为名胜。清代顺治二年(1645年)姬显庭所撰《开化寺移修东殿重塑三大士碑记》载:"缘起大愚上人就山腰穴石室调五音为字母,名'五音洞'。更著《降魔表》文上之唐昭宗,因得赐紫卓锡。是寺之创,以石室灵文显,而山之名亦以石室灵文显。……历千禩后,云封古洞,尧气犹涵,烟锁贞珉,宝色更粲。二事且将不朽,不第以水色山光、崇室危榭斗胜已也。"按照塔铭所载,后梁时期大愚才来到舍利山修行,其时唐昭宗早已被害,则其撰表、作韵母上奏并获得赏赐必在此之前,非如元代以来文献所称在隐居五音洞之后。常四龙先生《开化寺》书中记载:"五音洞在舍利山的山腰处,据当地老人们回忆,五音洞不很大,外面用石条垒砌,门楣上刻有'五音洞'三个大字,门口两侧刻有对联一副,洞不深,约有两米多,扣之铿锵有声,洞内有一个小圆洞。"❸据开化寺管理人员告知,此石室一直保存到新中国成立后,"大跃进"期间为修水库而被拆毁。

大愚墓塔塔铭未说明初创时的具体寺名,仅称之为"舍利山院"。北宋大观年间的《泽州舍利山开化寺修功德记》记载:"夫舍利山开化寺者,旧曰清凉若。"清代顺治年间《开化寺移修东殿重塑三大士碑记》亦载:"考《邑乘》,东北隅山名舍利,中藏古刹,肇始有唐,号曰清凉若。"推测此寺最初的名称可能为"清凉若"或"清凉寺"。"若"是梵语"阿兰若"(Aranya)译音的简写,原指森林,引申为远离人迹的寂静之所,后世用作佛寺的代称。

大愚圆寂后,弟子们于同光二年(924年)在寺院东南一块平地上建造一座墓塔(图2),次年(925年)落成。此塔为开化寺现存年代最早的建筑,正方形平面,高约4米,采用单层亭阁式造型,底设须弥座,屋顶近于四坡攒尖形式,中央设蕉叶石雕,其上部塔刹已毁;塔背面嵌塔铭刻石,两侧镌有僧人和妇人浮雕(图3)。正面刻石已失,近年重新安设了一块新石。

❶ 文献[7].卷10.

❷ 文献[3].山水门第二.

❸ 文献[14]:10.

图2 大愚禅师墓塔
（作者自摄）

图3 大愚禅师墓塔浮雕
（作者自摄）

四、宋建大殿

北宋时期寺院正式改称"开化寺"，得到更大的发展。明代万历《申禁化城土木记》载："（寺）再盛于宋，元祐、绍圣中改开化禅林。时则有称腴田万亩者，有称古桧青葱者，耆山鹄苑，表灼支提，要自大愚，栖真□□。"清代顺治年间《开化寺移修东殿重塑三大士碑记》亦载："入宋更为'开化'。"实际上天圣八年（1030年）《田土铭记》碑上已经出现"开化寺"之名，早于明碑所称的元祐、绍圣。

寺所在的舍利山风光秀丽，环境优美。大观四年（1110年）由进士雍黄中撰写、崔静集王羲之书法而成《泽州舍利山开化寺修功德记》（图4）描绘道："其山于高平延谷东北回环三十里余，岩岫翠微，峰峦层聚，崛然而起，衮然而下，或斗或倚，若骤若止，左抱右掩，属峰盘绕。汍❶泉激扬齐洹而性靡常，图之莫得；礐❷石蹲踞偃仰而奇且怪，状之勿能。古桧菁葱，珍禽以之宸止；灵井渊净，神龙以之隐藏。其他灌木畅茂，荠草蔓延，冬积雪而煦姁❸，夏流金而清凉。秋风寥寥兮，籁乎绿竹；春日迟迟兮，笑乎异花。时寺建于其间者，不其美与？"

其山林风貌一直延续至今（图5），历代多有赞誉，如元代至顺《皇元重修特赐舍利山开化禅院碑并序》云："此寺之峰，邈高平里近三十，乃县之艮隅也。山势连绵，以接本止，舍利之峰，麓势巉岩，危峤巚岭，可绘图焉。以王维云：'主位唯宜高耸，客山须是奔趋，迴抱处僧舍可安'❹，

❶ 汍：涕泣貌。
❷ 礐：坚硬。
❸ 煦姁：亦作"煦妪"，抚育。

❹ 语出唐代诗人、画家王维《山水诀》，原文为："主峰最宜高耸，客山须是奔趋。回抱处僧舍可安，水陆边人家可置。"

图4 大观四年《泽州舍利山开化寺修功德记》残碑
（作者自摄）

图5 开化寺山林环境
（作者自摄）

诚有以也。斯之胜地，实沙门游屦净境，是大愚之禅也。"清代顺治《重修西殿碑记》称："泫邑东舍利一山，开化寺建于其中，规模宏壮，宫殿九重，瑞气祥云，烟雾腾闪，朝晖夕阴，金紫交映，况奇峰拱对，巍巍峨峨，松柏苍蔼，郁郁菁菁，龙听经，虎拜佛，气象万状，讵非洋洋乎胜景也欤？"民国时期《两社公议让地留葬小引》亦称："开化寺庙宇巍峨，佛像尊严，土地□饶，松柏葱翠，诚得舍利山之灵秀。"

北宋天圣八年（1030年）《泽州高平县舍利山开化寺田土铭记》（图6）详细记录了当时寺院所拥有的房屋、田地账目，落款为"陈堰善友李问施到充常住供僧修造 天圣八年十二月日寺主僧惠□"，全文如下：

图6 北宋天圣八年《泽州高平县舍利山开化寺田土铭记》碑
（作者自摄）

山林田土东西各至山外坡下，南至寺坂下，北至黄山分水□。
　　本寺山后地一顷，东至河，西、南、北至分水岭。
　　神西地一顷，东至道，西、南、北至水□。次南二十亩，东、西、南至坡下道，北自至。
　　神东南八十亩，东至河，西、北至宋文，南至李木，其宋文地出入陈塸下。
　　寺东麻地一十亩，东至程信，西至李一，南至坡，北至道，车牛向东出入。
　　寺南麻地一十亩，东、北至王□，西□□时，南至坡，车牛向北出入。
　　寺北屋三间，山门二□，东、南、北至道，西至赵可。
　　西河麻地九亩，东、北至□，西至河，南至道。
　　河西屋三间，□子二亩，东至河，西、南至道，北至程言。
　　王村屋三间，麻地二亩，东至宋文，西、北至王□，南至道。
　　武家坡四十亩，东至屋，西至河，南至武大，北至李千，其地向北出入。
　　南庄屋一十八间，地二顷，东、南至王千，西至河，北至牛一，四至内并无诸人车牛出入。
　　唐昭宗特赐上件地土一十顷，充供僧之用，大顺元年赐。
　　寺坂下客院屋三间，地八亩，东自至，西至河，南至李千，北至道。
　　□院□里客院屋五间，庄北地四十亩，四相自至。
　　庄南……东、北自至，西、南至河。
　　河南塇地八亩，东至河，西、南至武……
　　车牛武大地内向南合河出入，其客院车牛……
　　上件客院二，厨屋八间，地六十余亩，祥符三……

　　由碑文可知，当时寺院主体院落拥有山门和北屋（殿）三间，此外还分散设有几处客院和其他房屋，附属的土地更是分布于周围十余处地方，大概是陆续购置或获捐而得。其中唯有唐昭宗所赐10顷（1000亩）"上件地土"未注明具体位置和四至范围，应该不在舍利山一带。碑文提及的"祥符三"应指宋真宗大中祥符三年（1010年）。

　　清代《山西通志》收录了一首《游开化寺》七绝，题注"在舍利山"，作者标为北宋名臣韩琦，诗云："蒙山崦里藏神宫，朝苍暮翠岚光浓。枯松老栢竞丑怪，危峦峻岭相弥缝。"❶但韩琦诗文集《安阳集》中所收《游开化寺》是另一首长诗，所咏显然并非高平开化寺，故而这首七绝的作者颇可存疑。

　　学界公认开化寺现存大雄宝殿（图7）建于熙宁六年（1073年），面阔三间，进深六架椽，平面接近正方形，歇山顶，当心间前后檐柱均为方形截面的石柱，柱上设阑额、普拍枋，柱头施单杪单下昂五铺作斗栱，无

❶ 文献[9]. 卷226.

补间铺作，仅于补间位置的柱头方上隐刻栱形，并以散斗隔垫。其构架反映了典型的北宋风格。当心间前檐石柱外侧分别刻有捐施者的姓名及年月日题记（图8），东柱为"陈堰村维郁李庆、妻魏氏施石柱一条，男文衡、文仲，新妇秦氏、张氏，孙男宅兴、善兴、渐兴、中兴 熙宁六年岁次癸丑三月甲辰朔十八日辛酉"，西柱为"陈堰村维郁魏亶、妻崔氏石柱一条，男文中，次文皋、次高喜、次举儿，新妇李氏、赵氏，孙军喜、见喜 熙宁六年岁次癸丑三月甲辰朔十八日辛酉"，可为明证。

图 7 开化寺大雄宝殿南立面
（作者自摄）

图 8 开化寺大雄宝殿前檐当心间东檐柱石刻题记
（作者自摄）

大殿梁、枋、斗栱、栱眼壁等位置绘有彩画（图9），虽已年久剥蚀，仍有许多图案保存相对完整，多以黑、红、白三色描绘外缘道，身内采用红绿青三色叠晕，纹样细致生动，可与《营造法式》之"彩画作"相映证。❶

[1] 文献[15]: 36-41.

图9　开化寺大雄宝殿栱眼壁彩画
（作者自摄）

更为珍贵的是，大殿内壁绘满壁画，佛像、人物、建筑、山水、花木刻画精细，笔法娴熟，堪称北宋壁画艺术的罕见杰作（图10）。大观四年（1110年）雍黄中《泽州舍利山开化寺修功德记》碑称："予尝喜爱斯景而屡往游焉，故僧清宝与予交久而益敬，姑以元祐壬申正月初吉，绘修佛殿功德，迄于绍圣丙子重九，灿然功已。又以崇宁元年夏六月五日，直以兹事询予为记。……愚修此佛殿功德，其东序曰华严，辰壁曰尚生；其西序曰报恩，□壁曰观音，功费数千缗。"❷ 文后附有一些捐施官员姓名以及主库僧清谏、供养主僧清道、主持沙门僧清宝法名。碑文证明于元祐七年（1092年）正月至绍圣三年（1096年）九月，在住持僧清宝等人的主持下，为大殿绘饰壁画。大殿当心间后檐柱内侧亦有墨笔题记，目前仅能辨别出"……匠郭……"2字（图11），而潘絜兹、丁明夷二先生《开化寺宋代壁画》一文中记载了较早时抄录的两段原文："丙子六月十五日粉此西壁，画匠郭发记。""丙子年十月十五日下手搘㲉立，至十一月初六日描讫，待来年春上采，画匠郭发记并照壁。"❸ 此处"丙子"即绍圣三年（1096年），与碑文时间吻合。

值得一提的是，大观碑上还记载："在昔之遗迹，革鼎名号，废兴之岁月，则清源隐士少监王景纯及子潞帅曙刻石叙之备矣。"此处所称之"潞帅曙"指北宋名臣王曙（？—1034年），字晦叔，祖籍河汾，其父王景纯迁居河南府（洛阳）。王曙进士出身，历任各种官职，仁宗时期曾知潞州。❹ 由大观碑可知王景纯、王曙父子曾经在开化寺立过另一块碑石，详述寺院历史渊源，可惜此碑现已不存。

❷ 缗：原指串钱的绳子，这里用作钱的单位，一缗同一串、一贯，共1000文。

❸ 文献[14]: 97.

❹ 文献[4].卷286.王曙传；文献[16]: 81.

图 10 开化寺大雄宝殿后檐墙壁画局部
（作者自摄）

图 11 开化寺大雄宝殿当心间后檐柱题记残迹
（作者自摄）

五、金构杰阁

金代开化寺在大雄宝殿后院东北角建造了一座观音阁，保存至今（图12）。此阁共设两层，底层以石墙封砌，内藏石室（图13），分为两间，里室拱券门内有一泉眼，可能就是《山西通志》所记之"舍利泉"。上层为三间悬山顶木构建筑，前廊两次间中间各加一根石柱，隔为五间。柱头上施单昂四铺作斗栱，无补间铺作，进深六架椽，结构简洁。

图 12 开化寺观音阁南立面
（作者自摄）

图 13 开化寺观音阁底层石室
（作者自摄）

观音阁西山墙上嵌有一碑，立于金代皇统元年（1141年）十二月腊日，上刻当年大愚禅师所撰之《心王状奏六贼表》（图14），高平县令王庭直作跋文曰："以定发慧，以静生觉，天下之成心也。成心之中，佛性存焉。余观此表，真佛子语。妙公携以见示，遂使与余慧出于定，觉明于静。天地间扰扰群务莫能干。吾至真精进勇猛，立地成佛，善哉善哉。因劝妙公刻之石，以示来者，贵使舍利禅师佛语愈久而愈不泯也。"文后附识"裴泉村李京评事同男李舍己财三百余贯重修禅师殿"，落款为"寺主僧义贤、知库僧义胜、讲经论彰法院沙门义妙立石"。王庭直于天眷三年（1140年）开始担任高平县令，其事迹载入顺治《高平县志·名宦志·循吏》[1]。跋文中所云之"妙公"即开化寺的义妙禅师，而由附识可知当年裴泉村李氏父子还捐资300多贯重修禅师殿。此碑或许可以从侧面证明最晚至该年观音阁已经建成，但碑刻属于可移动文物，也不能完全据此判定建筑的年代。碑文同时表明当时曾经重修"禅师殿"，所指不详。

[1] 文献[7].卷5.

图14　金代皇统元年《心王状奏六贼表》碑
（作者自摄）

观音阁前檐西侧石柱南侧镌有题记："邑令任致远沿督税访妙□，师烹茶导话，颇快尘襟。癸亥腊月六日"（图15）。据顺治《高平县志·官师志》记载，在柱上留题的任致远在金代"太和三年"出任高平县令[2]。此"太和"即"泰和"，金章宗年号，泰和三年（1203年）恰好为癸亥年，与题记吻合。但金代文士李森《嘉禾堂记》另有记载："皇统三年春，任令致远时令于此（高平县）。"[3]由此可见《高平县志》所载有误，题记所云之"癸亥"应为金熙宗皇统三年（1143年），比泰和三年整整早了一个甲子，与《心王状奏六贼表》碑时间接近，为此建筑始建年代的判定提供多一重证据。同时亦可推断，任致远所访的"妙□"禅师很可能与王庭直跋文所谓"妙公"一样，同指义妙禅师。

前廊东侧石柱西侧刻有李肯播于崇庆元年（1212年）所作的题记："泽

[2] 文献[7].卷4.

[3] 文献[6].卷13.[金]李森.嘉禾堂记.

州同知宋雄飞翔霄、县令任元奭善长、县尉独吉明威、前长子县令毕仲邦荣从友人宋文铎振之、李熙载广之，暨显公和尚之请，联辔来游。崇庆改元三月中澣前一日李肯播克绍识"（图16）。李肯播字克绍，出身于泽州李氏世家，其祖父李晏、父亲李仲略均为金代显宦，题记中所列官员宋雄飞、任元奭二人均曾任高平县令，其名也均可见于顺治《高平县志·官师志》❶。

东石柱的东侧另有一条石刻题记："叔厚德夫肄业于此。时岁在摄提格"（图17），无年月标记。"摄提格"是古代一种星岁纪年，即寅年。《三晋石刻大全·晋城高平市卷》认为该题记与同柱西侧的题记同样作于崇庆元年（1212年）❷，但1212年为壬申年，与"摄提格"不符。

❶ 文献[7].卷4.

❷ 文献[11]:53.

图15 开化寺观音阁前檐西侧石柱南侧题记（作者自摄）　　图16 开化寺观音阁前檐东侧石柱西侧题记（作者自摄）　　图17 开化寺观音阁前檐东侧石柱东侧题记（作者自摄）

在大殿后檐墙上还有一条金代墨书题记，字迹断续模糊，目前大致可辨为："廿五日山麦……天会十三年五月□日种麻……泽州……"，大概是有关作物种植的记录，与建筑营造无关。"天会"本是金太宗年号，天会十三年（1135年）正月太宗驾崩，熙宗继位后沿用。

金代著名官僚文士赵可是高平人，《金史》有传❸，身后归葬故乡，其墓在开化寺南侧，至今尚存一对文武翁仲（石像生），头部已残，高约1.5米（图18）。寺内康熙年间《开化寺补修中殿记》对此有载："（寺前）翁仲相传为知制诰学士赵可墓，《志》称在魏庄东，事或不诬。"乾隆年间《高平县志·陵墓》载："翰林学士知制诰赵可墓在魏庄东舍利山麓（今尚存二翁仲）。"❹ 这两座翁仲也是金代所遗与开化寺相关的历史文物，不可忽视。

❸ 文献[5].卷125.赵可传:赵可,字献之,高平人。贞元二年进士。仕至翰林直学士。博学高才，卓荦不羁。天德、贞元间，有声场屋。后入翰林，一时诏诰多出其手，流辈服其典雅。其歌诗乐府尤工，号《玉峰散人集》。

❹ 文献[8].卷5.

图18 赵可墓文武翁仲
（作者自摄）

六、元代复兴

金末元初战乱频仍，开化寺可能也遭到一定破坏。至元代中叶文宗至顺年间，开化寺得以重修复兴。

至顺元年（1330年）潞州昭觉禅院僧人韩溪文瑾所撰之《皇元重修特赐舍利山开化禅院碑并序》（图19）记载："师友明君，田既胜，何招提之劣耳。历年绵远，经代尤深，延迄洪元，仅四百余，兴替几之。目今僧御等，以为名山古寺，非大愚创之，其谁能治耶？将田出之，俭用积累，岁之丰盈，续而完之，其寺一新，庠序有次。中乎大雄殿，后以演法堂，前钟层楼，庚兑❶置大悲之阁，甲震❷树解脱之门❸；东作筵宾之舍，西为讲肆之堂，法堂右仿维摩净室，左立观音之阁。香积❹居筵宾之后，仓廪麟庑有之全，周垣僧房咸备有焉。迁睹绰然，疑梵宫移来耳。使观者太息，吁人间一绝焉。"此碑由开化寺僧人义迁刻立，下设龟趺，碑阳有"皇元特赐开化禅院碑"9个篆书大字，碑阴上部有"国泰民安、皇帝万岁、法轮常转"12个楷书大字，下部刻"本寺大小僧众名目于后"，包括尊宿仁谧、住持尚座仁御、庄主仁端、住持仁显、讲经论沙门院主义迁、义朗、讲经论沙门副院义添、义道、讲经论沙门财帛义聚、义远、义谨等，还列有潞州地区其他寺院多位僧人的法名，堪称元代本地佛寺建置的重要史料。

碑文列举了寺院重修后的基本格局：寺前中间一座层楼辟为钟楼，阁西建大悲阁，阁东设山门（解脱之门）；前院中央为大雄宝殿，东为宾舍，西为讲堂；后院正殿为演法堂，其东为观音阁，其西为维摩净室。在宾舍之后设香积厨，此外还包含各种仓房、僧房、庑房，格局已经非常完备（图20）。

❶ 庚兑：西方。
❷ 甲震：东方。
❸ 解脱之门：佛寺山门，又称"三门"或"三解脱门"。
❹ 香积：即香积厨，指寺院中的厨房。

图19 元代至顺元年《皇元重修特赐舍利山开化禅院碑并序》碑
（作者自摄）

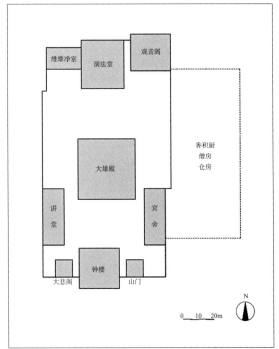

图20 元代至顺元年开化寺平面格局示意图
（作者自绘）

目前寺院正南侧中央现存一座楼阁（图21），形如城门，下为砖砌高台，中设拱券门洞；上部为三间重檐歇山顶木构建筑，带周围廊。室内柱梁多为弯曲原木，檐下柱头施五铺作斗栱，补间设斜栱。此阁带有明显的元代建筑特征，当代学者基本公认其应为元代碑记所云之"前钟层楼"，而位于此楼西侧的大悲阁和东侧的山门后世均已不存。

院东南大愚禅师塔旁侧另有两座石砌高僧墓塔，建于元代。一为文清禅师塔（图22），正方形平面，采用3层楼阁式，造型简朴，塔刹已毁，塔身侧面嵌有至顺二年（1331年）韩溪文瑾所撰之《敕赐舍利山开化寺清公塔铭记》："开化寺，尊宿尚座仁御□师清公之创也。师讳文清，姓潘氏，天党东池人，九岁出家，依舍利忍长老柏溪为师，一睹尤奇，有祖之风。十八受具，主开化，居甲非乙，抱行布德，不敢名讳，以山主之号称之。以耳顺之年，未病而圆寂矣。僧俗感叹，葬之以礼，树而祀之，以致其追远之诚，可谓尽其道矣。仁御舍己之财，创修浮图，乃有以也。经不云乎，为亡师立塔，用自物可，不得用师物，何妄意哉？……今御于师，事死如生，事亡如存，又为之高胜，其师资之道，可谓终矣。"文后附文清弟子门人仁从、仁显、仁御、仁端、仁荣、仁正、仁谧以及知库义普、直岁义泰、院主义福、维那义谨、住持讲经论沙门义聚、财帛讲经论沙门义添、前住持讲经论沙门义迁等众僧法名和"本院师孙三拾有余"。

图 21　开化寺南阁南立面
（作者自摄）

图 22　文清禅师塔
（作者自摄）

另一座石塔为义聚禅师塔（图 23），单层扣钟式，基座之上设莲瓣，顶设塔刹。塔上原嵌之《舍利山开化寺创修聚公和尚塔铭》由智实和尚撰写，刊刻于至正十三年（1353 年），现已移藏于寺内，文字残缺严重，目前仅能辨识"况本师者，潞州上党□□□□□，姓郭，先考郭□□、先妣吴之子，自幼岁出家，于泽州□□舍利山开化寺，拜显公和尚为师……观音之圣，重修冥殿之十王……"等字样，落款为"僧礼稹、讲经论沙门礼祚"。此处提及的"显公"即仁显，为义聚之师，生活于金末元初，其法号亦可见于金代崇庆元年（1212 年）石柱题刻。由其文推断，此时寺内除了供奉观音的场所之外，还有供奉阴世十殿阎王的殿宇。

图 23　义聚禅师塔
（作者自摄）

七、明代续营

元末开化寺再度颓败,明代又屡有续建、重修之举,留下了较多的碑刻、题记。

大殿后檐墙西内壁现存一处宣德五年(1430年)四月十五日墨笔题记:"天地冥阳水陆大祭,僧智移……僧陆拾余名,十方坛僧善众……余人□僧布施……"(图24),当为寺僧智移禅师在大殿内主持某次水陆大法会的记录。

智移禅师墓塔(图25)位于大愚禅师塔一侧,形制与文清禅师塔类似,同为正方形平面的3层楼阁式石塔,顶部已残,雕饰相对丰富。塔上所嵌《敕赐舍利山开化寺移公和尚塔铭记》载:"本寺尊宿讲主师耶耶❶移公之刱也。系是本里,俗姓郭氏也,九岁出家,依舍利忍长老,具开化,居甲非,不敢名讳,以山主之号称之□耳。正统年病而圆寂矣。僧俗感叹之□,□□追逐之诚,可谓尽其道矣。闻□舍己之资,创修浮图,洒有以也。经不云乎,亡师立塔,用自物可,不得用师物,何妄意死也。虽心丧有期,而追□之般固无已焉。移公于师,事死如生,事之如存,又之高胜其师资之道。"落款为住持闻增与门徒思记、思冲、思鉴、思兴等以及移公法孙思会、思财等。智移于正统年间(1436—1449年)圆寂。值得存疑的是文中有"天顺丙午"立石纪年,查"天顺"为明英宗年号(1457—1464年),其间无丙午年,亦无其他带"丙"字纪年,此处显然有误。天顺时期唯一带有"午"字的纪年是

❶ 耶耶:"爷爷"简写。

图24 开化寺大雄宝殿后檐墙西内壁墨笔题记
(作者自摄)

图25 智移禅师墓塔
(作者自摄)

天顺六年（1462年）壬午，其后最早的丙午年为成化二十二年（1486年），距离智移去世至少已有37年。

万历十年（1582年）七月寺内所立《重修观音庙记》（图26）碑文曰："世传观音福利后人，神为至尊，甚可敬也。古迹开化寺，旧有庙堂，神灵所栖，四方瞻拜者，盖勃勃矣。年久颓坏，有善人之心者，诚所不忍也。石村耆民姬汤举家好善，素称长者，输心改革，栋宇重新，不惟神安所止，四方瞻拜思快睹之心亦可慰矣。诚哉美事，不可泯没，则神之所以福利者，斯人其最先钦？故记之，以垂不朽云尔。"落款为"石村中里施主姬汤、兄姬舜、男尚邺、长男姬尚信、次男姬尚弟，僧人崔善源"，此处所云之"观音庙"可能指金代所建的观音阁。

图26　万历十年《重修观音庙记》碑
（作者自摄）

万历十四年（1586年）高平县令杨应中颁布《申禁化城土木记》，魏庄东里乡民赵朝鸾在寺内为之刻立碑石，其文曰："当万历辛巳，邑侯刘公，从耆民赵朝鸾请，下劄禁舍利山刍牧❶，家严作记，载□迹详矣。至丙戌，杨公□□□得以庶老宾于庠，复请公慨然扬示。括田三顷，止其盗卖；储培桧柏，戒其□斫。……始如清宝辈，克振饬之，亦庶几阖黎之止尽。频年剥敚，沃土鬻而止□，其陇连抱尽而仅存其本，此不□数岁□，贞林色界院辟□□□草场矣，……知公已令精庐颜茸，瞻以净土，菀然山木丸丸。"大意是禁止周围村民在舍利山放牧、砍树，以保护山林环境。

寺院南侧楼阁底层南墙上现存万历二十八年（1600年）《重修开化寺大悲阁记》碑，其词曰："高平县舍利山阳开化寺，自古有之。溯其创建之始，代远人迷，无迹可徵。其殿阁因历年久，雨剥削风零，栋宇几颓。有信士姬汤，乃石村中里人也，平生好善敬神，于十王殿、观音殿、

❶ 刍牧：割草放牧。

中殿西，一年累年，次第修完。至于大悲阁，自汤之祖寿官姬定修补、父阴阳官姬佩芝修补、兄姬舜修补，工程浩大，历年以来，又将废坏。僧人正怀等有忧焉，化缘修阁，此汤之素愿者，恺然许之，捐贡不息，于大明万历二十八年正月吉日兴工，其阁焕然一新，足延数百载矣。故铭之于石，以为后世信士之一监云。"落款为"信士姬汤、妻赵氏、男姬尚信、姬尚弟、孙姬列松"等以及寺住持僧正程、正怀、正全、正器、善岩、善和、善春、善就等僧众法名。可见元代的钟楼在明代已经改为大悲阁，姬汤的祖父曾经予以修缮，后又废坏，姬汤在万历二十八年又做了较大规模的重修，而此时寺院建筑还包含十王殿、观音殿（阁）、中殿（大雄宝殿）等。

开化寺东侧庭院的东南角有一座两层砖砌小楼，底层室内嵌有一块万历四十三年（1615年）卫兴高所撰之《重修舍利山开化寺钟楼记》碑（图27），文曰："邑东舍利山有开化寺，敕修创自异代，其来旧矣。夫寺必有钟，钟必有楼，匪直为观美也，然钟一鸣而僧肃听，则旦暮礼佛之心殷，夙夜清净之念动焉。是钟之不可不具，楼之不可不建也明矣。里人张姓讳应禄者，其先祖尝输诚捐赀，虔心独立，相传亦非一日耳。历来世久日远，风雨颓坏，地将靠阢❶，则钟于何悬哉？禄谒此寺而观其记原先世之子创者，于是复出己财，严督工匠，不岁月而奏绩巍峨，重新栋宇，耀目闾闬❷，佥谓张子之敬以尊神而孝以承先也，诚哉。奕世具有光焉。是可勒石为盟，以绍万世长久之记云，故献俚言以序于右。"落款为"高平县丰益乡三都魏庄东里七甲信士张应禄、妻卫氏，率男张问德、张问政、张问孔、孙张麒、张麟"，和"本寺僧正宣"、"木匠冯守兴、瓮匠成丕全、玉工李尚聪"。可见此处另有一座钟楼（图28），孤立一隅，与明清佛寺常见格局有所不同❸，万历年间颓坏，魏庄信士张应禄全家捐资重建。

大殿西山墙上所嵌崇祯十六年（1643年）碑题为"重修金装佛像地藏十王土地三堂补修佛殿三座记"，其文字仅能辨识"法邑之艮，名山舍利，古刹开化，岁月久远，殿宇佛像废矣。今县之□□□东坪……焚修……"，由田恒泽撰写，落款为捐施人"姬□贞、男姬翊腾、姬遂周、

图27 万历四十三年《重修舍利山开化寺钟楼记》碑
（作者自摄）

图28 开化寺东院入口与钟楼
（作者自摄）

---

❶ 靠阢：动摇不安定。
❷ 闾闬：原指里巷之门，此处借指街坊。
❸ 陵川南吉祥寺东南隅现存一座钟楼，与开化寺钟楼位置相似。

姬逊周、姬远周、姬达周、姬道周，母吴氏"，还有"主持僧圆融、徒可绍、徒孙悟玺、悟琨、悟璧、曾孙周祥、周瑞"法名以及"丹青郝满池、瓦匠成应云、木匠郭长青、玉工郭云清"各工种匠师姓名。由碑题可知，当年对寺内地藏堂（殿）、十王堂（殿）、土地堂（殿）的塑像重作金装，并对3座佛殿予以修缮。

现存前院西配殿为十开间硬山建筑，据附近老年村民回忆，幼时曾经见其中布置阎罗、鬼怪塑像，当即十王殿之所在（图29）。❶ 而地藏殿和土地殿应该即现存前院东厢位置的两座五开间配殿（图30），与十王殿相对。

开化寺院中还存有一块嵌壁碑，其正文曰："粤稽此刹□于唐焉。自唐迄今，累年久矣，间有增修，不知凡几。迩来东西灿烂，大非其昨，讵非一时之盛观，千古之快睹也哉，而有所不相配合者，两墀若池，一路如蹊，院几颓敝不堪矣。欿欿在念，勃勃动中，于是乞募资财，喜舍不吝，仍旧莫□□耳。乃如高下偏陂何哉，填砌均平，不日告成。不亦辉辉乎四方，并耀昭昭焉六合，同新是用，刊石永垂不朽。"主要记录对院内铺地重新填砌的经过。碑上无年号标记和僧人法号，仅有"赵继□"、"□国屏"、"赵继光"等施主姓名。《高平金石志》推断此碑为明代所立❷，未知何据，暂录于此，以备续考。

八、清代重修

明末开化寺又沦于衰落，清初获得重修，并有局部改建。顺治二年（1645年）所撰《开化寺移修东殿重塑三大士碑记》载：

"寺庙隐僻山谷间，有骚人墨士凭而吊之，止一戏嘘而已。岁甲申春，为日月变更之始，携关中兰谊张子稷恭，同乡陈子壶岚、李子汉清，登山巅，憩五音洞中。一出，响如应韵，致铿然。及睹壁间禅文，义奥蕴深，笔画遒劲，同志怀想千古，不禁揄扬赓歌，为一时登眺美谭，为千种阐扬盛事。

图29　开化寺十王殿东立面
（作者自摄）

图30　开化寺前院东配殿西立面
（作者自摄）

---

❶ 按元代至顺元年（1330年）碑所记其现存十王殿位置在元代应为讲堂，而至正十三年（1353年）《聚公和尚塔铭》记载当时开化寺也有一座"十王殿"，可能由讲堂改造而成，或另有所指。

❷ 文献[12]：205.

载观大雄殿外，廊庑混乱，爻象参错，千余年来无人更正，以为上方缺典。未几，里中信士卫志翰同嗣乌台承使卫必昌锐意承之，改旧穿廊为东殿，移水陆东殿大士像于中，庙貌重新，焕然改观，创造三大士像，金碧辉煌，丹垩炳朗，极一时工匠之选，与寺终始焉。丐予言为记，窃见万物兴废有时，人心鼓动有数，自唐迄今，其间销沉者不知几许。神庙❶末年，住持式微，山门几为瓦砾，居士以一念好施，诸务渐兴，其如来垂光、大士慈佑所致欤？居士家多善因，桥梓同志以聚村乐善，为乡人倡导，是可述而志也。予无能为居士益，但令斗室留云，鸿文快日，今兹功德当与共之，即以表扬因果，为居士劝进，谁不曰宜？且山性多材，松柏为茂，菁葱苍翠，四围如障，热客烦襟一暂息其间，辄生出世想。居士能一力担荷，当如苍松古栢，日新不已，不亦恢恢乎大观也哉？

先是，山木尝美榷于斧斤，里人选佛子圆融，力持院事，山灵起色，胜地增辉，天心人事。一时凑合，即大愚公之常存也可，即居士之常存也亦可。工起于乙酉春季，落成冬季，费且不赀，俄顷为就，即居士忘善不居，而余且为居士多之，是为记。"

碑阳由寺僧可绍书丹，姬显庭（字相周）撰文，另署陈梃（壶岚）之名❷，落款为"顺治二年岁在乙酉春季十七日魏庄东里信士卫志翰同男卫必昌立石，玉工郭秀胤镌"。碑阴刻"三都魏庄东里人士见在王村居住，奉佛建大殿塑像，植福保安。信士卫志翰、室人姬氏、男卫必昌、男妇姬氏、宋氏、梁氏、孙女卫应姐立石"，并附"本寺住持僧圆融、徒可绍、孙悟玺、（悟）琨、周祥"众僧法名以及"石匠李彦厚、木匠冯弘、瓦匠王应水、郭子强、丹青陈加仕"姓名。

由此碑可知，开化寺后院东厢位置原为穿廊，所谓"廊庑混乱，爻象参错"，格局不佳，在魏庄信士卫氏捐助下于顺治二年（1645年）改建为三大士殿。此殿为三间悬山建筑，柱头上施三踩斗栱，至今仍保持原貌，碑立于前廊北侧（图31）。"三大士"指文殊、普贤、观音三位菩萨，殿中塑像从"水陆东殿"移来并重新塑造。

顺治《高平县志·舆地志·寺观》另载："开化寺在县东二十五里，有五音洞，即大愚禅师审音处。流寓进士张恂题诗留辞，李棠馥、庞太朴、陈梃、姬显庭并有和诗。"❸清初本地名士有多人曾经为五音洞题诗，传为佳话。

顺治十一年（1654年）又有《重修西殿碑记》碑，称："奈世远人湮，风雨吹零，西殿倾颓，改适游览焉。即身任其事，出财重修，增其旧制，仍使佛地长春，焕然一新，于是勒石以志不朽。"落款为"高陵陈塸村北信士秦一改同男秦讨吃、三讨，匠王国秀、泥水匠成尚印、玉工李永福，本寺住持僧正孝、道胤、（道）祥、果贞、（果）禄、仙庆"。此处所云之"西殿"可能指前院西配殿十王殿，或指后院西配殿（图32），也是一座三开间悬山建筑。

❶ 神庙末年：指明神宗万历末年。

❷ 姬显庭、陈梃均为本县进士，乾隆《高平县志》卷18《艺文诗》录有程康庄《长平八子歌》，所咏前二人即陈壶岚、姬相周。

❸ 文献[7]. 卷1. 舆地志.

图31 开化寺三大士殿西立面
（作者自摄）

图32 开化寺后院西配殿东立面
（作者自摄）

图33 开化寺白衣大士殿南立面
（作者自摄）

后院正殿西侧朵殿在元代为维摩净室，于顺治十三年（1656年）改建为白衣大士殿（图33），三开间悬山建筑，前檐墙上嵌有当年所立石碑，上刻"顺治十叁年岁次丙申贰月初三日壬子兴工，创建白衣大士殿三间。魏庄东里信士卫必昌、男淇同刊石"。至此，开化寺中先后有观音阁、白衣大士殿和两座大悲阁一共四座殿阁专门供奉观音，分别设于金代、清代和元代、明代，而清代顺治二年所建三大士殿和之前的水陆东殿中也都设有观音像，可见对观音菩萨的崇信程度极高。

康熙三十一年（1692年）寺院进行了较大规模的重修，留下了3块纪事碑。当年二月姬译所撰《开化寺补修中殿记》称："夫自五代洎今，历千年所，其间踵事增华，补苴式廓，一往而胥为陈迹者，盖不知凡几。余尝遐览今昔，而见所为金碧晶赫之区，如骊山之宫、太液之池、金张之邸、封君世家之宫室，壹皆迁变沦没而无所于救，曾不得如开化寺者，修而废，废而复修，得非以实诸所有者易渝，而空诸所有者长存乎？抑天下之财力，当其瞻盈，必有所耗，无以制之，将侈而溢，甚或销磨荡涤于水火锋镝之中，而不能啬而自禁，赖有清净之教为之疏通而施舍之所谓明治以礼乐，幽治以鬼神，人天小果之说，犹其外焉者也。然当年博物雅量，如所见欤？适起元大师殿工告落而需于记，俾后之人知宣力之玉名、作止之岁月，至其工壮森丽，有目共睹，奚烦更仆。且既修而或至于废，废而犹借于修，何有纪？极王逸少所云'后之视今，亦犹今之视昔'矣，于是乎记。"文后附捐施者姓名以及"住持僧果贞""徒先绍、庆、虔""孙广清、免、修、德、信、闻、慈""曾孙通鉴、善、仁、常、周"诸僧法名。

同年八月赵凡氏撰、王席珍所书《重修西禅堂碑记》载："粤自五音调演，六贼荡平，大愚公崛起前代而开化梵宇遂鼎盛于一时，法门广大，针芥日寻，禅堂乃因之而建焉。嗣是则感怀思旧，代不乏人，独至起元禅宗，严戒行，通典籍，而门下金森玉立之众，若授以愚公之心传，勤勤恳恳，操守靡懈，于是勉修中殿各处所，复为募化，诸檀那如赵桂、赵文炳，慨捐己资，鸠工庀材，阅数年而禅堂更新矣。居是堂者，由声律而悟本原，尊心王以弘方便，惟能自作主。斯菩提同证，后先辉映，于名山又何古今之不相及也哉。"落款包括"信士赵桂、赵文炳，住持僧果贞，徒先绍、庆、虔，孙广信等"。碑文证明当年对西禅堂进行重修，此"西禅堂"可能指的是现存之后院西配殿。

同年十二月李棪所撰《重修开化寺观音阁记》载："其耸峙者惟观音阁，为大愚禅师卓锡处。师戒律精严，砥柱中教，所著上心王六贼表，刻之壁阁，与邑志永垂来许。阁在师审音洞之前，古木森森，石泉潺潺，铃铎一振，不惟雷鼓霆击，扬音大千已也。僧起元嗣大愚法音，见阁将倾圮，有志更新，奈力不建，故焚香苦募，魏庄檀越十一人共成酒事。夫起元虽列选佛，学彻上乘，安得广长若向人人而说之也乎。余□观世音大士现身随处，法力无边，感应潜通，捷若影响。当起元发愿，时而善男信女念观音力，生菩提心，交相赞扬，输金出粟亦何难，给孤独长者黄金之布满祇园耶？爰是朝营夕建，丹艧涂塈，实枚有恤，庄严聿新，乃知起元之素行必大有倾动于喜信者矣，夫岂尽大士之感化哉？阁成，求记于余，勒书于石，则起元与大愚师可并传矣。"落款包括信士赵世熙、赵翀云等，以及"住持僧果贞，徒先绍、庆、纯、虔，孙广知……，曾孙通常、善、□、鉴、周"等僧人法名。可见当年除了大殿、西禅堂等处之外，还对观音阁作了维修重饰。

乾隆十六年（1751年）对"西殿"再作重修，并在北宋大观碑背面镌刻《重修西殿功德施主》之文，罗列周边村民捐施者多人姓名及捐资数额。此处所云"西殿"可能指后院西配殿，也可能指前院西配殿十王殿。

后院西配殿之北另有一座单间悬山小殿（图34），其脊檩枋上有墨书题记：

图34　开化寺后院圣贤殿东立面
（作者自摄）

"时大清乾隆五十六年岁次辛亥六月吉日移修圣贤殿，首事人赵氏阖族，住持僧元中，徒洪福等，木工□□、石工□悦臣、瓦工贾会，全记永垂不朽□"。文字上下分别绘制"离"和"坎"两卦符号。这条题记证明此殿名为圣贤殿，乾隆五十六年（1791年）六月曾经重修。

九、民国之后

清末以后，开化寺重现衰败之相，民国5年（1916年）高平县庠生刘九德撰《补修开化寺碑文》称："惟庙宇浩大，补葺匪易，虽前人不乏岁修，至清末而坍塌更甚矣。社首等存心□久，奈有愿莫偿何。不料于去年六月，突然山石下坠，将十王殿后墙毁坏。僧人招集社首勘验，佥曰：'山□显灵矣，我佛催工矣。'于是两社维首邀请临近村社首事及吾乡各行生意执事，并有在外省贸易诸□公同商酌，极力进行，一面劝募布施，一面自筹底款。自春至秋，不数月而工程告竣，于八月下浣开光□戏，谢土诵经，一切支款约计贰千肆百串有零。兹当功成圆满之际，理宜从实报销，为此垂碑勒石以记后人之观感云尔。是为序。"此次工程主要对后墙坍塌的十王殿进行维修。碑上罗列魏庄社、南河社多位捐资者姓名以及"住持僧黉运、石工牛见奎"之名。

民国16年（1927年）养正两级小学校长赵承质撰书《两社公议让地留葬小引》称："从前寺中僧徒，多不守法门，以致寺院凄凉，山林荒芜，深为我两社忧。嗣有黉运大禅师入寺，处□奉佛，为人忠勤，不数年土地尽皆开垦，殿宇居然维新。两社前后兴工，我禅师经理督率，不遗余力，故近年来，寺内充裕，禅院雅洁，□为吾方游览之胜境，此皆我禅师功劳之所致也。言念及此，我师宜永享遐龄，方为正理。孰意天不假年，竟于民国十六年夏历六月□而圆寂，诚可叹也。其徒智荣念旧茔遥远□愿□葬，遂邀请两社维首商议，欲另谋葬地于本山。社中同人均感我师有功于寺，情愿（让）地留葬，遂请堪舆家卜吉于本山境内，扦□而□之。但此地所葬，□□□□和障也。嗣后，即本寺僧徒，如其不守佛法，破败寺业，离寺□游，行同和障者，永不准归葬此茔。此两社第（一）要议也。非两社近于□□□寺中，后之僧众务要守法勤俭，自重自励，能使此寺永不□坏，佛面时刻生光，我两社亦有莫大之荣幸焉。因为序以记之。"落款包含"住持僧智荣、玉工王二松"。文中提及民国前期黉运禅师曾经对寺院进行修缮，受乡里拥戴，身后得以归葬于舍利山。

中华人民共和国成立之后，开化寺已无僧人，原有建筑大多改为陈塸村村民住宅，大殿用作粮食仓库，白衣大士殿用作畜圈。1963年3月15日高平县人民委员会在此设立"文物古迹保护标志"匾，文曰："陈塸开化寺大雄宝殿系宋代建筑，殿内有金代壁画、明代题记、宋代碑碣两通、彩绘以及寺外唐、元两代所建的石塔三座，均属文物，殿前、殿后建筑，均有文物价值。经中央和省文化主管部门鉴别后，决定为文物保护重点。各级党、政和人民群众应认真保护，不得毁坏。如兴工动土，需经县人民委员会批准。"（图35）这段文字对于开化寺文物建筑的情况描述并不准确，不过树立标志对于其保护工作仍有一定意义。

图35　文物古迹保护标志
（作者自摄）

1965年开化寺被山西省政府公布为第一批省级重点文物保护单位，但建筑年久破败，并未采取更多有效措施予以整修。至21世纪初，后院正殿演法堂逐渐塌毁，仅余4根石柱；其西侧白衣大士殿梁架和屋顶毁失，只剩下部分墙体。

2002年开化寺被国务院公布为第五批全国重点文物保护单位，得到相应的重视，在政府部门和民间人士的共同努力下，2004年对全寺历史建筑做了大规模的重修，重建三间悬山顶演（说）法堂和白衣大士殿，另在大悲阁两侧新建钟楼、鼓楼各一。2004年所设《重修说法堂碑记》载："说法堂重新修缮工程于公元二零零四年贰月贰拾捌日开工，同年肆月叁拾日竣工。工程总造价叁拾伍万圆整，由陈区镇安河村马中列及全家捐资修建"。同年《重修开化寺白衣大士殿碑记》又载："白衣大士殿重修工程于二零零四年四月二十日开工，同年六月三十日竣工。工程总造价：壹拾陆万圆整，由魏庄村刘满清捐资修建"。工程主要由山西省古建筑研究所设计，千年古刹重新焕发光彩。

开化寺寺院主体部分现存东西二院（图36）。西院为主院，分前后两进，正南为大悲阁，兼做山门，东西两侧为近年所建的钟鼓楼，形如方亭❶（图37）。前院北为大雄宝殿，东为两座五间殿，西为十王殿。后院北为重建的演法堂（图38），其东朵殿为观音阁，西朵殿为白衣大士殿，东配殿为三大士殿，西配殿性质不详。西配殿之北的圣贤殿现称伽蓝殿，东配殿之北的两层小阁现被辟为文昌阁，始建年代未见记载。

东院格局紧凑，在3层台地上共设两进院落，所有建筑檐下均以砖墙封砌，显得较为厚实。南为砖砌倒座，中设一门，其东端为明代万历年间重修的二层钟楼；前院北为三间砖房，中央辟为穿堂，东侧为两层五间配楼；

❶ 从现存文献判断，此次复建的钟鼓楼的位置与形式并无直接的历史依据。

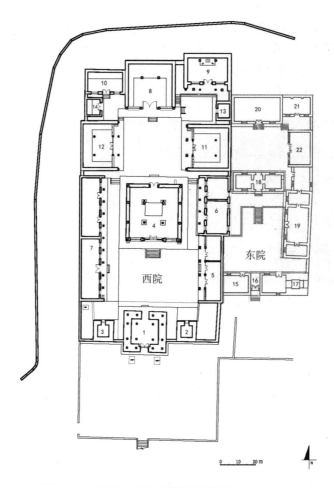

图 36　开化寺现状总平面图
1. 大悲阁；2. 钟楼；3. 鼓楼；4. 大雄宝殿；5. 前东配殿；6. 后东配殿；7. 十王殿；8. 演法堂；
9. 观音阁；10. 白衣大士殿；11. 三大士殿；12. 西配殿 13. 文昌阁；14. 圣贤殿；15. 倒座房；
16. 侧门；17. 钟楼；18. 穿堂；19. 东配楼；20. 后院正房；21. 东耳房；22. 东厢房
（清华大学建筑学院提供）

图 37　开化寺南面现状
（作者自摄）

图 38　开化寺后院演法堂南立面
（作者自摄）

后院北为三间正房，东侧设耳房，院东为三间厢房（图39）。另外在寺外东南侧的空地上保存着大愚、文清、义聚、智移四位僧人的墓塔。

图39　开化寺东院后院内景
（作者自摄）

此格局一方面受地形条件的约束，院落宽度和总进深都有一定限度，建筑密度偏大，主院布置规整而东院较为灵活；另一方面也反映了历代不断改建、修葺的结果，建筑保持宋、金、元、明、清不同朝代的风格，具有自身的个性特征。

十、结语

开化寺并无寺志流传，但遗存的碑刻、题记等文献资料同样包含丰富的历史信息，展现了一座佛寺在不同时期的兴衰更替，具有很强的可读性。其间虽难免存在若干空白和模糊之处，但通过考证仍可以对高平开化寺的历史沿革有一个较为清晰的总结，其主要营建事件可参见附表1，而相关碑刻、塔铭、题记信息整理为附表2~附表4。同时，依据这些史料，可大致了解自大愚禅师创寺以来许多僧人的法号以及募建、弘法等重要事迹，还有若干参与工程的施主和工匠以及为寺院题辞的官员姓名，从另一个角度反映了寺史的演变，不可忽视，故将历代与营造相关的主要僧人法号和工匠姓名整理为附表5和附表6，以供参考。

除了前文提及的碑刻、题记、塔铭之外，寺中另有未标记年月的增修碑和布施碑各一通，断碑两通，年代或内容难以判断，还有一座清代嘉庆五年（1800年）刊刻的《正堂张太爷准免贴平铁行碑》与开化寺建置无关，故本文均未加引用。

必须指出的是，本文所作考证主要依据现存文献，而对于现存建筑的年代判定则需要对其构件形制、材料性质做更细致的考察、鉴定。在此基础上，还有待结合文献，对其建筑技术特征、艺术风格、文化内涵作出更为深入的探讨。

（建筑测绘带队教师为李路珂、贾珺，研究生为刘梦雨、李旻昊、张亦驰、邓阳雪、时志远等，本科生为2012级、2013级、2014级部分同学。感谢王其亨先生、钟晓青先生、徐怡涛先生、刘畅先生、李路珂先生的指导和王大中先生的帮助。）

参考文献

[1] [宋]薛居正. 旧五代史[M]. 北京：中华书局，1976.

[2] [宋]韩琦. 安阳集[M]. 清代乾隆年间文渊阁四库全书本.

[3] [宋]刘道醇. 五代名画补遗[M]. 清代乾隆年间文渊阁四库全书本.

[4] [元]脱脱. 宋史[M]. 北京：中华书局，1976.

[5] [元]脱脱. 金史[M]. 北京：中华书局，1975.

[6] [明]李侃，胡谧.（成化）山西通志[M]. 四库全书存目丛书（史部一七四）. 济南：齐鲁书社，1996.

[7] [清]范绳祖，修.[清]庞太朴，纂.（顺治）高平县志[M]. 清代顺治十五年刊本.

[8] [清]傅德宜，修.[清]戴纯，等，纂.（乾隆）高平县志[M]. 清代乾隆三十九年刊本.

[9] [清]觉罗石麟，等. 山西通志[M]. 清代乾隆年间文渊阁四库全书本.

[10] 凤凰出版社. 中国地方志集成·山西府县志辑（36）[M]. 南京：凤凰出版社，2005.

[11] 常书铭. 三晋石刻大全·晋城高平市卷[M]. 太原：山西出版集团·三晋出版社，2011.

[12] 《高平金石志》编撰委员会. 高平金石志[M]. 北京：中华书局，2004.

[13] 柴泽俊. 柴泽俊古建筑文集[M]. 北京：文物出版社，1999.

[14] 常四龙. 开化寺[M]. 北京：大众文艺出版社，2009.

[15] 李路珂. 山西高平开化寺大殿宋式彩画初探[J]. 古建园林技术，2008（3）：36-41.

[16] 张驭寰. 古建筑勘察与探究[M]. 南京：江苏古籍出版社，1988.

[17] 徐怡涛. 长治、晋城地区的五代、宋、金寺庙建筑[D]. 北京大学，2003.

[18] 谷东方. 高平开化寺北宋大方便佛报恩精变壁画内容考释[J]. 故宫博物院院刊，2009（2）：89-161.

[19] 崔玉. 高平开化寺宋代壁画研究[D]. 山西师范大学，2013.

[20] 张博远，刘畅，刘梦雨. 高平开化寺大雄宝殿大木尺度设计初探[M]// 贾珺. 建筑史（32辑）. 北京：清华大学出版社，2013：70-83.

附录

表1 高平开化寺建置大事年表

编号	朝代	年号	公元（年）	事件	文献出处
1	后梁	开平二年至龙德元年	908—921	大愚禅师驻锡舍利山，初栖禅庐，后构建堂宇	大唐舍利山禅师塔铭记并序
2	后唐	同光三年	925	大愚禅师墓塔建成	
3	北宋	天圣八年	1030	刻立《开化寺田土铭记》碑，记录寺产	泽州高平县舍利山开化寺田土铭记
4	北宋	熙宁六年	1073	重建大雄宝殿，陈堰村信士李、魏两家捐施石柱各一根	大殿前檐石柱题记
5	北宋	元祐七年至绍圣三年	1092—1096	画匠郭发等绘制大殿壁画	泽州舍利山开化寺修功德记 大殿内柱墨笔题记
6	金代	皇统元年	1141	县令王廷直在观音阁上刻立石碑并题跋	心王状奏六贼表碑
7	金代	皇统三年	1143	县令任致远来访，于观音阁石柱上刻题记	观音阁前檐石柱题记
8	金代	崇庆元年	1212	泽州同知宋雄飞等官员来访，于观音阁石柱上刻题记	观音阁前檐石柱题记
9	元代	至顺元年	1330	大规模重修寺院，设钟楼、大悲阁、山门、中殿、宾舍、讲堂、演法堂、维摩净室以及附属建筑，刻为记	皇元重修特赐舍利山开化禅院碑并序
10	元代	至顺二年	1331	文清禅师墓塔建成	敕赐舍利山开化寺清公塔铭记
11	元代	至正十三年	1353	义聚禅师墓塔建成	舍利山开化寺创修聚公和尚塔铭
12	明代	宣德五年	1430	智移禅师举办水陆法会并书题记	大殿北檐墙西内壁题记
13	明代	天顺丙午？	？	义聚禅师墓塔建成	敕赐舍利山开化寺移公和尚塔铭记
14	明代	万历十年	1582	石村姬汤全家捐资重修观音阁	重修观音庙记
15	明代	万历十四年	1586	高县令杨应中颁布禁令，禁止村民在舍利山放牧、砍树	申禁化城土木记
16	明代	万历二十八年	1600	石村姬汤全家捐资重修大悲阁	重修开化寺大悲阁记
17	明代	万历四十三年	1615	在东院东南角建钟楼	重修舍利山开化寺钟楼记
18	明代	崇祯十六年	1643	重修十王殿、土地殿、地藏殿以及三座佛殿，金装佛像	重修金装佛像地藏十王土地三堂补修佛殿三座记
19	清代	顺治二年	1645	改后院东廊为三大士殿	开化寺移修东殿重塑三大士碑记
20	清代	顺治十一年	1654	重修西配殿	重修西殿碑记
21	清代	顺治十三年	1656	建白衣大士殿三间	创建白衣大士殿碑
22	清代	康熙三十一年	1692	修缮大殿	开化寺补修中殿记

续表

编号	朝代	年号	公元（年）	事件	文献出处
23	清代	康熙三十一年	1692	重修西禅堂	重修西禅堂碑记
24	清代	康熙三十一年	1692	重修观音阁	重修开化寺观音阁记
25	清代	乾隆十六年	1751	重修西殿	重修西殿功德施主碑
26	清代	乾隆五十六年	1791	移修圣贤殿	圣贤殿脊檩枋墨书题记
27	—	民国5年	1916	维修十工殿	补修开化寺碑文
28	—	民国前期	1927之前	黉运禅师修缮寺院	两社公议让地留葬小引
29	—	—	1963	高平县人民委员会设"文物古迹保护标志"匾	文物古迹保护标志
30	—	—	1965	山西省人民政府公布开化寺为首批省级重点文物保护单位	
31	—	—	2002	国务院公布开化寺为第五批全国重点文物保护单位	
32	—	—	2004	重建法堂	重修说法堂碑记
33	—	—	2004	重修白衣大士殿	重修开化寺白衣大士殿碑记
34	—	—	2004	重修寺院，新建钟鼓楼	

表2 高平开化寺现存碑刻一览

编号	朝代	年号	公元（年）	碑名	形式	位置
B1	北宋	天圣八年	1030	泽州高平县舍利山开化寺田土铭记	残缺嵌壁碑	前院东配殿室内
B2	北宋	大观四年	1110	泽州舍利山开化寺修功德记	断裂圆头碑	大殿室内
B3	金代	皇统元年	1141	高平县舍利山大愚禅师作心王状奏六贼表……	嵌壁碑	观音阁西山墙
B4	元代	至顺元年	1330	皇元重修特赐舍利山开化禅院碑	龟趺圆头碑	前院西南隅
B5	明代	万历十年	1582	重修观音庙记	嵌壁碑	观音阁西次间前檐墙
B6	明代	万历十四年	1586	申禁化城土木记	圆头碑	后院西配殿前廊北侧
B7	明代	万历二十八年	1600	重修开化寺大悲阁记	嵌壁碑	山门底层南面东侧
B8	明代	万历四十三年	1615	重修舍利山开化寺钟楼记	嵌壁碑	东院东南楼内
B9	明代	崇祯十六年	1643	重修金装佛像地藏十王土地三堂补修佛殿三座记	嵌壁碑	大殿西山墙外壁
B10	清代	顺治二年	1645	开化寺移修东殿重塑三大士碑记	圆头碑	后院东配殿前廊北侧
B11	清代	顺治十一年	1654	泫邑东舍利一山……	嵌壁碑	前院东配殿室内
B12	清代	顺治十三年	1656	创建白衣大士殿三间	嵌壁碑	白衣殿前檐墙东侧
B13	清代	康熙三十一年	1692	开化寺补修中殿记	嵌壁碑	大殿后檐墙西侧
B14	清代	康熙三十一年	1692	重修西禅堂碑记	嵌壁碑	前院东殿室内
B15	清代	康熙三十一年	1692	重修开化寺观音阁记	嵌壁碑	观音阁前廊西次间外壁

续表

编号	朝代	年号	公元(年)	碑名	形式	位置
B16	清代	乾隆十六年	1751	重修西殿功德施主	断裂圆头碑（大观碑背面）	大殿室内
B17	清代	嘉庆五年	1800	正堂张太爷准免贴平铁行碑	圆头碑	前院西配殿前廊南侧
B18	民国	民国5年	1916	补修开化寺碑文	圆头碑	大殿南台明东侧
B19	民国	民国16年	1927	两社公议让地留葬小引	圆头碑	前院东配殿前廊北侧
B20	不详			外省并本乡布施姓名开列于后……	圆头碑	大殿南台明西侧
B21	不详			布施者姓名碑	断碑	前院东配殿室内
B22	不详			填砌庭院	嵌壁碑	西院内
B23	不详			字迹难以辨识	断碑	东院内

表3 高平开化寺现存塔铭一览

编号	朝代	年号	公元（年）	铭记	备注
M1	后唐	同光三年	925	大唐舍利山禅师塔铭记并序	嵌于墓塔
M2	元代	至顺二年	1331	敕赐舍利山开化寺清公塔铭记	嵌于墓塔
M3	元代	至正十三年	1353	舍利山开化寺创修聚公和尚塔铭	移藏于开化寺前院东配殿
M4	明代	天顺丙午	?	敕赐舍利山开化寺移公和尚塔铭记	嵌于墓塔

表4 高平开化寺现存题记一览

编号	朝代	年号	公元(年)	题记	位置	备注
T1	北宋	熙宁六年	1073	陈堰村维那李庆、妻魏氏施石柱一条，男文衡、文仲，新妇秦氏、张氏，孙男宅兴、善兴、渐兴、中兴 熙宁六年岁次癸丑三月甲辰朔十八日辛酉	大殿南明间东檐柱外侧	石刻
T2	明代	宣德五年	1430	宣德五年四月十五日……天地冥阳水陆大祭僧智移……僧陆拾余名十方坛僧善众……余人□僧布施……	大殿北檐墙内西侧	墨书
T3	?			菩……	大殿北檐墙内东侧	墨书
T4	北宋			……匠郭发……	大殿北明间西檐柱内侧	墨书
T5	金代	天会十三年	1135	廿五日山麦……天会十三年五月□日种麻……泽州	大殿北明间西檐柱内侧	墨书
T6	金代	皇统三年	1143	邑令任致远沿督税访妙□师，烹茶导话，颇快凡襟，癸亥腊月六日	观音阁西次间檐柱南侧	石刻
T7	金代	崇庆元年	1212	泽州同知宋雄飞翔霄，县令任元奭善长，县尉独吉792威 前长子县令毕伸邦荣从人宋文铎振之、李显载广之 暨显公和尚之请，联辔来游 崇庆改元三月中澣前一日李肯播克绍识	观音阁东次间檐柱西侧	石刻
T8	?			叔厚德夫肄业于此，时岁在摄提格	观音阁东次间檐柱东侧	石刻

续表

编号	朝代	年号	公元(年)	题记	位置	备注
T9	清代	乾隆五十六年	1791	时大清乾隆五十六年岁次辛亥六月吉日移修圣贤殿，首事人赵氏阖族，住持僧元中，徒洪福等，木工□□、石工□悦臣、瓦工贾会，全记永垂不朽□	圣贤殿脊檩枋	墨书

表5　高平开化寺历代僧人及其主要事迹一览

编号	朝代	僧人法号	事迹	相关建筑	文献出处
1		祖师大愚	创立寺院	禅庐、殿堂、五音洞、大愚禅师塔	
2	五代	门人灵鉴，院主觉丕、觉明、觉元、觉海、觉□、觉□、觉真、觉□、觉政、觉照、觉尘、觉德、觉通、觉玄、觉惠、觉性、觉智、觉□、觉□、觉寂、觉幽、觉灵、觉希、觉环、觉□、觉莹、觉□、觉实、觉常、觉□、觉喜、觉隆、觉达……	为祖师修造墓塔	大愚禅师塔	大唐舍利山禅师塔铭记并序
3	北宋	寺主僧惠□	刻立《田土铭记》碑	山门、大殿、客舍	泽州高平县舍利山开化寺田土铭记
4		主库僧清谏、供养主僧清道、主持沙门僧清宝	绘修佛殿	大殿	泽州舍利山开化寺修功德记
5		寺主僧义贤、知库僧义胜、讲经论彰法院沙门义妙	重刻《心王状奏六贼表》，重修禅师殿	观音阁、禅师殿	心王状奏六贼表
6	金代	妙公（义妙）	接待县令任致远		观音阁西次间檐柱南侧题记
7		显公（仁显）	接待李肯播、宋雄飞、任元夷等官员	观音阁	观音阁东次间檐柱西侧石刻题记
8	元代	尊宿仁谧，住持尚座仁御，庄主仁端，住持仁显，讲经论沙门院主义迁、义朗，讲经论沙门副院义添、义道，讲经论沙门财帛义聚、义远、义谨……	重修寺院	钟楼、大悲阁、山门、大殿、宾舍、讲堂、演法堂、观音阁、维摩净室、香积厨、仓廪麟庑、周垣僧房	皇元重修特赐舍利山开化禅院碑并序
9		文清	住持开化寺		敕赐舍利山开化寺清公塔铭记
10	元代	仁从、仁显、仁御、仁端、仁荣、仁正、仁谧，知库义普，直岁义泰，院主义福，维那义谨，住持讲经论沙门义聚，财帛讲经论沙门义添，前住讲经论沙门义迁	修造文清墓塔	文清禅师塔	
11		义聚	重修十王殿	义聚禅师塔	舍利山开化寺创修聚公和尚塔铭
12		礼禛，讲经论沙门礼祚	修造义聚墓塔		

续表

编号	朝代	僧人法号	事迹	相关建筑	文献出处
13	明代	智移	举办"天地冥阳水陆大祭"	大殿	大殿后壁墨书题记
14		住持闻增,门徒思记,思冲,思鉴,思奂……移公法孙思□、思会 思财、	修造智移墓塔	智移禅师塔	敕赐舍利山开化寺移公和尚塔铭记
15		僧人崔善源	重修观音庙	观音阁	重修观音庙记
16		本寺住持僧正程,正怀、正全、正器、正□,善岩、善和、善春、善就	重修大悲阁	大悲阁	重修开化寺大悲阁记
17		本寺僧正宣	重修钟楼	钟楼	重修舍利山开化寺钟楼记
18		住持僧圆融,徒可绍,孙悟玺、悟琨、悟壁,曾孙周祥、周瑞	重修地藏、十王、土地三殿,金装佛像	地藏殿、十王殿、土地殿	重修金装佛像地藏十王土地三堂补修佛殿三座记
19		住持僧圆融,徒可绍,孙悟玺、悟琨,(曾孙)周祥	建造三大士殿,重塑佛像	三大士殿	开化寺重修东殿重塑三大士碑记
20	清代	住持僧正孝,道胤、果祥、果□、果禄、仙庆	重修西殿	西殿	重修西殿碑记
21		住持僧果贞,徒先绍、先庆、先虔,孙广清、广奂、广修、广德、广信、广闻、广慈,曾孙通鉴、通善、通仁、通常、通周	补修大殿	大殿	开化寺补修中殿记
22		住持僧果贞,徒先绍、先庆、先虔,孙广信等	重修西禅堂	西禅堂	重修西禅堂碑记
23		住持僧果贞,徒先绍、先庆、先纯、虔,孙广知……曾孙通常、通善、通□、通鉴、通周	重修观音阁	观音阁	重修开化寺观音阁记
24		住持僧元中,徒洪福等	移修圣贤殿	圣贤殿	圣贤殿脊檩枋墨书题记
25	民国	住持僧黉运	重修十王殿,整修寺院,开垦土地	十王殿	补修开化寺碑文两社公议让地留葬小引
26		住持僧智荣	安葬黉运禅师	黉运禅师墓葬	两社公议让地留葬小引

表6 高平开化寺历代营造工匠一览

编号	朝代	工匠姓名	相关建筑、碑刻	文献出处
1	五代	匠人明真、杨密	大愚禅师塔	大唐舍利山禅师塔铭记并序
2	北宋	画匠郭发	大殿(壁画)	大殿当心间后檐柱墨书题记
3		镌事人申安	《泽州舍利山开化寺修功德记》碑	泽州舍利山开化寺修功德记
4	金代	(石匠)赵演	《心王状奏六贼》碑	心王状奏六贼表

续表

编号	朝代	工匠姓名	相关建筑、碑刻	文献出处
5	元代	本县西礼门范容刊，门人浩庄、申崇祖	《皇元重修特赐舍利山开化禅院碑并序》碑	皇元重修特赐舍利山开化禅院碑并序
6		黄山石匠董荣刊	文清禅师塔铭	敕赐舍利山开化寺清公塔铭记
7		本里在义北社石匠秦筑，同侄秦社能	义聚禅师塔	舍利山开化寺创修聚公和尚塔铭
8		本县□村北里石匠王清、王招 王子□造	智移禅师塔	敕赐舍利山开化寺移公和尚塔铭记
9	明代	木工冯天□，瓦匠李应春等，玉工李守节	观音庙	重修观音庙记
10		玉工郭汝安刊	《申禁化城土木记》碑	申禁化城土木记
11		石料木匠冯□、冯科……，张壁石匠李仲时……，建宁□匠	大悲阁	重修开化寺大悲阁记
12		木匠冯守奂，甃匠成丕全，玉工李尚聪	钟楼	重修舍利山开化寺钟楼记
13		丹青郝满池，瓦匠成应云，木匠郭长青，玉工郭云清	地藏殿、十王殿、土地殿	重修金装佛像地藏十王土地三堂补修佛殿三座记
14	清代	石匠李彦厚，木匠冯弘，瓦匠王应水、郭子强，丹青陈加仕，玉工郭秀胤（镌碑）	三大士殿	开化寺移修东殿重塑三大士碑记
15		木匠王国秀 泥水匠成尚印 玉工李永福	西殿	重修西殿碑记
16		玉工郭文泰刊	《重修开化寺观音阁记》碑	重修开化寺观音阁记
17		木工□□、石工□悦臣、瓦工贾会	圣贤殿	圣贤殿脊檩枋墨书题记
18	民国	石工牛见奎	《补修开化寺碑文》碑	补修开化寺碑文
19		玉工王二松	《两社公议让地留葬小引》碑	两社公议让地留葬小引

佛光寺东大殿大木制度探微❶

陈 彤

(故宫博物院)

摘要：本文在现有佛光寺东大殿实测数据和研究的基础上，结合对时代、谱系相近的建筑实例的分析，深入解读了东大殿的大木制度，并对《营造法式》与晚唐官式建筑的大木技术渊源关系进行了探讨。通过结合功能、空间、形式和结构等建筑要素的综合分析，本文尝试建立了东大殿的大木理想模型。

关键词：佛光寺东大殿，大木制度，理想模型，《营造法式》

Abstract: Based on existing measured data and document research and on comparisons with contemporary buildings, this paper reinterprets the timber system of the East Hall of Foguang Monastery and reassesses the relationship between *Yingzao fashi* and the large-scale carpentry of late-Tang official-style architecture.Through analysis of parameters like function, space, form, and structure, the paper suggests an ideal model of the East Hall.

Keywords: Foguangsi East Hall, large-scale carpentry system, ideal model, *Yingzao fashi*

一、概述

五台山佛光寺东大殿始建于唐大中十一年（857 年），是我国现存规模最大、保存最为完好的唐代建筑，自梁思成先生 1937 年发现并撰文介绍以来，引起建筑史界的广泛关注。大殿是现存唐代遗构中唯一的晚唐官式建筑实例，反映了长安地区精湛的营造技艺，体现了大唐建筑的精髓，被梁先生誉为"国内古建筑之第一瑰宝"。高度功能化的大木结构和简洁的装饰风格，使唐代建筑显得古朴雄壮、气度豪迈。正是由于佛光寺东大殿的存在，今人才能管窥大唐建筑艺术之一斑，而不至像秦汉的宫殿那样成为文献典籍中永远的幻影。

东大殿是现存唐宋建筑中符合《营造法式》殿堂结构形式的最早的经典范例，可简述为：殿堂地盘七间八椽，四阿屋盖。身内斗底槽，外转七铺作双杪两下昂，里转五铺作出两跳。其屋架结构特点与《营造法式》相符，证明《营造法式》所记载的许多内容可上溯至唐代。佛光寺东大殿的大木构架法度精严、闳约深美，深刻地反映了大唐文化的特质，具有永恒的艺术魅力。对今天的建筑史学者而言，东大殿可谓是研究中国唐宋官式建筑的"原点"。如何在现有研究的基础上，更加全面、深入地解读东大殿，揭示唐代官式建筑所蕴含的设计智慧，是中国建筑史界应持续关注的核心课题之一。

东大殿自发现以来，经几代学人的努力，已经取得了众多的原始数据、影像资料和丰硕的研究成果。但就测绘范围的全面性、完整性和精准性而言，仍有很大的提升空间。本文尝试在现有资料的基础上，结合笔者 2009 年、2017 年的实地踏勘，就佛光寺东大殿的材分°模数制和相关大木制度作深入的探讨。

---

❶ 本研究受到国家重点社会科学基金支持课题项目"《营造法式》研究与注疏"（项目批准号：17ZDA185）资助。

二、现有的研究成果

1. 梁思成先生的研究

梁先生对于佛光寺东大殿大木制度的解读见于《记五台山佛光寺的建筑》❶一文。关于大殿形制的研究集中在"佛殿建筑分析"和"佛殿斗栱之分析"两部分。文章对东大殿的立面、平面、横断面、纵断面、月梁、柱、屋顶举折、槫椽角梁以及七种斗栱和材栔进行了概述,指出大殿用材约略为 30 厘米 ×20.5 厘米❷,栔高约 13 厘米。

由于大殿珍贵异常,梁先生指出营造学社 1937 年的测绘格外周详细致,但目前公布的测绘图纸均只有比例尺而无详细尺寸,仅若干数据于文中有所述及。因涉及的范围较广,全文偏重于对佛光寺东大殿现状的整体介绍,未及对大木制度作出深入的探讨。

2. 陈明达先生的研究

陈先生的成果见于《〈营造法式〉大木作制度研究》❸,相关图样为下集的图三十六至图三十八(东大殿铺作侧样分°数复原图),对应的文字解读为上集第七章(实例与《营造法式》制度的比较)。首次明确指出大殿结构由柱额层、铺作层和屋架层三者水平叠置而成。陈先生以大殿实测材广 30 厘米为 15 分°,推定 1 分° =2 厘米,首次将大殿的主要尺寸均折合为分°值进行研究。

3. 傅熹年先生的研究

傅先生对东大殿的研究见于《中国古代城市规划建筑群布局及建筑设计方法研究》❹以及《五台山佛光寺建筑》❺等文,基本继承了陈先生的观点并有所发展。傅先生认为东大殿以分°为模数定平面和立面的尺寸,以柱高为立面上的扩大模数,再把分°值折成的尺数向 1 尺或 0.5 尺取整。傅先生沿用了陈先生的数据,亦以大殿实测材广 30 厘米为 15 分°,得 1 分° =2 厘米,推定大殿柱头平面中五间 252 分°,梢间及进深各间 220 分°。傅先生还对东大殿剖面图做出几何关系分析,指出平柱高 250 分°(499 厘米),铺作总高 125 分°(250 厘米),橑风槫背至中平槫背 125 分°(250 厘米),其间具有简明的比例关系❻。关于丈尺,傅先生推测 1 尺 =29.4 厘米,中五间广 17 尺(504 厘米),梢间及进深各间 15 尺(440 厘米)。

4. 柴泽俊先生的研究

柴先生的成果见于《五台山佛光寺》《佛光寺东大殿建筑形制初探》❼,对东大殿的形制进行了概述,并指出大殿用材(30—30.5)厘米 ×(20—21)厘米,栔高 12 厘米。

---

❶ 梁思成. 记五台山佛光寺的建筑. 中国营造学社汇刊·第七卷第二期. 北京:知识产权出版社,2006.

❷ 但文后附图第七图又注明用材为 31 厘米 ×20.5 厘米。图文的不一致或反映出东大殿单材实测数据的离散性较大,至成文之时尚难以归纳为统一的取值。

❸ 陈明达.《营造法式》大木作制度研究(第二版)[M]. 北京:文物出版社,1993.

❹ 傅熹年. 中国古代城市规划建筑群布局及建筑设计方法研究(上下册)[M]. 北京:中国建筑工业出版社,2001.

❺ 傅熹年. 傅熹年建筑史论文集 [M]. 北京:文物出版社,1998.

❻ 傅先生所引实测数据均来自陈明达先生,其中平柱高 499 厘米有误,此高应包含柱础高,实际柱高为 490 厘米。

❼ 柴泽俊. 柴泽俊古建筑文集 [M]. 北京:文物出版社,1999.

5. 山西省古建筑保护研究所的研究

山西省古建筑保护研究所（以下简称山西古建筑）的研究见于《五台山佛光寺》❶第三章。该所于 2004 年对大殿进行了较为全面的测绘和勘察。根据实测，大殿用材为 31×21.5 厘米，以材广 31 厘米为 15 分°，得 1 分° = 2.067 厘米。

6. 清华大学的研究

清华大学的成果见于《佛光寺东大殿实测数据解读》❷及《佛光寺东大殿建筑勘察研究报告》❸。清华团队针对大殿的大木尺寸，结合手工测绘和三维激光扫描测量，指出前辈学者因基础数据量和精度的不足所产生的误读，强调提高古建筑测绘数据全面性和精度的重要意义。同时提出颇具新意的假说：以栱宽测量均值 21 厘米为 10 分°；东大殿营造尺长 298 毫米，中五间间广 17 尺❹，标准柱高同之；斗栱材厚 7 寸；下昂斜度为平出 47 分°，抬高 21 分°；总举斜度同下昂，总举为昂制的 11 倍；梢间间广、进深间深为 14.8 尺，中平槫至柱头高等于总举高。

清华大学的刘畅先生又于 2013 年对东大殿的部分外檐柱头铺作进行了三维激光扫描的补测，对之前斗栱几何关系的假说进行了校验。❺

7. 张十庆先生的研究

张先生的研究见于《〈营造法式〉材比例的形式与特点》❻一文，在 20 世纪 90 年代对古代建筑尺度构成研究的基础上，针对佛光寺东大殿用材提出了 10 寸 ×7 寸假说，并认为大殿用材仍处于简单尺寸关系的阶段，还未出现简洁的比例关系。进而指出佛光寺大殿在逻辑上应尚无分°制的意识，至少不可能存在基于材广的 15 分°制，或者基于材厚的 10 分°制。

张先生在保国寺大殿的复原研究中还强调，单纯追求测绘的精度，并不一定就能趋近历史的真实，认识和把握结构变形才是关键。对于大木尺度规律的研究，不仅应着重于基础勘察和实测数据，更应追求研究思路和方法的拓展。张先生的观点对于东大殿的大木尺度规律研究具有深刻的启发意义。

8. 笔者的研究

笔者的研究见于《〈营造法式〉与晚唐官式栱长制度比较》❼，针对东大殿的栱长构成进行探讨，提出栱长设计中存在严谨的"模数控制线"。在张十庆先生用材假说的基础上，进一步推测出大殿斗栱设计的细部尺寸，并结合对独乐寺观音阁和山门的栱长设计解读，推测唐辽之际的斗栱应以简洁尺寸进行设计，尚不存在以分°值为模数的设计方法。

❶ 张映莹.五台山佛光寺 [M].北京：文物出版社，2010.

❷ 张荣，刘畅，臧春雨.佛光寺东大殿实测数据解读 [J].故宫博物院院刊，2007（2）：28-51，155-156.

❸ 清华大学.佛光寺东大殿建筑勘察研究报告 [M].北京：文物出版社，2011.

❹ 文中张荣先生还提出另一种假说：1 分° =21 毫米，材厚 7 寸；心间广 240 分°，梢间及进深各间广 210 分°，面阔进深开间与整数尺无关。

❺ 刘畅，徐扬.观察与量取——对佛光寺东大殿三维激光扫描信息的两点反思 [M]// 王贵祥，贺从容，李菁.中国建筑史论汇刊·第壹拾叁辑.北京：清华大学中国建筑工业出版社，2013.

❻ 张十庆.材比例的形式与特点——传统数理背景下的古代建筑技术分析 [M]// 贾珺.建筑史（第 31 辑）.北京：清华大学出版社，2013.

❼ 陈彤.《营造法式》与晚唐官式栱长制度比较 [M]// 王贵祥，贺从容，李菁.中国建筑史论汇刊·第壹拾叁辑.北京：中国建筑工业出版社，2013.

此说仍值得商榷。文中以东大殿、独乐寺观音阁和山门共存在四种横栱的栱长比例,且推算出一套简洁的尺寸控制为由,否定东大殿斗栱存在分°制,在逻辑上有欠严谨。因为辽代做法并不等同于晚唐官式,况且若存在分°制,也有以"标准分°值"为基础随宜增减的可能性——如明清官式建筑的栱长可随宜胀缩(清代尤甚),但并不影响"标准栱长"的存在。若没有分°值的控制,很难想象东大殿的双杪双下昂七铺作斗栱可以设计得如此精美。因此,还需拓宽思路,并结合更多的实测数据,对东大殿的栱长制度做更为深入的探讨。

三、本研究的思路和方法

本研究以清华大学 2006 年的实测数据及 2013 年的补测数据为基础,以其他前辈学者和山西古建所的数据为补充和参考,从东大殿最基本的材分°制度切入,通过将前辈学者的不同学术观点进行比较,发现其中的疏漏和疑点,以此为突破口进行研究。同时,将东大殿的结构形式、空间形态和比例尺度作为一个整体作综合分析。

第一,必须辨明古建筑状态的三个基本概念:理想模型、原状和现状,三者不可混淆。所谓"理想模型",仅存在于设计匠师的头脑之中,严格地遵循了各项法式制度,充分体现了设计者的意图。"原状"是建筑始建时的状态,是前者的物化。用料局限、施工误差、营造中的量材施用等因素,都会造成与理想模型之间存在一定的偏差。"现状"则是建筑当下的状态,由于结构变形、材料老化和历次修缮等因素,均可能导致古建筑的现状与原状之间存在一定的差距。因此,对于历史建筑的复原研究而言,所探讨的应是其理想模型的设计思想。例如,"材"与栱枋断面是两个概念,二者在实际工程中未必相等,不能简单地将现状的栱、枋断面值等同于建筑的用材。本文重点讨论的是东大殿的理想模型——即晚唐官式建筑的大木制度,而非东大殿的原状或现状。

第二,深入辨析现状所携带的历史信息,分析其来源和成因,剥离掉历次修缮所带来的种种变化。由于唐代官方的营造典籍未能传世,从大殿的现状出发,全面揭示历史的原真性,几乎是不可能完成的目标。以材厚为例,考虑到唐代的加工精度、量材施用、木料变形和测量误差等因素,导致东大殿现状的实测数据离散性较大,难以得出令人信服的加权平均值。因此,对于佛光寺东大殿理想模型的探究也永无止境,需要持续的深化和完善。

第三,在现有早期的建筑实例中,佛光寺东大殿并非孤立的存在。其所代表的晚唐官式制度在后世的建筑中也有所反映。因此,只有把东大殿放到整个唐辽相近谱系的大环境中去考察,才可能得出令人信服的结论。与佛光寺东大殿在时代和匠作流派上较为相近的实例,有平遥镇国寺万佛殿（963年）和蓟县独乐寺观音阁（984年），其建造年代上距唐亡仅数十年，大体仍承袭唐制。尤其是万佛殿的外檐铺作构成与东大殿极其相似，因此从斗栱入手深入解析，或是解开东大殿大木设计规律的一把钥匙。

第四，在相同的实测数据前，解读东大殿大木材分°制度的关键不再是数据的精度，而是思路。不同的思路必然导致不同的数据拟合，只有通过多项数据指标的校验，才能有效地判断不同假说的得失。就东大殿的大木尺度规律解读而言，首先需要明确的是，东大殿是否存在分°制？抑或尚停留在以简洁尺寸设计的历史阶段？

分°制的发明初衷，应是为了便于精细权衡大木构件尤其是斗栱的比例，所以不妨先尝试对大殿斗栱进行全面的分°值推演，考察其中是否存在独特而精密的比例构成规律。若存在一定的规律，且还能在时代、谱系相近的建筑中重现，即可证明当时分°制的存在。在此基础上，可以进一步探讨与《营造法式》分°制的异同和渊源关系。

第五，在解读斗栱的具体分°值构成时，还须将东大殿作为一个有机的整体看待，全面考察受分°值控制的构件及其设计的内在关联性，不能只侧重于外檐柱头铺作出跳方向的分°值复原。

本次研究是在现有东大殿实测数据和勘察资料的基础上，对东大殿大木作理想模型的初步探讨。随着今后实测数据的完善，基础工作的深化，文中的推测和结论也将做出修正，以期更加接近唐代哲匠的设计思想。

四、材分°

《营造法式》强调"凡构屋之制，皆以材为祖"。因此，确定东大殿的用材标准，是大木作制度研究的首要问题。从前辈学者历次的测绘结果看，东大殿现状的栱、枋断面尺寸相当离散。材广介于30—31厘米之间，材厚介于20—21.5厘米之间，栔高介于12—13厘米之间，足材广则较为一致，约为43厘米。面对单材广、材厚和足材广三个数值，究竟哪个才是古人最为关注的呢？

从祁英涛先生对独乐寺观音阁和开善寺大殿的实测看，古代匠师对足材广的控制精度要远远超过单材。❶就建筑的构造和立面形象而言，足材广是最为重要的，而单材广次之，材厚又次之。在保证"足材广"的前提下，可通过小斗开槽时灵活调整斗平的高度，来"配合"单材的高度。因此，单材构件的用料高度就不需十分严格，可在一定的范围内浮动。这是营造中量材施用的体现——可以避免将尺寸略小的木料废弃不用，也不必将尺寸略大的木料加工做小。从《营造法式》大木作料例看，每一种名目的枋料也都不是绝对的"标准"尺寸，其广厚均有一定

❶ 如独乐寺观音阁上下屋单材的实际用料共有三种（上屋高26厘米，下屋外檐27厘米，下屋内槽25.5厘米），但足材广均为38.5厘米，故用材实为一种。又如开善寺大殿的铺作用材从下至上逐铺减小。镇国寺万佛殿外檐铺作柱头枋的高度也不统一，其单材与栔高的均值比约2∶1，但第一层柱头枋高度较大，与栔高之比又明显大于2∶1。因此不能简单地以实测数据的平均值作为原始设计值，还应做更为深入细致的辨析。

的伸缩幅度。在实际工程中，匠师对木料的选用会较为灵活，甚至刻意加大栔高，以有效减省单材的用料——而此类变通从建筑外观形象上几乎难以察觉。陈明达先生在《〈营造法式〉大木作制度研究》中曾发现早期实例普遍存在栔高大于 6 分° 材厚超过 10 分° 的现象，进而推测栔高和材厚和由唐及宋是逐渐减小的。笔者认为这一现象也有可能是古人增大栔高偷减单材用料，而今人又以料高作为材广来解读实例的结果。因此，前辈学者简单地将建筑栱、枋高等同于材广，并取其 1/15 作为分° 值的研究方法有欠严谨。

材厚在建筑上表现为栱宽，二者也不一定相等。现存木构实例中栱宽小于材厚的现象并不少见——或为偷减用料，或是构件加工时"净面"的结果。所以也不能简单地将栱宽等同于材厚。另外，《营造法式》规定材厚 10 分° 是否适用于晚唐官式建筑也有待探讨。

综上所述，相对于单材广和材厚而言，足材广对于解读大木尺度规律更为重要。当然，木材竖向受压形变的因素也应予以考虑，但对于压缩量的估算则应持谨慎的态度。

不妨据现有东大殿斗栱公认的实测数据暂做出如下假设：

1. 东大殿存在材分° 制，用材有简明比例关系，且足材广为 21 分°（单材广 15 分° ，栔高 6 分° ）。

2. 东大殿斗栱在竖向不存在显著压缩变形，清华大学 2006 年测得足材尺寸均值 43.046 厘米约等于原始设计。

据以上假设，21 分° = 43.046 厘米，则 1 分° = 2.05 厘米。

若单材高 30 厘米则不足 15 分°（同时栔高 13 厘米大于 6 分° ），若单材广 31 厘米则又大于 15 分°（同时栔高 12 厘米不足 6 分° ）。东大殿在备料时也有可能偷减单材广，以增大栔高的方法来保证足材的高度。

根据上述分析，若 1 分° = 0.7 寸，则 1 尺约合 29.3 厘米，佛光寺东大殿理想用材为：

材广 10.5 寸（15 分° ），栔广 4.2 寸（6 分° ），足材广 14.7 寸（21 分° ）。

陈明达、傅熹年先生以佛光寺东大殿栱枋高均值 30 厘米合 15 分° ，推测 1 分° = 2 厘米。山西古建所则以栱枋高均值 31 厘米合 15 分° ，得 1 分° = 2.067 厘米，进而以之为基准权衡大殿的构件尺寸和整体尺度。而清华大学根据栱宽均值 21 厘米合 10 分° ，又推测 1 分° = 2.1 厘米。这一基本分° 值的推定极为关键，若失之毫厘，则谬以千里。可以肯定的是，东大殿 1 分° 的取值应在 2 到 2.15 厘米的范围之内，因此，只有通过多重数据指标的校验，才能有效地衡量分° 值假说的可靠性。

傅熹年先生推测 1 分° = 2 厘米，1 尺 = 29.4 厘米，则 1 分° = 6.8 分，东大殿用材为"10.2 寸材"，似不合常理。而且傅先生对东大殿的材分° 解读限于宏观的整体尺度，尚未涵盖斗栱分° 值和几何约束等微观层面分析。

清华大学推测 1 分° = 2.1 厘米，则足材广 43 厘米合 20.5 分°，又进一步假设东大殿在竖向上存在"显著"压缩，将足材广修整为 21 分°（即将足材高由现状的 43 厘米调整为约 44 厘米）——随之，梁先生实测的"约略 23°"的下昂角度也增大至 24.08°。若以清华大学推测的一足材压缩 1 厘米计，则东大殿柱头铺作应存在总计约 6 厘米的压缩量。以此类推，平闇以上草架的整体压缩量将更为可观。需要反思的是，清华大学对于足材数据约 1 厘米的修正幅度是否可能偏大呢？

若据笔者推测的 1 分° = 2.05 厘米，试对大殿斗栱作分°值折算，则一大跳为 48 分°（98.5 厘米），其中泥道栱的心长为 52 分°（106.5 厘米），小斗的高度为 10 分°（20.5 厘米），均与《营造法式》完全相同，颇值得注意。是否说明这一推定或更接近古人的原始设计，且晚唐官式与《营造法式》之间有着某种隐秘的渊源关系呢？对于这一大胆的猜想，尚需小心求证。

笔者又注意到梁先生文中关于东大殿材栔的论述："殿斗栱所用材约略为 30 厘米 ×20.5 厘米。其比例与宋《营造法式》所定大致相同；而其实际尺寸较宋《营造法式》一等材尤大；其栔高约 13 厘米，约合 6.3 分°，似较《营造法式》所定略高。至于栌斗散斗，其长宽高及耳、平、欹比例，与宋式极其相似，几可谓相同。其间极微之差数，殆因木质伸缩不匀所致，亦极可能。泥道栱之长约合 63 分°，较宋清之 62 分°略长；慢栱长至 107 分°，较宋以后之 92 分°所差甚巨；瓜子栱长仅 58 分°余，较宋清之 62 分°为短，而令栱之长亦 63 分°，与泥道栱同长❶，而较宋清之 72 分°短甚。至于替木长 124 分°，较宋式之 126 分°微短。因各部比例之不同，其斗栱全部之权衡，遂与后世者异其趣矣"。❷ 此段文字极为重要，指出了东大殿与《营造法式》斗栱构件比例上的异同，然几为后来的学者所忽视。

梁先生试将部分构件尺寸折合为分°值与《营造法式》相比较，但并未说明 1 分° 的具体数值和取值的方法。根据文中栔高 13 厘米约合 6.3 分°以及文后附图月梁高 59.7 厘米合 29.2 分°反推，前者 1 分° = 2.063 厘米，后者 1 分° = 2.045 厘米。图中还推算《营造法式》月梁 42 分°为 86.1 厘米，可得 1 分° = 2.05 厘米。因此，梁文中的 1 分°为 2.05 厘米——应是取实测材厚 20.5 厘米的十分之一得到的。但据清华大学 2006 年的实测，在排除特异值后，材厚应在 20.5 厘米至 21.9 厘米之间，则梁先生的取值似又存在疑问。是否存在这样一种可能：东大殿 1 分°约合 2.05 厘米，但材厚并非 10 分°呢？

首先，从定性的角度看，东大殿铺作的散斗下深与材厚相同，使栱之顶面与散斗底面完美交接——这与《营造法式》散斗底面每侧各宽出栱枋顶面 1 分°有所不同。因此，根据散斗的下深尺寸也可反推材厚。东大殿散斗下深均值 21.5 厘米，合 10.5 分°，因此大殿材厚可能为 10.5 分°，即为足材广之半。

❶ 梁先生对东大殿令栱的长度记述有误，应与瓜子栱同长（而非泥道栱）。

❷ 文献 [1]: 36.

其次，与东大殿铺作形式最为接近的镇国寺万佛殿，其散斗下深15.97厘米，亦应与材厚相同（实测值基本在15.4厘米至16.2厘米之间）。若以刘畅先生推测的1分°=1.53厘米计，应大于10分°，约合10.5分°。

第三，从独乐寺观音阁草架现存的大量安史旧料实测均值看，足材广41厘米、材厚20.4厘米，足材广/材厚=2。以笔者推算的1尺约合29.3厘米计，则足材广14寸，材厚7寸。其材等应减东大殿用材一等，单材广10寸，则材厚也合10.5分°。

因此，推测唐代官式建筑的材厚为10.5分°，正合足材广之半。

五、斗栱材分°设计

斗栱的构造复杂、构件繁多，是殿堂造大木作设计的重点之一。因此，若探讨东大殿的材分°设计必须对斗栱的平面构成、立面比例以及主要典型构件的分°值进行深入细致的分析。东大殿铺作层的斗栱共计七种，其中外檐斗栱三种：柱头铺作、补间铺作、转角铺作；内槽斗栱四种：柱头铺作、山面柱头铺作、补间铺作、转角铺作。前辈学者多侧重于外檐柱头铺作出跳方向的数据解读，而对横栱、小斗等构件的分析有所忽视，且未将铺作层的各种斗栱作为一个整体做系统研究。

从结构、构造和艺术造型看，外檐柱头铺作是东大殿大木作的重点之一，最能体现设计的匠心。本文亦先从柱头铺作入手，同时结合其他几种斗栱加以综合分析。

1. 外檐柱头铺作（附图1，附图2）

1）基本特征

外檐柱头铺作为：外转七铺作双杪双下昂，里转五铺作（图1）。外转第一、三跳偷心，第二昂的昂上坐斗归平，耍头上无衬枋头。❶批竹昂尾向内延伸，直达草乳栿之下。内出单杪承明乳栿（月梁造），其上再出花栱一跳（端头作半驼峰），上施令栱承平棊枋。从柱头铺作隔跳偷心的构造特点看，唐代匠师更关注"大跳"：外转第一大跳上承牛脊枋，第二大跳上施橑风槫，里转大跳上设平棊枋。其扶壁栱为泥道栱加素枋四重，枋上隐刻慢栱与瓜子栱。最上部为承椽枋，与草乳栿相交，其下施矮柱，立于最上一层柱头枋上。外檐柱头铺作的扶壁栱交圈，形成外槽"口"字形的井干壁。

2）侧样的出跳分°数

根据上文1分°=2.05厘米的假设，柱头铺作总出跳96分°（197厘米），一大跳=48分°（98.5厘米）。对于总出跳分°数，不妨再以独乐寺观音阁加以验证。观音阁总出跳6尺，若亦存在分°制，且1分°=0.6寸，则总出跳正合100分°。以此为参照标准，通过柱头铺作图像重叠，

❶ 仅后檐柱头铺作施衬枋头，推测为明代修缮后檐大木时所加。

图1　佛光寺东大殿外檐柱头铺作
（作者自摄）

使东大殿与观音阁在足材广度上重合，可得东大殿总出跳也合96分°，一大跳为48分°。由此亦可证明1分° = 2.05厘米的取值较为合理。进一步推算小跳分°值：外转第一跳26分°，第二跳22分°，第三跳24分°，第四跳24分°；里转第一跳26分°，第二跳22分°，与令栱相交的隐刻花栱出跳24分°。由此可得：柱头铺作一大跳为48分°，标准一小跳为24分°。

3）正样的出跳分°数

如果将立面上的横栱也视为出跳栱，进而关注横栱的心长而非总长，以1分° = 2.05厘米折算可得：泥道栱心长52分°，瓜子栱心长48分°，慢栱心长96分°，令栱心长48分°。同样可得：柱头铺作横栱一大跳为48分°，标准一小跳为24分°。

4）8分°模数基准线

由以上推算可知，无论柱头铺作侧样的出跳花栱，还是正样的横栱，均存在以24分°为标准模数网格的基准线，对于斗栱的比例权衡起到至关重要的控制作用。如果循着同样的思路，考察与佛光寺东大殿谱系较为接近的平遥镇国寺万佛殿和蓟县独乐寺观音阁，可以发现万佛殿柱头铺作的正、侧样以及观音阁平坐铺作的正样同样沿用了24分°的模数基准线（图2）。如果24分°是晚唐官式斗栱模数的"标准分°值"，那么取24分°为标准的玄机何在？为何不是25分°或其他数值呢？

从立面造型看，大殿令栱上的小斗尚无散斗和齐心斗的分化，形制完全相同，且两小斗之间的空当恰为斗长的1/2。进一步观察分析可知，东大殿柱头铺作的矩形小斗共两种规格：一为散斗（长方斗），"一"字开口，上宽合16分°（33厘米），上深合15分°（31厘米）；二为交互斗（正方斗），"十"字开口，上宽合16分°（33厘米），上深合16分°（33厘米）。小斗为斗栱立面的构成要素，其看面之半正为8分°。如以8分°为模数基准线，可以发现瓜子栱、令栱和慢栱之上的散斗中心线以及栌

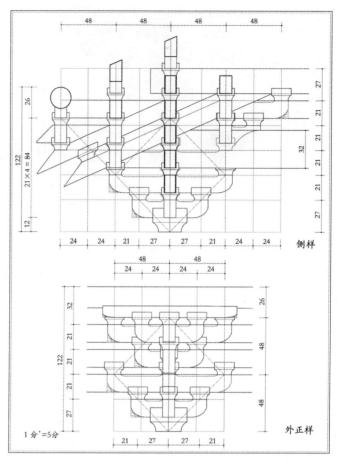

图2 镇国寺万佛殿外檐柱头铺作模数构成
(作者自绘)

斗的外边线均在此控制线上。同时，侧样上也隐藏着相同的模数控制线。因此，8分°模数基准线正是佛光寺东大殿斗栱中最基本的设计控制线，严格限定了小斗的平面分布以及斗长、栱长比例。唐代大木制度的精妙之处于此可见一斑。

8分°基准线的前提是作为基准斗的齐心斗宽16分°（散斗同），推测此为晚唐官式齐心斗的标准分°值，并为北宋的《营造法式》所继承。而在963年建成的镇国寺万佛殿中，齐心斗长加至17分°（散斗同），斗栱构成中严谨的8分°基准线已不复存在，但标准出跳24分°依然沿用。至984年的独乐寺观音阁中，除齐心斗长加至17分°外，24分°标准出跳值也不再严格控制，除平坐铺作立面继续沿用外，其他部位的铺作出于某种考虑均作了一定的调整（如上屋铺作总出跳100份，其中第一大跳46分°，第二大跳54分°；下屋铺作总出跳90份，其中第一大跳46分°，第二大跳44分°）。由此可见，晚唐官式建筑的斗栱模数制较五代和辽更为精严。

5）下昂的昂制

从构成关系上看，东大殿的下昂设计思路与《营造法式》大木作图样"下昂上昂出跳分°数第三"中的"五铺作重栱出单杪单下昂，里转五铺作重栱出两杪，并计心"一图相似。此五铺作斗栱虽为下昂造，但几何关系实与卷头造无异。类似的，东大殿的下昂也是在保证第二昂的昂上坐斗归平的前提下，被小心地"塞入"这一几何关系中的。

从构造上看，东大殿第一昂自里跳令栱上交互斗斗口出，外至第二跳花栱上交互斗斗口，二者的连线即为头昂的下皮。同样的构造做法，还见于平遥镇国寺万佛殿（图3）。

因此东大殿的下昂的斜度是由上述构造关系决定的，即平出两大跳（96分°），抬高两足材（42分°），亦可用勾股比表示为7：16。

从现场目测，东大殿下昂的几何约束关系也存在另一种可能，即刘畅先生指出的，头昂通过瓜子栱外棱下皮和第三层柱头枋外棱下皮。2004年山西古建所与2006年清华大学的测绘图均按此约束关系绘制。上述两种解读，下昂的斜度完全相同，只是在竖向标高上存在微差。由于大殿的施工误差加之结构变形，若非彻底解体，难以判明下昂真正的几何约束关系。在现有条件下，不妨从另一角度来加以校验。头昂昂尾下皮与里跳第四层隐出花栱的素枋上皮相交形成三角形，而下昂竖向的微小错动，即可带来此三角形大小及其尖点位置的显著变化。根据现场影像几何分析可知，此三角形尖点的竖直延长线几与第一跳花栱跳头散斗的中线重合或微偏右侧，与山西古建所和清华大学的测绘图存在较大的差异（测图中的三角形明显偏小），而与第一种解读的复原图几乎完全吻合（图4）。

图3　镇国寺万佛殿柱头铺作里跳下昂节点构造
（刘梦雨　摄）

图4　佛光寺东大殿昂制几何关系分析
（作者自绘）

6）栱瓣卷杀

东大殿的栱头卷杀与《营造法式》规定迥异。《营造法式》制度所举卷杀做法共有四种：泥道栱每头以四瓣卷杀，每瓣长三分°半；花栱、瓜子栱每头以四瓣卷杀，每瓣长四分°，令栱每头以五瓣卷杀，每瓣长四分°；慢栱每头以四瓣卷杀，每瓣长三分°。然无论哪种卷杀法，其纵横方向皆

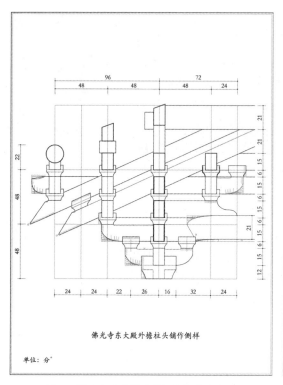

图5　佛光寺东大殿斗栱细部权衡图释1
（作者自绘）

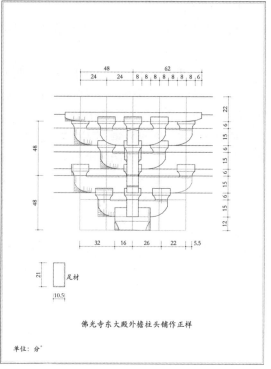

图6　佛光寺东大殿斗栱细部权衡图释2
（作者自绘）

均分，故卷杀线造型圆和。而东大殿栱头自上第一折处，转折颇为急峻，与《营造法式》大异其趣。因此，傅熹年先生借用《营造法式》的卷杀之法来解读东大殿的栱头折线❶，则值得商榷。

东大殿栱头卷杀做法分为长短两种：第一跳花栱与泥道栱为短者（杀14分°），其余各栱为长者（杀16分°），栱头皆上留6分°，下杀9分°，以五瓣卷杀。今据清华大学2013年所测的东大殿柱头铺作点云推测卷杀做法。两种做法的共同之处在自上而下的第一折，自上端斜杀至栱心之下（即第一瓣长5.5分°），故转折刚劲有力（图5，图6）。

2. 外檐补间铺作（附图3，附图4）

外檐补间铺作为：五铺作出双杪，里外各出一大跳。仅前檐外转第一跳计心，上施翼形栱（前檐铺作立面的装饰性较为重要），里转第一跳偷心。两山及后檐补间的里外第一跳花栱均偷心。补间铺作不设栌斗，状若虚悬，当是保证栱眼壁画面的完整性，壁内或暗藏蜀柱联系阑额（如新城开善寺大殿），于外观又刻意隐去。外转大跳令栱上承罗汉枋，传递自牛脊枋的荷载，里转大跳令栱上施平棊枋，以承平闇。其扶壁栱为素枋四重，与柱头铺作相应，之上又立蜀柱托承橡枋。故外檐补间铺作绝非纯粹的装饰构件，而是柱头铺作结构受力的必要辅助。

里外转一大跳均为48分°，一小跳均为24分°，批竹形耍头自斗心出，长24分°。第一层柱头枋上隐刻泥道栱心长48分°（同第一跳花栱心长），隐刻慢栱心长96分°（同第二跳花

---

❶ 参见：傅熹年.中国古代建筑史·第二卷（第二版）[M].北京：中国建筑工业出版社，2009：603.

栱心长），令栱心长 48 分°。24 分° 的模数控制线，在补间铺作比例权衡上表现得极为明晰。

3. 外檐转角铺作（附图 5，附图 6）

转角铺作在外檐铺作设计中最为复杂。其正侧两面均出双杪双下昂，略同柱头铺作（第一跳花栱与泥道栱相列，第二跳花栱与柱头枋相列，均为单材）。45°线上则出角花栱两跳角昂三重，昂尾以草角乳栿压之。正侧面第一大跳上的瓜子栱、慢栱与第二跳角花栱相交后伸出为花栱两跳，跳头上施散斗，与令栱共同承托替木。栱正侧面的下昂与角昂相交并上延，昂尾压于第四层柱头枋之下。第二跳角昂上施十字相交令栱，与由昂相交。24 分° 模数控制线在转角铺作的平面上形成严谨的模数网格。

4. 内槽柱头铺作（附图 7）

内槽柱头铺作里跳为正面，朝向室内（主堂）；外跳为后尾，朝向回廊（副廊），造型与外檐柱头后尾相同，形成对称的格局。向里出花栱四跳皆偷心，于第一大跳上不施横栱及罗汉枋，显然是为了提高主堂的空间高度，且又不影响佛像的设立。其上（第五层）施四椽明栿，为月梁造。由于明栿两端各施花栱四跳，使得净跨大为减小（约 17 尺），相当于两椽有余，故其截面高度仅 29 分°，远较《营造法式》的 42 分° 纤秀。第六层设一枋（端头作半驼峰），其上施令栱，承平棊枋。柱头铺作里外跳构成原则一致，而里跳出花栱四跳，外跳出花栱一跳，所以主堂较副廊的平闇抬高三足材（63 分°）。扶壁栱为泥道栱加素枋五重（最上一层柱头枋与半驼峰相交），形成内槽"口"字形的井干壁。内外槽的井干壁又通过铺作联系成一个整体的结构层。

柱头铺作里转第一跳 26 分°，第二跳 22 分°，第三跳 22 分°，第四跳 22 分°。其上平棊枋中线所在的位置为一大跳 70 分°，与第三跳相对。与令栱相交的花栱出一跳，为 24 分°。里外第一大跳仍为 48 分°，与外檐柱头铺作相同。

5. 内槽山面柱头铺作（附图 8）

铺作的构成与前者基本相同，由于位处山面不再承梁栿，故只需出花栱三跳，与平棊枋的中线对应。其里转第一跳 26 分°，第二跳 22 分°，第三跳 22 分°，总出跳 70 分°。

6. 内槽补间铺作（附图 9）

其形态由内槽柱头铺作决定，起到平棊枋的辅助承托作用。里跳于第三层柱头枋上出花栱三跳，上施令栱承主堂的平棊枋。外跳于第一层柱头枋上出花栱两跳，施令栱以承副廊平棊枋。扶壁栱为素枋五重，与柱头铺作相应。梁先生认为内檐补间铺作"后尾两跳花栱均不与柱头枋相交，仅如丁头栱，以榫卯安于枋面，求与外檐补间铺作后尾作形式上之对称；其第三层所出耍头，始为正面第一跳后尾之引申而与柱头枋相交者。如此矫造，实为不可恕之虚伪部分"[1]。这一说法值得商榷。主堂的平闇较副廊高出三足材，自然导致后尾两跳花栱向内无法出跳，构造上不如《营造法式》上昂造的补间铺作合理。但总体而言，内槽补间铺作对于平棊枋的辅助承托和扶壁栱的稳定均有着积极的结构意义，绝非虚伪的矫饰。

其里转第一跳24分°，第二跳23分°，第三跳23分°，总出跳亦为70分°。外转第一跳24分°，第二跳24分°，总计48分°。

7. 内槽转角铺作（附图10，附图11）

转角铺作与山面柱头铺作的构成法则基本相同，里跳45°方向上仅在第三、四层的枋材端头处理上有所区别。里转（前出部分）出角花栱三跳，总出跳为70分°加斜，与内槽柱头铺作总出跳相应。其中第一跳为26分°加斜；第二跳为22分°加斜；第三层不出跳，作翼形小栱头；第四层又出花栱一跳，为22分°加斜；第五层做法同第三层；第六层施十字相交翼形栱，与角缝翼形栱相交；第七层施交首令栱与角缝批竹耍头相交，上承第八层十字相交的平棊枋。铺作后尾出角花栱一跳，上承角乳栿等，与外檐转角铺作对称。

根据以上分析，将东大殿斗栱的总高、出跳分°数列表如下（表1）：

表1 东大殿柱头与补间铺作分°数表

		铺作总高	出跳				
			第一跳	第二跳	第三跳	第四跳	总计
外檐柱头铺作	外跳	118	26	22	24	24	96
	里跳	111	26	22			48
外檐补间铺作	外跳	78	24	24			48
	里跳	78	24	24			48
内槽柱头铺作	外跳	111	26	22			48
	里跳	174	26	22	22	22	92
内槽山面柱头铺作	外跳	111	26	22			48
	里跳	174	26	22	22		70
内槽补间铺作	外跳	78	24	24			48
	里跳	141	24	23	23		70

说明：1. 铺作总高：外檐外跳均自栌斗底至橑风槫背，外檐里跳、内槽里外跳均自栌斗（或第一层柱头枋底）至平棊枋背。

2. 根据《营造法式》大木作功限的记述，外檐和内槽铺作向屋外的一面称外跳，反之称内跳。

[1] 文献[1]: 35.

结合前文的分析和表1，可见东大殿不同部位的铺作的出跳分°数之间存在着严谨的内在关系，且与平闇的设计密切相关。

东大殿斗栱典型构件分°值与《营造法式》比较如下（表2，表3）：

表2　东大殿与《营造法式》栱长分°值对比

	出跳	花栱	泥道栱	慢栱	瓜子栱	令栱	替木
	标准长	心长	心长	心长	心长	心长	长
东大殿	24	52	52	96	48	48	124
营造法式	30	60	52	82	52	62	126

表3　东大殿与《营造法式》小斗分°值对比

	交互斗			齐心斗			散斗		
	宽	深	高	宽	深	高	宽	深	高
东大殿	16	16	10	16	15	10	16	15	10
营造法式	18	16	10	16	16	10	14	16	10

从以上二表可以初步得出以下结论：

第一，东大殿栱长构成的基本规律如下：

泥道栱心长 = 第一跳花栱心长 = 52 分°　[（24+2）×2]

慢栱心长 = 第二跳花栱心长 = 96 分°　（24×2×2）

瓜子栱心长 = 令栱心长 = 48 分°　（24×2）

第二，晚唐官式的标准出跳分°数为《营造法式》的4/5，故若想获得尺度相近的出挑，唐代的用材必须较大。如东大殿七铺作，用10.5寸材，总出跳6.72尺（约197厘米）。而《营造法式》只用二等材（8.25寸材），即可达6.6尺（约205厘米）。晚唐铺作的典型做法是"隔跳偷心造"，而《营造法式》改为"全计心造"——计心造可以有效地防止出跳花栱的侧偏变形，使铺作层的结构整体性更好，因而能有较大的出跳分°值。由于构造的改变，使得北宋能以较小的木料建造与唐代尺度相当的殿堂，是中国古代建筑技术的一大进步。

第三，《营造法式》与晚唐官式栱长制度虽差异较大，仍有一定的渊源关系可循——如泥道栱心长仍沿用唐制，均为52份。其造斗之制也基本承袭了晚唐官式的做法，尤其是作为基准斗的齐心斗宽16分°完全相同（图7，图8）。

第四，8分°的基本模数线对《营造法式》的斗栱比例权衡依然存在一定的约束，只是由于散斗的宽度由16分°微调至14分°，从而使这一控制规则变得较为隐蔽。以五铺作斗栱正样的模数构成为例，可见《营造法式》与晚唐官式斗栱制度应存在着密切的渊源关系（图9）。

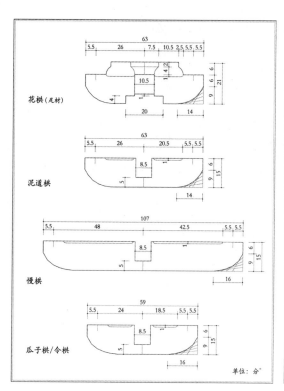

图 7　佛光寺东大殿理想模型造栱之制示例
（作者自绘）

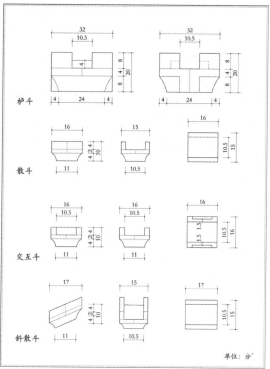

图 8　佛光寺东大殿理想模型造斗之制示例
（作者自绘）

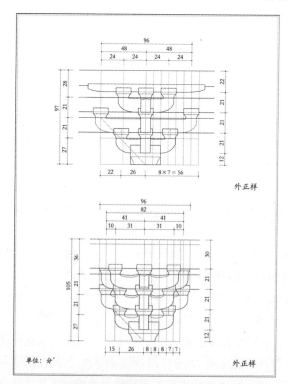

图 9　晚唐官式与《营造法式》五铺作立面构成比较
（作者自绘）

六、平面设计

根据功能需要，东大殿面阔七间，进深四进，地盘采用《营造法式》所载六种殿阁分槽形式之一的"斗底槽"，平面柱网由内外两圈柱构成，略呈"回"字形——独乐寺观音阁、应县木塔、华严寺薄伽教藏殿均采用此制。"斗底槽"是唐代宫殿和佛寺主殿典型的地盘分槽形式，其目的是为了获得一个完整的室内空间，且有明确的主次之分。

斗底槽的选用对大殿的建筑形制（空间、结构、比例）产生了深远的影响。第一，从空间上形成了"副廊"环绕"主堂"的平面格局和功能分区。第二，内槽形成一组完整的矩形柱列，以阑额相连；周围环绕外槽柱，形成另一个矩形柱列，亦以阑额相连。两组柱列之间，以柱头铺作联系。由此则形成内外两圈柱列及其间联系构件所组成的整体结构。房屋四角设45°方向的角乳栿，将梢间划分为两个三角形，使平面整体抗转角变形的能力显著增强。第三，梢间为正方形，其间广须由架深来决定，即"梢间广＝两椽深"。

东大殿七间总间广34米（中五间广5.04米，两梢间广4.4米），进深四间，总间深17.6米（各间深4.4米）。其平面的长宽比近于2∶1，宜于用四阿屋盖。以傅熹年先生为代表的学者普遍认为东大殿中五间广17尺，两梢间广15尺，进深四间亦15尺。❶ 但刘畅先生在解读清华大学2006年的实测数据后指出："这里存在着一个极其细微的不协调：大殿当心五间柱头测量均值为5040毫米，梢间和进深均为4400毫米，其比值与17尺和15尺比值之间的差距略大，绝对值超过1寸，相对水平超过1%。按照比率计算二者之间的关系更接近17∶14.8。"❷ 因此将平面尺度推定为中五间广17尺，两梢间广14.8尺，进深四间亦14.8尺。关于14.8尺，刘先生又联系屋架整体尺度与昂制的11倍关系加以解释，指出剖面几何设计影响平面尺寸的可能性。

刘畅先生的这一发现值得重视，提示前辈学者以施工误差或结构变形为理由的丈尺取整思路或过于简单化，有可能错失古人的设计匠心。

回到上节的分° 值假说，若1分° ＝2.05厘米，折合0.7寸，则1尺＝29.3厘米（考虑到木料竖向存在微量的压缩变形，再结合平面实测数据的尺寸推演，将1尺的数值修正为29.33厘米），得东大殿的平面尺寸如下：

中五间广17.2尺（504厘米），两梢间广15尺（440厘米），进深四间各15尺（440厘米）。

总间广116尺（3400厘米），总进深60尺（1760厘米）。

东大殿梢间间广小于次间，即与四阿屋顶有关，下文"剖面设计"部分将作深入探讨。

为何中五间不是17尺或17.5尺，而要定为17.2尺呢？其玄机或隐藏于东大殿的地盘分槽详图中。从《营造法式》看，地盘分槽是殿堂建筑的重要设计图。《营造法式》所举分槽图只是示意图性质的图样，还应有与

❶ 傅先生以唐尺29.4厘米折算大殿，得中五间广17.1尺，梢间及各进14.97尺，以大殿存在侧角和千余年的变形影响为由，将尺寸调整为17尺和15尺。但据清华大学2006年实测，东大殿并无侧角。

❷ 刘畅.雕虫故事[M].北京：清华大学出版社，2014.

草架侧样深度相应的地盘分槽详图。铺作层是殿堂设计的关键所在，须通过精详的图纸来仔细推敲铺作层的斗栱分布及平面比例关系（附图12）。

将东大殿的丈尺还原为分°值，则中五间广246分°，两梢间广214分°，进深四间亦各214分°。前后橑风槫间距为1048分°（214×4+96×2），南（北）山橑风槫中线至当心间北（南）缝间距亦为1048分°（96+214+246×3），即铺作层的分°值平面设计中暗含两个完美的正圆（圆心为转角45°斜线的交点）。或许正是这一严谨的几何关系成为大殿柱网设计的重要约束条件——假设每进深分°值为a，中五间间广分°值为b，则有3b+a+96=4a+96×2，得b = a +32。

再考察脊槫槫梢下的叉手中线，自梁架中缝外出48分°（97厘米），为"两斗两当"（16×2+8×2）——两叉手齐心斗之间施一散斗，可见8分°模数基准线对屋架的平面设计也有所影响（附图13）。

佛光寺东大殿每间均施补间铺作一朵，则扶壁栱的隐刻慢栱对最小间广必然有所影响。东大殿慢栱长107分°（计栱头散斗总长112分°），较《营造法式》慢栱的92分°多出15分°——《营造法式》的最小朵距100分°，故晚唐官式的最小朵距应为115分°。晚唐官式只用单补间，则其最小间广为230分°。又由于东大殿斗栱平面构成以8分°为基本模数，小斗之间的标准间距为8分°。从图底关系权衡，扶壁栱上柱头铺作与补

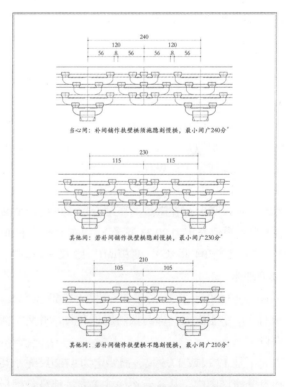

图10　晚唐官式最小间广扶壁栱立面构成示意
（作者自绘）

间铺作相邻散斗之间的空当应不小于8分°，以保证每朵铺作造型的独立性。因此当心间的最小间广宜为240分°（112+112+8+8）。若间广狭促，补间铺作的扶壁栱也可不施隐刻慢栱，则其最小间广可减至210分°。❶（图10）。东大殿中五间广246分°（补间隐出慢栱），梢间广214分°（补间不隐出慢栱），均大于相应的最小间广，保证了良好的立面比例。

❶《中国古代建筑史》第二卷（第二版）第528页、529页的佛光寺大殿立面图有误，梢间及进深各间的补间铺作的柱头枋应无隐刻慢栱。参见：傅熹年. 中国古代建筑史·第二卷（第二版）[M]. 北京：中国建筑工业出版社，2009.

七、剖面设计

东大殿属于典型的殿堂结构类型，柱额层、铺作层、屋架层三者层叠，屋盖与柱列严格对位，力流的传递简明而直接。大殿的剖面设计一气呵成，创造出主次分明、单纯完整的室内空间，与佛像的布置有机地融为一体（图11）。这一殿堂结构形式的比例权衡、整体尺度和构造方法，是经过唐代匠师长期实践形成的，体系相当成熟。

图11　佛光寺东大殿室内空间
（作者自摄）

1. 横剖面（附图14）

大殿横剖面，即《营造法式》所谓的"草架侧样"，它决定了建筑进深、屋架高度、室内空间形态、铺作和出檐的尺度，在唐宋时期的建筑设计中至为重要。

借用《营造法式》的术语，大殿侧样为"殿堂等七铺作，双槽草架侧样"。梁架分为明栿和草栿两套体系：明栿联络内外槽柱头铺作，是斗栱的有机组成部分，上承平闇；草栿则在明栿之上，只承屋盖的重量。东大殿屋架为典型的晚唐官式做法，与《营造法式》所载的殿堂侧样有明显的不同。其一，东大殿中平槫与内槽柱严格对位，即草架承重件的支点均在柱的轴向上，而《营造法式》则较灵活，柱位允许前后错动。其二，东大殿的空间构成明显分为中部的"主堂"和前后的"副廊"两

❶《营造法式》仅在内槽补间铺作上昂造的情况下，取得与东大殿相近的室内空间效果。但从全书的记述看，这一做法已非主流。

❷ 关于总举高，陈明达先生的实测值为441厘米，山西古建所的实测值为439厘米，而清华大学的实测均值竟达480.82厘米。其原因在于现状橑风槫多处歪闪下沉，导致现状总举高显著加大。据2006年清华大学的实测，橑风槫的下沉量在10厘米以上，有的地方甚至达到并超过20厘米。但清华大学并未作出必要的修正，而是直接将平均值480.82厘米作为大木尺度解读的基础数据。另外，《佛光寺东大殿实测数据解读》文中表十三、十四、图十二中4轴北次间北缝橑风槫与脊槫的高差4803毫米明显有误，应为《佛光寺东大殿建筑勘察研究报告》书中图4—图15中的4686.4毫米。再从表十三所列数据看，后檐橑风槫下沉剧烈，变形远大于前檐，故后檐数据均应剔除。如此则前檐举高均值应为4677.8毫米，考虑橑风槫下沉因素，此值仍比设计总举高偏大。

大部分。前者为大殿空间的重心所在，高敞华丽，用于供奉佛像——其净高显著大于后者（高三足材），空间形态主从分明。而《营造法式》所举侧样则天花高度一致❶，室内呈现匀质的空间形态。其三，大殿下平槫由草乳栿上叠置的枋木承托，而不施六椽草栿。以上区别，反映出中原官式建筑技术的深刻变化。就东大殿的整体结构而言，屋架中受力最为关键的梁栿为四椽草栿，其下再无草栿，故主堂平闇可高至四椽草栿底，从而获得高于副廊的净空。而《营造法式》四椽草栿下一般还有六椽草栿等梁栿，使中部天花的标高难以提升。

东大殿主堂五间四椽，内设佛坛，约占五间三椽，坛前留有一椽深，以供瞻仰。坛上主像五尊，以中三间的主佛像体量最为高大——分别为当心间的释迦牟尼佛、南次间的弥勒佛和北次间的阿弥陀佛。坛上三佛像连像座通高约18尺（5.3米），其背光上彻，直达平闇之下。大殿的横剖面设计与主尊佛像的尺度相匹配，且在构造上颇具巧思。内槽柱头铺作里跳自栌斗出花栱四跳以承四椽明栿，较外跳增多三跳，既显著提升了梁底标高，又减小了明栿的净跨，且大幅增加了屋架抵抗水平荷载的能力，可谓一举数得。从大殿侧样可知，铺作里跳的跳数与平闇的比例和高度密切相关。四跳花栱全部偷心，不施罗汉枋，显然是为了保证主堂空间的单纯和完整。四椽明栿为月梁，造型灵秀，上施驼峰与十字斗栱以承平棊枋，进一步提升了室内的净空，又使平闇与月梁分离，更显虹梁空灵飞动。主堂五间，由于梁架的划分而相对独立，又因月梁以上空透而形成空间的渗透和流动。副廊深两椽，围绕主堂而设，其梁架的构造逻辑与主堂相同，仅尺度较小。主堂和副廊在体量和形态上形成鲜明的对比，又在构造上彼此呼应，形成一个圆融有机的空间整体。

由于东大殿侧样梁架结构方式与《营造法式》的显著差异，也带来了举折制度的不同。从外观上看，大殿的举高较小，屋面甚为和缓。由于屋架经年的变形，尤其是柱头铺作橑风槫的显著下沉，使得用激光三维扫描获取精确到毫米级的屋架点云也存在较大的局部变形。❷从东大殿的构造特点来看，橑风槫和下平槫的歪闪变形较大，而脊槫、中平槫、承椽枋的变形较小。大叉手与平梁组成三角形的人字架用料硕大，基本可视为几何不变体。就屋架现状而言，前檐的变形较小而后檐的变形颇大。是否可以从屋架构成的角度来尝试解读东大殿的举折之制呢？

根据清华大学2006年的横剖面点云图，先推算总举高，再将大殿分解为主堂和副廊两部分，分别考察二者的举高设计——前者为中平槫与脊槫之间的高差，后者为橑风槫与中平槫的高差。由于橑风槫的歪闪下沉，导致从点云直接量取的总举高数据明显偏大，可尝试通过柱头至脊槫背的距离减去修正后的铺作总高来间接获得——如此则能有效消除橑风槫下沉对总举高的影响。前者均值约692厘米，铺作总高242厘米（118×20.5厘米），则总举高约为450厘米，合220分°。中平槫与脊槫的高差约 220 厘米，合 107 分°，主堂举高为其总深（即前后中平槫距）的 1/4。上平槫距脊槫约 120 厘米，则上平槫高度为中平槫背和脊槫背连线上相应点下折 5 分°。由总举高 450 厘米及中平槫与脊槫高差 220 厘米，可得橑风槫与中平槫的高差为 230 厘米，合 113 分°。下平槫距中平槫约 85 厘米，则下平槫高度为橑风槫背与中平槫背的连线上相应点下折 2.5 分°。由大殿总举高 15.4 尺（220 分°），前后橑风槫心相距 73.44 尺（1048 分°），可得二者之比为 1∶4.77，恰与梁先生和祁先生的实测所得相同。❶

东大殿侧样很可能是晚唐官式建筑程式化的"经典则例"——"殿侧样：八架椽，身内双槽，外转七铺作重栱出双杪两下昂，里转五铺作，隔跳偷心"。与纵剖面相比，侧样更具"通用性"，可以应用于不同规模、地盘分槽和屋顶形式的建筑。唐代亦可能如北宋《营造法式》一样，将实践中总结的典型草架侧样作为"通用图样"，从而大幅度提高设计效率。推测东大殿的设计，在确定地盘基本形式后，先根据使用要求选定经典的殿堂侧样（架道匀，架深 7.5 尺），再进一步推导出剖面的设计。

需要特别说明的是，由于东大殿建于斩断山崖的基地之上，在实际营造中多有因地制宜的处理和简省。比如后檐柱础在凿山时所预留，又如前檐内槽柱的础石与地面齐平，省略了饰有宝装莲花的覆盆。本次对大木作理想模型的探讨，均根据前檐做法加以复原。

2. 纵剖面（附图 15）

东大殿纵剖面的梢间构造与横剖面的副廊部分几乎完全相同，当心间及南北一次间各施严整的梁架，与横剖面相对应，其最复杂之处在于二次间。正脊的收束、续角梁的交汇均在此间完成，为纵剖面设计的难点所在。二次间施弯斜的丁栿三道，外端置于山面中心的柱头铺作和两侧的补间铺作之上，内端则压于四椽草栿背上，其上施十字相交斗栱承上平槫。若无其他的辅助结构，则南北二次间内侧一缝的梁架所受荷载较当心间南北两缝明显过大，且脊槫的外端除了承托鸱尾的重量之外，还要负荷由续角梁端传递而来的屋面荷载，实为四阿顶构造最为薄弱之处。为此，唐代匠师在槫梢最外端又增施大叉手、太平梁一缝，则此处屋面和鸱尾的巨大荷载可由双叉手分担。这一做法显著加强了四阿屋盖梁架交会点处的构造，使其上的部分荷载转由太平梁承担并传至丁栿，在结构设计上颇具匠心，是东大殿全部屋架设计的"关键"之所在。明清官式庑殿建筑的推山做法亦可使脊檩外伸，其下施雷公柱、太平梁，加强屋脊两端的构造，其设计思想与东大殿可谓一脉相承。由此可见，结构受力的合理性当为大木构架设计的重要制约因素。

由于唐代建筑无正脊增出和推山的做法❷，若大殿各间间广相同，则最上的续角梁与脊槫必然交于二次间内侧的梁架中缝之上，如此则槫

❶ 祁英涛先生曾于 1975 年详测佛光寺 40 天，测得总举高与前后橑风槫距之比为 1∶4.77。参见：祁英涛.山西五台的两座唐代木构大殿(1984)[M]//祁英涛.祁英涛古建筑论文集.北京：华夏出版社，1992。

❷ 现存唐宋木构实例中，最早出现推山做法的是辽代的河北新城开善寺大殿，同时期的河北宝坻三大士殿和辽宁义县奉国寺大殿也无推山。

梢无法出挑，脊槫受力颇不合理。而二次间的间广大于梢间，则可使脊槫两梢伸出，从而有效减小其跨中弯矩。再从屋面荷载看，正脊两端的鸱尾重量巨大（高约1丈，宽约7尺），以重心落于二次间内侧的梁架缝上最为稳妥。所以大殿二次间的间广必须大于梢间，保证鸱尾之下的捧节令栱向外挑出以承槫梢，且以续角梁中线在脊槫上的交点落于捧节令栱之外为宜。捧节令栱之半长为32分°（出跳24分°＋散斗之半8分°），若梢间间广为15尺（214分°），则二次间的间广至少为17.2尺（246分°）。而根据上文"平面设计"的分析，若中五间均取二次间间广246分°，则恰满足铺作层平面内含两正圆的几何关系，故大殿中五间间广为17.2尺。由此可见，东大殿的纵剖面与平面为一有机的整体设计，源于斗栱的8分°模数基准线对建筑的整体尺度设计也会产生一定的影响。

3. 槫椽角梁

东大殿自脊槫至檐下，均为圆槫。其中上平槫至中平槫的槫径较为一致，约15分°（30—31厘米），而橑风槫似略大，约16分°（最大者33厘米），脊槫似更大，约合17分°（34—35厘米）——推测大殿槫径为一材或加材1分°至2分°。槫上施圆椽，直径合8分°（16厘米）。檐部仅用椽一层而无飞椽，椽头加工成小方形，至角部又施虾须木以抬高圆椽，其下的生头木则形同虚设，与官式建筑的形制不符。梁思成先生亦指出"椽头卷杀甚急，斫成方头，远观所得印象，颇纤小清秀，不似用圆椽者，其是否为原状，不无可疑之点。"❶ 翼角处又施双层角梁，但子角梁颇为短小，与大角梁之间又施垫木一至二条。综上所述，东大殿翼角似除大角梁外，子角梁与檐椽、虾须木等应皆非原物（图12）。东大殿大角梁的构造独特，其尾部自橑风槫经下平槫背继续延长至中平槫背（长两架），后尾长度为悬挑尺寸的三倍以上，保证了出檐深远的角梁前端不向下沉陷。

❶ 文献[1]: 30.

图12　佛光寺东大殿西南翼角现状
（吴吉明　摄）

由于目前学界对大殿角梁的勘测尚不够详尽，故其复原研究还有待基础资料补充完善后进一步深化。

八、立面设计

佛光寺东大殿的立面实为由精心推敲的平面和剖面所导出的结果（附图16）。斗栱在大殿立面造型中的作用至关重要。柱头铺作硕大，约为柱高的1/2，给观者产生威压之势，极富艺术表现力，在建筑立面各要素中雄踞首位。柱头与转角铺作由壮硕的檐柱擎起，而补间铺作简洁，每间施一朵，不用栌斗，似飘浮于柱头枋之上，在视觉上形成强烈的对比。大殿斗栱配置既是结构受力的直观反映，又使建筑立面在节奏中富于变化。在现存的中国古代建筑中，东大殿的斗栱艺术魅力可谓登峰造极，充分展现出中国唐代建筑的精神。粗壮的柱身、宏大的斗栱加上深远的出檐，给人以雄健而有力的感觉。大殿无侧角，但檐柱有明显的生起，槫、脊也均用生头木生起，在立面上形成微妙的圆和曲线。

根据1分° = 2.05厘米，则平柱净高240分°（490厘米），外檐柱头铺作总高118分°（242厘米），接近柱高的一半。大殿柱高与心间广略呈方形，平柱高240分°，略小于心间广246分°，符合《营造法式》平柱高不越心间之广的规定。殿柱为圆形直柱，柱脚直径约29分°（58.5厘米），柱头直径约27分°（54.4厘米），端部杀作覆盆状，顶面直径缩至24分°（49厘米），与栌斗底相符。檐柱虽存在明显的生起，由于大殿的经年变形严重，从现有实测数据尚难以推知其原始设计规律。依据清华大学实测的东大殿柱头标高数据，按照"生势圆和"的原则，初步推测如下：平柱高240分°，一次间檐柱高242分°，二次间檐柱高246分°，角柱高250分°。南北外檐中柱高240分°（与平柱相同），东西相邻柱高243分°。

九、唐代官式材等制度推测

中国古代木构建筑"以材为祖"的构屋思想，在数千年的发展史上一以贯之，并未发生根本性的变化。唐代是中国封建社会的鼎盛时期，从文献典籍、考古发掘和现存实例看，其大木制度已极为精纯。可惜当时的营造典籍未能传世，现存的晚唐官式建筑仅余佛光寺东大殿一座，因此唐代具体的材等制度尚不得而知。由于辽代建筑继承唐制，大体可视为晚唐官式建筑的发展和延续。通过现有的辽代官式建筑用材级差以及独乐寺观音阁草架内的唐代旧栱，再结合《营造法式》所透露的前朝用材制度的信息，可试对晚唐官式材等制度做初步推测。

《营造法式》在用材制度表述上存在微妙的矛盾性，可给我们有益的启示。大木作"各以材之广分为十五分，以十分为其厚"，明确表达的是先有材广，再据此定出材厚。在定义梁、阑额等的广厚时，《营造法式》也采用类似的表达方式。可见材广为因，材厚为果，前者的重要性显然高于后者——这与清工部《工程做法》的"斗口制"是截然不同的。《营造法式》模数中所谓"材"，皆指材广而非材厚，就对建筑立面的控制而言，材厚的影响也较弱。再从《营造法式》的基本模数单位为"分°、栔、材、足材"来看，也无材厚一项，足证"材厚"并非《营造法式》的基本度量模数。虽然《营造法式》在订立材等时是为保证分°值的规整，又体现出材厚优先的特点，但在具体称谓上仍然以材广名之（如"七寸五分材"、"五寸二分五厘材"等）。同时，《营造法式》中还记载了用于营屋的"五寸材"（广5寸，厚3.3寸）以及小木作的"一寸材"（广1寸，厚6.6分）、"五分材"（广5分，厚3.3分），其材广虽不能被15整除，亦为北宋匠师所习用。这一现象暗示出以材广优先的取值做法或更为古老，至《营造法式》成书之际，尚未彻底退出历史舞台。从中国古代用材制度发展史的角度看，所谓"五寸材"、"一寸材"、"五分材"，正是"材广优先"这一早期材等取值方法在《营造法式》中的遗存。

由此可以推测，唐代的材等制度应以材广优先，即取材广为规整的数值，栔高与材厚又基于材广推演而得。从北宋匠师习称的"7寸5分材"、"5寸材"来看，唐代材广按半寸递减则是最有可能的取值方式。参考独乐寺观音阁与山门的用材，二者足材高之差在2厘米至2.5厘米之间，则单材广之差约1.52厘米，应合0.5寸（推测观音阁用9寸材，山门用8.5寸材）。再看观音阁草架内的安史旧料，根据上文推测其足材高为14寸（41厘米），材厚7寸（20.4厘米），则其单材高应为10寸（其实际用料大于10寸，在30至31厘米左右，或是量材施用的结果），正减佛光寺东大殿10.5寸材一等。

《营造法式》第八等材广4.5寸，而唐代总体用材应大于北宋，加之唐尺又小于宋尺，故唐代最小材等材广5寸的可能较大。佛光寺东大殿作为唐代中等殿堂用10.5寸材（1分°=7分），而唐代第一等级的大殿如含元殿、麟德殿，其最大间广为18尺，仅略大于东大殿。又从独乐寺观音阁草架中足材高约在45—46厘米的唐代武周旧料残件看，用材显然大于东大殿。因此唐代第一等材应距东大殿用材不远，且至少为11寸材。暂推测唐代最大材等1分°=8分，材广为12寸。

综合以上分析，初步推测唐代官式建筑材分十五等，材广自12寸至5寸，以0.5寸递减。材厚为0.7材广，栔为0.4材广，足材为1.4材广（表4）。

表4 唐代官式建筑材等尺寸推测表

材　等	材广（寸） h	材厚（寸） 0.7h	栔广（寸） 0.4h	足材（寸） 1.4h	分°值（寸） 1/15h
一等材	12	8.4	4.8	16.8	0.8
二等材	11.5	8.05	4.6	16.1	0.76
三等材	11	7.7	4.4	15.4	0.73
四等材	10.5	7.35	4.2	14.7	0.7
五等材	10	7	4	14	0.66
六等材	9.5	6.65	3.8	13.3	0.63
七等材	9	6.3	3.6	12.6	0.6
八等材	8.5	5.95	3.4	11.9	0.56
九等材	8	5.6	3.2	11.2	0.53
十等材	7.5	5.25	3	10.5	0.5
十一等材	7	4.9	2.8	9.8	0.46
十二等材	6.5	4.55	2.6	9.1	0.43
十三等材	6	4.2	2.4	8.4	0.4
十四等材	5.5	3.85	2.2	7.7	0.36
十五等材	5	3.5	2	7	0.33

表4是基于佛光寺东大殿推定的唐代官式建筑材等，但并不排除当时还存在其他材分°制度的可能。如敦煌节196窟晚唐（约893年）窟檐，根据萧默先生的实测数据，推测材广6寸（18厘米），材厚4.2寸（12.5厘米），栔广3寸（9厘米），足材广9寸（27厘米），所体现的材分°制度亦便于营造：材广15分°，材厚10.5分°，栔广7.5分°，足材广22.5分°——即材广h，材厚取0.7h，栔广0.5h，足材广1.5h，也是一种简洁的用材取值方法。

十、讨论

1.《营造法式》与晚唐官式的渊源关系

《营造法式》作为北宋晚期皇家颁行的建筑营造法规，是中原官式建筑制度与江南地区做法相融合的产物。学界一般认为，《营造法式》受江南地区的建筑技术影响较大，而于北方官式建筑制度的继承则偏少。但从佛光寺东大殿的大木、小木和彩画制度来看，这一观点值得商榷。第一，北宋京都汴梁地处中原，皇家建筑的营造匠师虽来自全国各地，但多为北方匠师，其技艺传承应以中原做法为主体。唐代长安地区官式建筑营造技艺代表了当时全国的最高水平，其做法极为成熟，必然对中原地区有着深远的影响。第二，从北宋浙东名匠喻皓所著《木经》存世的内容来看，反映的应是江南地区的营造技术，与《营造法式》大木作制度存在显著差异。第三，以佛光寺东大殿为代表的晚唐官式殿堂制度与《营造法式》基本可相互印证，尤其是斗栱的材分°制度，其中的 8 分°模数控制线有明显的关联性。

《营造法式》一书的建筑制度来源，或可用"唐代官式制度为体，江南营造技艺为用"来概括。虽然北宋晚期的官式建筑，大量汲取了来自江南地区的构造和细部做法，在外观上普遍呈现出"北构南相"的秀丽醇和之貌，但其主体框架仍然应是唐代官式建筑体系的发展和延续。

2. 唐代用材较《营造法式》偏大的原因

晚唐官式建筑用材较北宋官式普遍偏大。佛光寺东大殿为七间八椽，按《营造法式》应用二等材（8.25 寸材），而实际用材为 10.5 寸材，大于《营造法式》一等材（9 寸材）。郭湖生先生认为，东大殿的用材"并非纯粹出于结构考虑，可能出于炫耀主人的地位财富的需求，用超过结构需要甚多的雄壮用料来表现建筑的宏伟庄严。"[1] 郭先生的观点值得商榷。《营造法式》大木制度虽上承晚唐官式，但在技术上已发生了重大的变革。其一，唐代殿堂槫缝与柱缝须严格对位，故进深四间必须用 8 椽（进深 6 丈则架深 7.5 尺）。而《营造法式》殿堂的屋盖草架相对独立，槫柱缝无须对位，所以同样的规模多用 10 椽（进深 6 丈则架深 6 尺）。屋架构造的变化导致建筑用材的缩小和举高的陡峻。其二，唐代殿堂铺作多采用隔跳偷心的做法，其标准出跳为 24 分°，补间铺作尚不发达，皆用单补间。而《营造法式》殿堂斗栱的典型做法为重栱计心造，标准出跳增至 30 分°，补间铺作形态已与柱头铺作无异，昂尾上彻下平槫，其铺作层的结构整体性显著增强。因此，《营造法式》可以较小的用材建造与唐代尺度相当的殿堂。综上所述，东大殿用材硕大并非为了炫富，而是出于"侧样"整体尺度（铺作出跳和架深）的考虑，必然要求选用 10.5 寸材左右的材等。从某种意义上说，决定唐代官式建筑用材等第的主要因素并非开间数，而是侧样的基本尺度。五代华林寺大殿仅为三间却用材巨大的原因或正在于此。

十一、结论

文化的本质是一种思维方式，体现着独特的价值取向。文化的差异，实质上是思维方式和价值取向的不同。任何文化的解读，其实都是对特定时空、特定人群的思维方式的破译。因此，对于佛光寺东大殿的研究，也就是对晚唐长安宫廷匠师们的营造智慧的探寻和感悟。

解读古代建筑大木制度的关键问题是，确认匠人是否真正运用了分°值权衡斗栱比例，还是简单直接地采用营造尺进行度量推演，再进一步，是否在确定大尺度的基础上运用几何方法导出其他尺度规模。

---

[1] 中国科学院自然科学史研究所. 中国古代建筑技术史（上卷）[M]. 北京：中国建筑工业出版社，2016. 第五章.

佛光寺东大殿明确存在分°制，且已极为成熟，其主要作用是实现斗栱构件比例的精细权衡。在建筑整体尺度的控制上，则是以丈尺为主，分°值的参与为辅。东大殿进深各间及两梢间以整数丈尺设计，而与梁架密切相关的南北二次间则采用了分°值参与设计的方法。其大木尺度设计最基本的要点为：一，营造尺长29.33厘米；二，用10.5寸材，1分°=7分；三，选用双杪双下昂七铺作，且以8分°为最基本的斗栱平面模数控制线，反映了"倍斗而取长"的古制；四，慢栱长同架深（107分°），为梢间广和进深之半；五，当心间广以240分°，梢间广及进深以220分°为参考值；六，当心间广246分°与梢间广214分°之差，为当心间扶壁栱相邻隐刻慢栱之间空当（16分°，即齐心斗长）的2倍。

推测在已明确佛殿塑像的数量及佛像与佛坛的总体尺度的前提下，东大殿的大木设计过程如下：

1. 确定大殿面阔七间（中五间间广相等），进深四间八椽（架道匀），四阿顶，七铺作斗栱。

2. 地盘分槽定为"斗底槽"，侧样选用经典的"殿堂等七铺作，双槽草架侧样"形式。

3. 设定各进深15尺（每架椽长7.5尺），从而得梢间广15尺。以唐宋官式建筑"常使架深"110分°估算，每分°约0.68寸，向上取整为0.7寸（则进深15尺合214分°），选用10.5寸材。

4. 斗栱标准出跳24分°，一大跳48分°，总出跳96分°。昂制为平出96分°，抬高42分°。

5. 根据四阿屋盖的构造特点，考虑巨型鸱尾的荷载传递及屋盖交汇处的结构稳固，得二次间最小间广为"梢间广+捧节令栱长之半"（214分°+32分°），中五间取246分°恰满足地盘内切两正圆的几何设计，合17.2尺。

6. 平柱净高取心间最小间广240分°，合16.8尺。角柱净高取250分°，合17.5尺。

7. 总举高为主堂和副廊的举高之和，以总进深的1/4向上取整，得220分°，合15.4尺。主堂举高则取其深的1/4，得107分°，合7.5尺。

8. 上平槫高度以中平槫背和脊槫背连线上相应点下折5分°定之，下平槫高度以橑风槫背与中平槫背的连线上相应点下折2.5分°定之。

东大殿蕴含着精密的数学与几何法则，其铺作层分°值平面中，内含两个完美的正圆，应是唐代匠师精心设计的结果。大殿斗栱设计存在精密的模数控制线，8分°为基本模数，控制栌斗、散斗、齐心斗的长度及其之间的空当；24分°为扩大模数，控制瓜子栱、慢栱、令栱和第二跳华栱的心长。8分°的基本模数控制线不仅是东大殿斗栱设计的"原点"，也对建筑的铺作层平面甚至纵剖面设计产生了深刻的影响。

分°值对东大殿的整体尺度设计也存在一定的约束。如当心间最小间广 240 分°，其他间最小间广一般为 230 分°，若小于 230 分°，则补间铺作的扶壁栱不再隐刻慢栱，其最小值为 210 分°。

对于佛光寺东大殿整体尺度的解读，须结合功能、空间、形式、结构、构造等因素作综合全面的分析。影响东大殿尺度设计的最基本的要素是架深，从某种意义上说，架深 7.5 尺一旦确定，则用材范围基本确定。对于具体间广而言，除基本的使用要求和佛像尺度之外，还受到铺作最小朵距、屋盖形式、巨形鸱尾荷载所引发的屋架构造以及平面几何约束等多重因素的影响。

从中国古代建筑大木技术的发展历史看，晚唐大木制度法度精严，技艺娴熟，已形成完整的程式化设计体系，体现了结构与艺术的完美统一，对北宋《营造法式》大木制度也有着极为深远的影响。

参考文献

梁思成. 中国营造学社汇刊. 第七卷第二期. 北京：知识产权出版社，2006.

附图

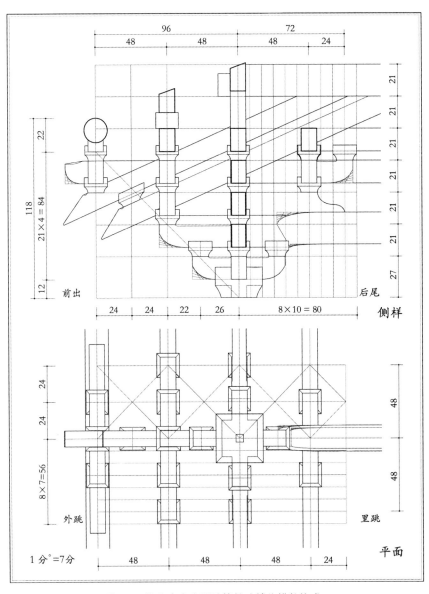

附图 1　佛光寺东大殿外檐柱头铺作模数构成 1

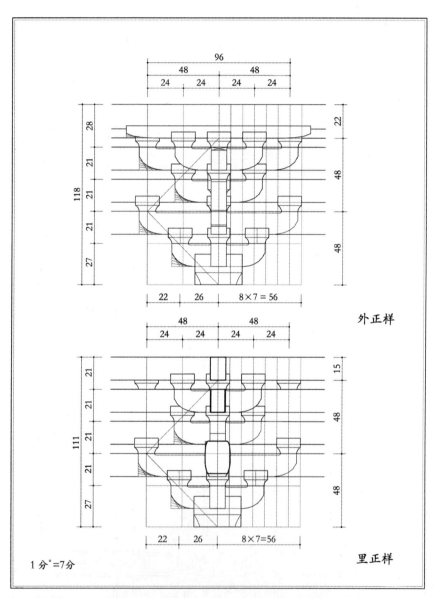

附图2　佛光寺东大殿外檐柱头铺作模数构成2

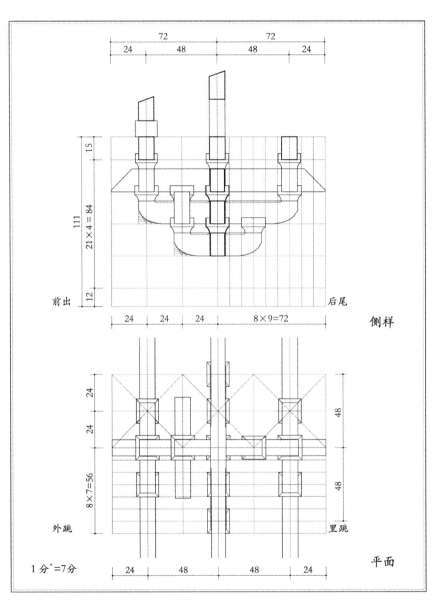

附图 3　佛光寺东大殿外檐补间铺作模数构成 1

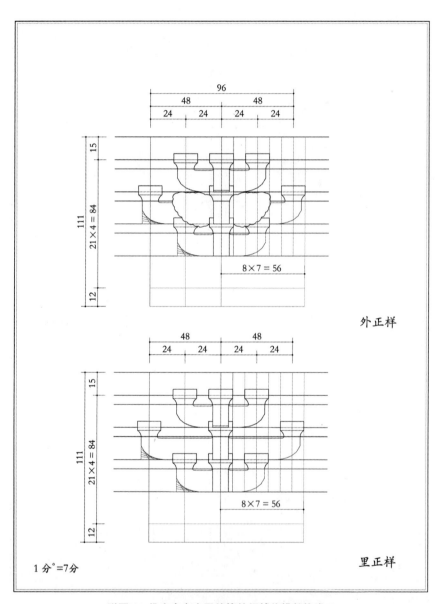

附图4 佛光寺东大殿外檐补间铺作模数构成2

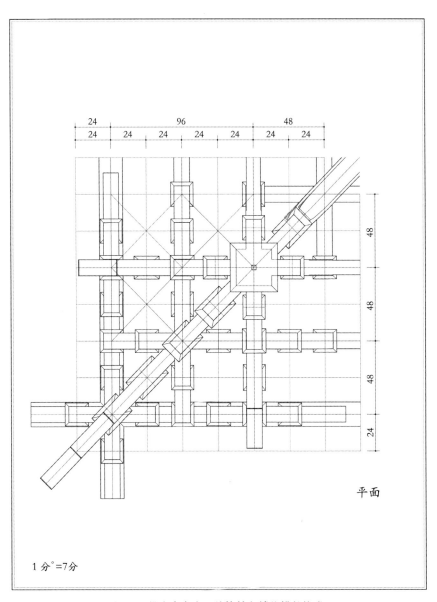

附图5 佛光寺东大殿外檐转角铺作模数构成1

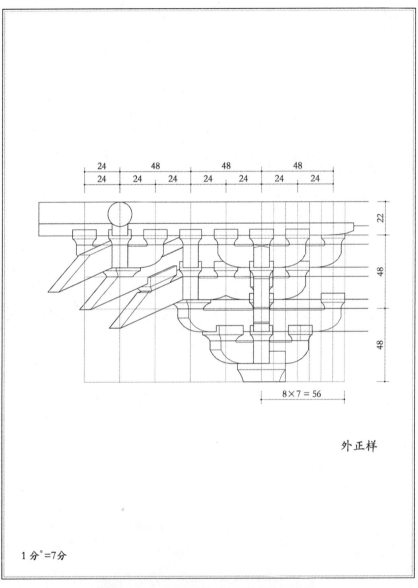

附图6 佛光寺东大殿外檐转角铺作模数构成2

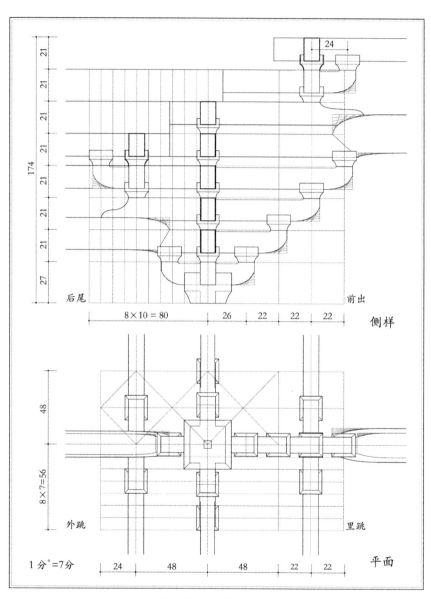

附图 7　佛光寺东大殿内槽柱头铺作模数构成

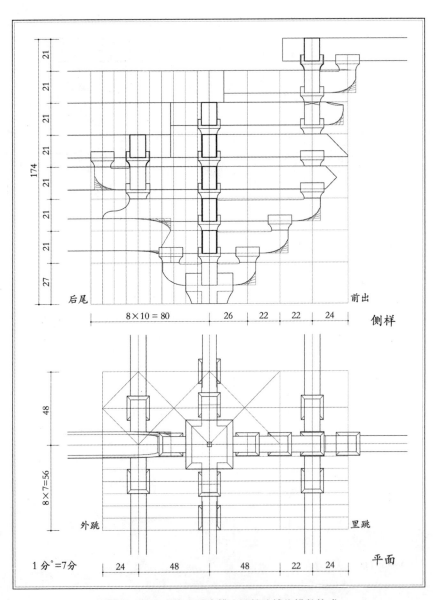

附图 8　佛光寺东大殿内槽山面柱头铺作模数构成

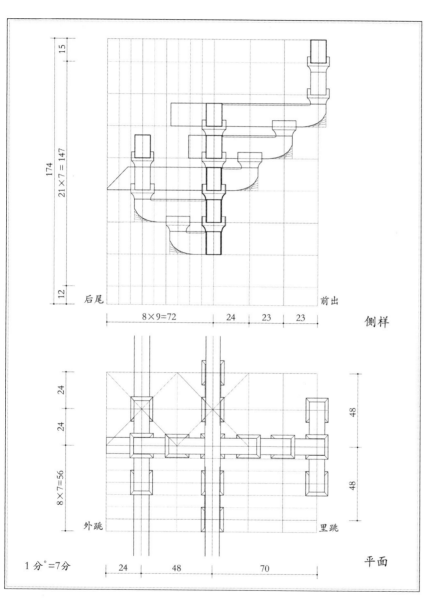

附图9 佛光寺东大殿内槽补间铺作模数构成

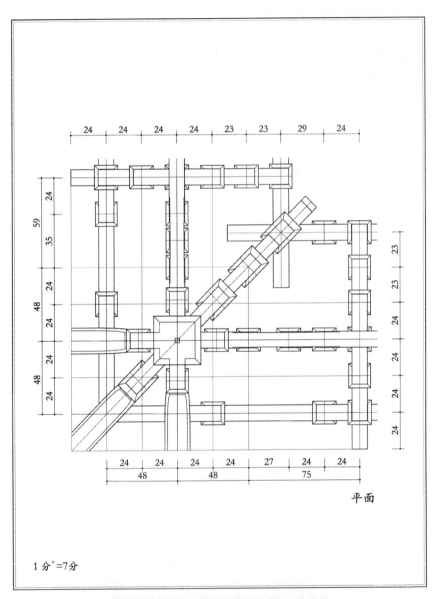

附图10 佛光寺东大殿内槽转角铺作模数构成1

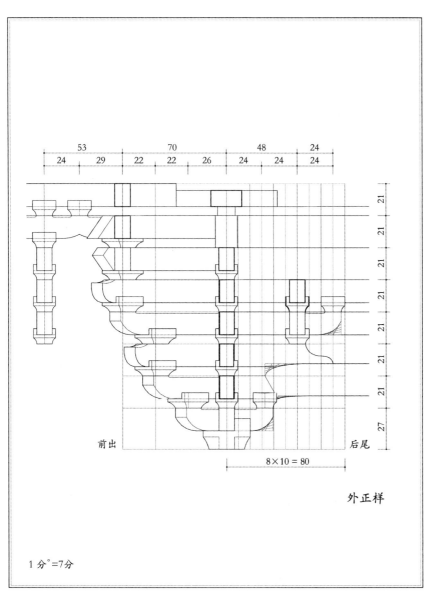

附图 11　佛光寺东大殿内槽转角铺作模数构成 2

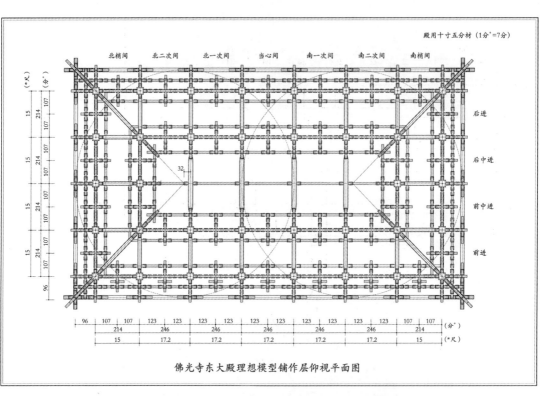

附图12 佛光寺东大殿理想模型铺作层仰视平面图

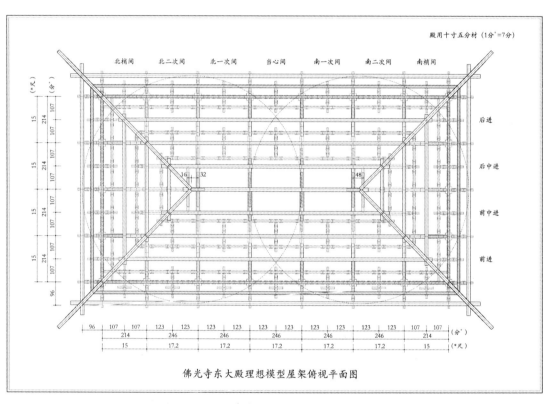

附图 13 佛光寺东大殿理想模型屋架构俯视平面图

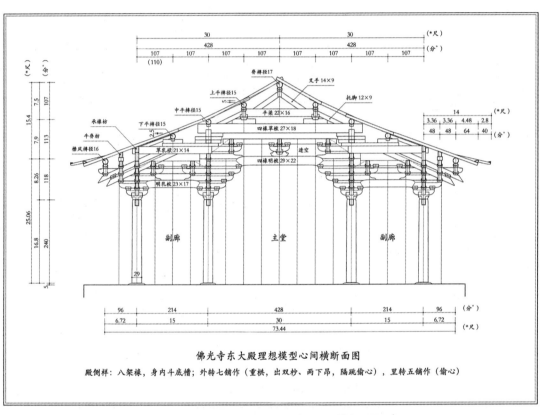

附图 14　佛光寺东大殿理想模型心间横断面图

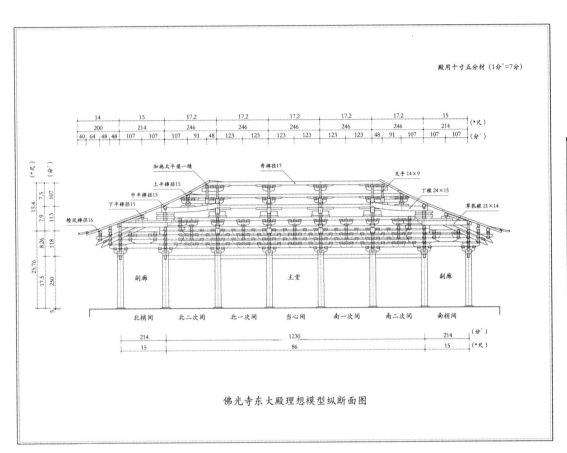

附图15 佛光寺东大殿理想模型纵断面图

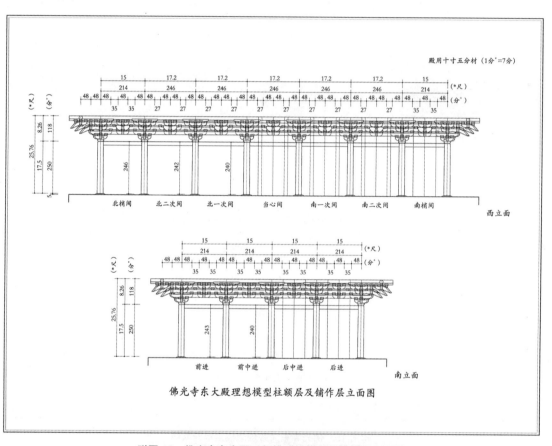

附图16　佛光寺东大殿理想模型柱额层及铺作层立面图

佛教建筑研究

晋东南地区北朝佛塔探析[1]

赵姝雅　贺从容[2]

（东南大学建筑学院）

摘要：北朝时期是晋东南地区佛塔的萌芽阶段，期间出现了晋东南地区可考的最早的佛塔。本文对晋东南地区北朝时期佛塔遗存和文献记录的佛塔信息进行整理，分类探讨晋东南北朝佛塔的特征，从时间和空间上探究北魏迁都对晋东南地区造像塔的影响。

关键词：晋东南，北朝，佛塔，造像塔，僧墓塔

Abstract: The Northern Dynasties' period was a formative stage of pagoda building in southeastern Shanxi province (Jindongnan), and the available data suggests that the earliest Buddhist pagodas in the area belong to this period. The paper explores both the actual buildings that have survived until today and the pagodas known only from the Northern Dynasties' records. The paper then classifies the characteristics of these pagodas and analyses the influence of the Northern Wei capital move on pagoda statue construction in this area in terms of time and space.

Keywords: Jindongnan (southeastern Shanxi province), the Northern Dynasties' period, Buddhist pagoda, pagoda statue, funerary pagoda.

佛塔[3]在晋东南地区最早是作为纪念性和观瞻性的佛教建筑出现的，自北魏初年开始发展，至北朝末期趋于昌盛。北朝时期，随着祈福发愿和礼佛需求的增加，晋东南地区民间立塔造像之风十分普及，同时亦有部分僧墓塔、大型佛塔的建造。学界对其研究仅限于现存造像塔，以沁县南涅水石刻的研究成果最为丰富[4]，而对僧墓塔、大型佛塔的关注较少。本文尝试凭借文献资料和实地考察所得，对晋东南地区不同功能的北朝佛塔进行分类梳理，进而从时间和空间的角度分析北魏迁都对晋东南地区造像塔的影响，总结出晋东南地区北朝佛塔的时代特征和地域化特色。

一、晋东南地区北朝佛塔遗存及其分类

从现有遗存和文献记载来看，晋东南地区北朝时期才出现佛塔。位于高平羊头山山巅的清化寺造像塔，是目前所知晋东南最早的佛塔遗存，建于北魏太和年间（477—499年），与平城的曹天度造像塔（466年）及酒泉的曹天护造像塔（496年）年代相当。

---

[1] 本文受国家自然科学基金项目"晋东南地区古代佛教建筑的地域性研究"资助，项目批准号：51578301。
[2] 作者单位：清华大学建筑学院。
[3] 广义的佛塔，包括造像塔、僧人墓塔、舍利塔和其他为兴造福业而立的塔。狭义的佛塔，则不包括造像塔和墓塔。佛塔在外观上通常以基座、塔身、塔顶三个基本部分组成。参见：傅熹年．中国古代建筑史·第二卷：两晋、南北朝、隋唐、五代建筑［M］．北京：中国建筑工业出版社，2001：173，176，505。
[4] 曹雪霞等沁县文物馆的工作人员在《山西省沁县南涅水石刻馆》、《南涅水石刻造像的民间特色——浅谈石刻艺术在沁县的传承与发展》等一系列文章中阐明了南涅水石刻的造像艺术特征。参见：曹雪霞．山西省沁县南涅水石刻馆［J］．文物世界，2012（2）：3-7；曹雪霞．南涅水石刻造像的民间特色——浅谈石刻艺术在沁县的传承与发展［J］．文物世界，2011（4）：30-32+42。

❶ 因文物普查工作的阶段性，不排除另有个别小造像塔散落村中的可能。

目前确认晋东南地区北朝的佛塔遗存主要有三处❶：羊头山清化寺造像塔、南涅水石刻造像塔群和洪济院千佛塔。在晋东南地区现存近百处古代佛塔中，仅三处建于北朝时期，所占比例很小，大抵与北朝距今时间久远且建塔技术不够成熟有关，除个别砖石塔遗存外，木构及土木混合结构的佛塔均已不存。

除了上述造像塔外，晋东南在北朝时其实还存在过其他类型的佛塔，笔者在文献中查到有三座：一座僧墓塔——沁水㭎山大云寺浮图，是笔者目前查诸文献所见晋东南地区最早的塔，建于北魏初年（386年）。还有两座较大的佛塔，黎城县宝泰寺浮图和故城大卢山浮图。黎城县宝泰寺浮图在北齐北周时期已存，故城大卢山浮图建于北齐河清四年（565年）。通过资料梳理，笔者将晋东南地区可考的北朝佛塔分类罗列于下（表1），其中造像塔的比重明显偏大。

表1 晋东南地区可考的北朝佛塔

塔名	保存状况	建造时间	地理位置	资料来源
㭎山大云寺浮图	不存	北魏初年（386年）	沁水县㭎山大云寺	唐《㭎山大云禅院记》
宝泰寺浮图	不存	北齐北周时期已存	黎城县宝泰寺	隋开皇五年（585年）《宝泰寺浮图碑》
故城大卢山浮图	不存	北齐河清四年（565年）	武乡县西山大卢山山巅	北齐河清四年（565年）《武乡故城大云寺造像碑》
清化寺造像塔	存	北魏太和年间（477—499年）	高平羊头山山巅	实地考察
南涅水石刻造像塔群（约400余件）	存	北魏永平元年至北宋天圣九年（508—1031年）	沁县南涅水村	实地考察
洪济院千佛塔	存	北朝，具体不详	武乡县东良侯村	实地考察；明弘治十年（1497年）《重修洪济院记》

在空间分布上（图1），洪济院千佛塔、故城大卢山浮图和南涅水石刻造像塔群均分布在武乡、沁县交界的涅河两岸，在今长治北部。宝泰寺浮图所在的黎城县在今长治东部，清化寺造像塔在今高平市、长子县和长治县交界处的羊头山山顶，㭎山大云寺浮图在晋城中部的沁水县。

❷ 据李零先生研究，"大卢山山巅"的具体位置尚未可知。参见：李零. 梁侯寺考——兼说涅河两岸的石窟和寺庙[J]. 中国历史文物, 2010（3）: 64.

造像塔遗存犹在，均位于山西古代自北向南重要的交通要道附近，这应与北朝佛教文化在山西境内自北向南的传播有关。佛塔位于黎城县城东南及武乡故城镇大卢山山巅❷，选址在县城东南、山巅这样重要的位置，有镇守风水、视觉统帅的作用，已经有了汉化的色彩。仅有一例记录的僧

图1 晋东南地区北朝佛塔分布示意图
（作者自绘）

墓塔，则位于交通不便的沁水端氏镇榼山，选址在隐蔽的僻静之地，或与僧人入山修持、追求静谧的禅修状态有关。

二、碑文中的僧墓塔——榼山大云寺浮图

沁水县榼山大云寺浮图建于北魏初年（386年），比羊头山造像塔早近百年。汉地僧人于冢上建造墓塔的做法起源于西晋末年，这种做法本是印度最高等级的葬式，随着佛教东传传入内地，在北朝时期已较为流行。

关于大云寺浮图的建造历史，唐代碑文《榼山大云禅院记》载："窃闻当院古基，有砖浮图一所。按碑记所述，云是大魏初年，有高僧迁化于阳城县界。其端氏两县人民，各争欲将和尚于本县建塔供养。和尚神通法力，愿归端氏榼山。塔所抵端氏，县人抬舁得起，阳城县众人竟无能动。后至榼山塔，感得山流乳漆，以漆坐亡之身，才漆身遍，顿绝所流之漆。其和尚虽葬塔中，仍七日一遍剃发，崇修寺宇。因此而兴佛事，建殿三间，其中绘塑佛像约三五百躯。"❶

据碑文记载，该塔为高僧的真身墓塔，高僧迁化于阳城县界，乡人于端氏县建塔供养。关于该塔的形制，唐开元二十五年（737年）的《榼山浮图赞并序》有详细记录：

榼山浮图者，史籍失载，时人所称，盖缘情而窃号，亦因山而作记……宝相周设，且类堵波之制；灵容湛肃，眇疑阿育之初。方矩若仙，圆穹似于，迥侵日观，俯阴云门。疑似雪而恒明，望如冰而不液。风吹宝铎，共天籁而齐音；气满长空，与烟霞而一色。大称万岁，少限千年……❷

❶ 车国梁. 三晋石刻大全·长治市沁水县卷［G］. 太原：三晋出版社，2012：559.

❷ 车国梁. 三晋石刻大全·长治市沁水县卷［G］. 太原：三晋出版社，2012：559.

根据碑文的描述，椻山浮图的形制类似于印度窣堵坡，在方形平面的台基上建有半球形覆钵，塔上有宝铎，风吹过宝铎泠泠作响。宝铎是佛殿或宝塔檐端悬挂的大铃，窣堵坡没有塔檐，但覆钵的顶部中央立有伞盖，伞盖边缘可以悬挂宝铎。此碑文中描述的宝铎，或悬挂于覆钵上的伞盖。

这种方形平面基座的窣堵坡最早出现在公元1世纪的印度贵霜王朝，随着西域佛教艺术的东传对内地佛塔产生影响，在汉传佛教初传时曾出现。碑文中这例佛塔的"类堵波之制"，应是汉传佛教早期的佛塔样式传入晋东南地区留下的痕迹。

就类型而言，很难从一个实例归纳出这一时期晋东南僧墓塔的特点，但从中可以获得一点迹象，早期的僧墓塔或保留了天竺"窣堵坡"样式，受到外来佛教艺术的影响，本土建筑形式尚未突显。后来随着汉传佛教的传播演变，汉族僧人数量的增多，僧墓塔受到本土建筑样式和地域性文化的影响，佛塔的形式才逐渐向本土化的方向演变。

三、碑文中的北朝佛塔

北朝时期，建造高塔成为汉传佛寺中争奇斗奢的特殊方式。北朝从初建至后期，汉地佛塔层数逐渐增高，体量逐渐加大。北朝初期开始出现七层楼阁式塔，后期楼阁式塔最高可达9层，密檐塔可达17层。晋东南地区现无北朝时期大型佛塔遗存，但见于文献的有黎城县的宝泰寺浮图和武乡县的故城大卢山浮图。

1. 宝泰寺浮图

宝泰寺浮图位于黎城县，隋开皇五年（585年）的《宝泰寺浮图碑》（图2）详细介绍了北朝时期郭杰一门在黎城县两次修建宝泰寺浮图的情形："……故襄垣郡郭杰，世封阳曲，建社太原，上祖从官，遂家此邑。门有哲人，德水标仙舟之异；世多奇士，并州树竹马之朝。气宇凝邃，风裁道举，比意气于孤松，类怀抱于严桂。谈议而对天子，坐隶重席;（划）奇以示将军，决胜千里。被称一代，见重当时。本枝冠冕，子孙繁盛。以四蛇催运，二鼠侵年，以华首而代红颜，恨黄泉而沉白日。故率合乡人共造浮图九级，镇此潞川，在县之东南，俯临大道，旁冲黎国，斜指潞城。秦将定燕卒之乡，炎帝获嘉禾之地。值周并齐运，像法沉沦，旧塔崩颓，劣有余迹。大隋握图受命，出震君临，屏嚣尘而作轮王，救浊世而居天位，大开玄教，广置伽兰。太子买杂宝之花，波斯刻真檀之像。刘陵县政新乡，乡义里郭伯琛者，杰之从子。早彰奇骨，即号神童，幼挺异才，便称水镜。义治骨肉，化及弟兄，六世同居，百有余口。朝野贵其风范，闾里慕其家法。本图曳尾，宁许濯缨，笑敬附之言，□少游之愿。尽书草圣，相伴于青松；浊酒焦琴，共对于明月。岂望乘竹龙而履凫鸟,饮玉膏而饵玄霜,将欲舍头希不丕之身,施肉请无常之偈。以开皇五年岁次鹑尾,与华川乡人李延寿及合县群英,感皇帝之恩,追踪之迹,还于旧所重营九级浮图。垂何二周,其功始就。露盘乘月、宝铎摇风。背朝市而游士女庶使,托为善际,持作福田,见者与见而消殃,礼者共礼而除障。望似龙花宝塔,宁随芬子之城;雀离浮图,岂逐天衣之□……"❶

❶ 王苏陵. 三晋石刻大全·长治市黎城县卷[G]. 太原:三晋出版社,2012:7.

图2 宝泰寺浮图碑
(王苏陵. 三晋石刻大全·长治市黎城县卷[G]. 太原:三晋出版社,2012:7-8.)

襄垣郡郭氏家族乃太原阳曲士族,太原郭氏自北朝以降,多在中央或地方任官,声名显赫。郭杰一门因祖先做官遂举家迁往襄垣,家族兴旺,子孙繁盛。郭杰曾率领乡人共同建造九级浮图,建塔原因是"以四蛇催运,二鼠侵年,以华首而代红颜,恨黄泉而沉白日",即感慨时光易逝,韶华不再。塔的位置十分重要,在县城东南方位,"县之东南,俯临大道,旁冲黎国,斜指潞城",有镇风水、利景观、导交通之意。东南方即八卦中的巽位,代表风,将塔建在县城东南,或有"紫气东来"的意味,不少古城在东南方向建塔,对东南方位的重视,抑或是佛教与本土的道教文化相融合的体现。选址目的在于"镇此潞川",说明塔有镇风水的作用,由此可见宝泰寺浮图初建时应非常重视选址,带有风水塔的性质。虽然风水塔的概念直到明代才被提出,但它的精神内涵早已被运用到建塔上。然而当时正值北周北齐的灭佛运动,佛教沉沦,旧塔坍塌,只剩残迹。隋开皇五年(585年),郭杰的"从子"(即侄子)郭伯琛为感谢皇帝之恩,追踪先人之迹,于旧址重新建造九级浮图。

2. 故城大卢山浮图

北齐河清四年（565年）的《武乡故城大云寺造像碑》（图3）记载：

> 唯大齐河清四年正月八日，邑子六十人等，自察己身，倏如电光泡沫，犹固观诸生灭，不异轮回，何殊环转，恐徒过一生，乃片功可记，遂躬率遍化，上为皇帝陛下、臣僚百辟，保命休延，寿同河岳，又为师僧父母七世因缘及诸蠢类，敬造祇桓（园）精舍一区，更在西山大卢尖巅，造浮昌（图）一区。❶

❶ 李树生.三晋石刻大全·长治市武乡县卷[G].太原：三晋出版社，2012：14.

图3 武乡故城大云寺造像碑
（李树生.三晋石刻大全·长治市武乡县卷[G].太原：三晋出版社，2012：593.）

碑文中的"大齐河清四年"，指的是北齐河清四年，即565年。"祇桓"即"祇园"，亦作"祇洹"，"精舍"即僧人居住或说法布道的场所，"祇园精舍"是佛教创始人释迦牟尼当年传法的重要场所，也是佛陀在世时规模最大的精舍。据寺内宋治平元年刻石和清程林宗《新修大云寺记》，大云寺原来叫岩净寺，宋治平元年（1064年）才改名"大云寺"。❷ 寺外的西山大卢山巅，建有浮图一区。"大卢山巅"的具体位置并不明确，还有待调查。❸ 碑文提到岩净寺（大云寺）和大卢山浮图的建造目的，即上为皇帝官僚延寿祈福，下为师僧父母七世因缘，反映出建塔者的美好心愿。从碑文所述的愿望看，武乡故城的崇佛建塔立碑，带有明显的现实性和功利性诉求。北朝时期虽然法雨广布，但普通民众的建塔目的，对修功德、集福报、祈福祉的诉求远胜过对佛教教义的关心。

此外，相传武乡永寿寺还有北朝佛塔。明代《永寿寺碑文》记载，"明弘治五年，武乡县治西北百里，地处贾封村，村有三峰山，山之半有说

❷ 李零.梁侯寺考——兼说涅河两岸的石窟和寺庙[J].中国历史文物，2010（3）：63.

❸ 李零.梁侯寺考——兼说涅河两岸的石窟和寺庙[J].中国历史文物，2010（3）：64.

法台，其地峰峦秀丽，林木参差。自武平元年，失名僧人肇因地而建是寺，其额曰永寿寺。寺之后，又有古舍利浮屠之塔。仰而观之，高接云霄之表，凡骚人墨客之好事者，莫不登临以为游观之乐，则四围郡邑旷然在此目前……"❶永寿寺建于北齐武平元年（570年），寺之后有高接云霄之表的古舍利塔，骚人墨客以登塔游观为乐。但碑文中未明确记载古舍利塔的建造时间。北朝时期的佛塔无论层数多少和体量大小，一般都不能登临，仅在佛塔底层设立佛像供人礼拜，登塔在隋唐之后才流行起来，因此存疑。永寿寺塔是否北朝初建尚不能确定。

由于年代久远和建塔技术不够成熟，除嵩岳寺塔外，北朝时期汉传佛寺的大部分佛塔均未能存留至今，晋东南境内的几座佛塔，也只能在碑记里找到踪影。黎城宝泰寺的九级浮图究竟有多高，武乡大卢山山巅的浮图有怎样的景观轮廓，均已无从知晓。通过上文分析，至少可以知道：

1. 北朝时期，晋东南的佛寺多为山地佛寺，符合北朝僧人多倾向于寻找偏僻且人迹罕至的山野地区营建佛寺❷的特点。与之对应，佛塔也多因地制宜依山而立，或建于寺内，或建于寺外自成一区。晋东南地区最早可考的佛寺，是东汉时期创建的武乡离相寺❸，其创立时是否有塔未见记载。晋东南北朝时期有载的28座佛寺❹中，3座有塔，一座是僧墓塔，两座是佛塔。

2. 现存的两座佛塔：宝泰寺浮图和故城大卢山浮图，反映出了建造者对福田利益的关心和为现世生活祈福的心愿。佛塔映射出的佛教意义甚少而世俗化特征明显，带有风水塔的性质。

3. 虽然人们对佛教教义关心不足，但民众的佛教信仰却不可谓不真诚，人们尊崇佛塔、重视建塔，将佛塔的建造与世俗生活相融合，佛塔寄托了民众的美好心愿。

4. 北朝时期，佛塔是佛寺中的重要建筑物，立塔为寺的佛寺常呈中心塔院式布局。尚不能确定宝泰寺浮图和故城大卢山浮图是否遵循这一规律，但从其地理位置来看，不论是前者的"县之东南，俯临大道，旁冲黎国，斜指潞城"，还是后者的建于大卢山山巅，佛塔本身的地位以及佛塔的选址和布局均受到高度重视。

四、造像塔

北朝时期朝廷大力开窟造像，晋东南地区的立塔造像之风亦十分兴盛。北朝末期，泽州青莲寺高僧慧远（522—592年）前往邺城学习，后返回青莲寺讲学，带来了当地"叹所未闻"的邺城地区的佛教义学，改变了晋东南地区北魏以来偏重禅学的传统。从这一时期开始，晋东南地区造像减少，造像塔也很少出现，隋唐之后几乎不再建造。

❶ 李树生.三晋石刻大全·长治市武乡县卷[G].太原：三晋出版社，2012：593.

❷ 王贵祥.北朝时期北方地区佛寺建筑概说[M]//王贵祥，贺从容.中国建筑史论汇刊·第柒辑.北京：中国建筑工业出版社，2013：101-173.

❸ 据《武乡县志》民国版记载，"离相寺，在县东上郝村，为武邑佛庙之最古者也。创于东汉时，唐、宋、明、清屡有修葺。"参见：马生旺.武乡县志[M].北京：中华书局，2006：1032.

❹ 根据《高僧传》《续高僧传》《山右石刻丛编》《三晋石刻大全》《中国文物地图集山西分册》以及晋东南各地地方志等史籍文献的记载，北朝时期晋东南境内的佛寺统计有下列28座：长子县：慈林寺（今法兴寺）；武乡县：永寿寺、茅蓬寺（今普济寺）、西寺、梁侯寺（今福源院）、岩静寺（今大云寺）、离相寺；黎城县：宝泰寺；平顺县：龙门寺；沁水县：楦山寺（今大云寺）、德胜寺、白云寺；泽州县：永建寺（今资圣寺）、藏阴寺、古贤谷寺、崇寿寺、青莲寺、兴善寺；晋城市：石佛寺；高平市：清化寺；阳城县：开福寺；沁源县：观音寺、隆兴寺、石佛寺、北山石窟寺；沁县：普照寺、洪教寺；位置不详：开元府寺。

北朝的造像塔高度大都不超过5米，形制各异，平面有方形、圆形和八角形，层数单层、双层和多层不等，塔身造像也各不相同，带有强烈的个体化特征，但又共同体现出北朝时期粗犷朴实的造像特点。晋东南地区确认为北朝时期所建的三处造像塔，平面均为方形，砂岩质地，层数不等，以沁县南涅水石刻规模最为宏大，多达上百座。

1. 清化寺造像塔

清化寺造像塔（图4）位于羊头山山巅，建于北魏太和年间（477—499年），是晋东南地区现存最早的塔。塔平面方形，通体石质，高约2米。塔的基座为一只伏羊，羊头与尾部雕刻十分逼真。塔身与基座用一块石料雕成，四面雕刻佛龛，龛内雕有一佛二菩萨，形象生动，体态端庄，虽然已风化，但尚能看出大致的轮廓。塔顶用一块整石雕成方形四坡顶式样，并刻出筒瓦瓦垅，坡面平缓，它的式样反映出北魏时代的建筑风格。

造像塔在山西地区很多，而用羊做基座并刻出四坡顶塔顶却极为少见。其建造原因与羊头山及炎帝有关。炎帝姓姜，号"神农氏"。炎黄战争失败后，他率领残部，到达上党地区的第一个地方便是羊头山，羊头山也被看作"育嘉禾"、"获五谷"的地方。据说，炎帝定期率领部众登上羊头山，手捧带角的羊头，祈祷部落香火兴旺，五谷丰登，羊代表了部落厌恶战争、渴望和平、重视农业发展的心理。而羊在炎帝的祭祀活动中也有特殊地位，这种精神价值物化到了羊头山上，清化寺造像塔选取伏羊为基座也就理所应当了。

图4　清化寺造像塔
（林浓华　摄）

清化寺造像塔将佛教人物形象与动物形象巧妙结合，是晋东南地区佛塔石刻艺术的创新，也是晋东南佛塔地方文化的体现。

2. 南涅水石刻造像塔群

自1957年至1959年，相继从沁县东北的南涅水村出土石刻造像1100余件，其中造像塔400余件。这批石刻造像的时间涵盖北魏永平元年至北宋天圣九年（508—1031年），相继延续北魏、东魏、北齐、隋、唐、宋六个朝代500余年，但以北朝石刻为主。

北朝的造像塔大多为叠垒而成的五节、七节或九节石塔（图5），以四方柱体或四方锥形石块为料，底层边长70厘米，自下而上逐层收分递缩，下大上小呈梯形，以20厘米左右厚的石块作顶。塔四面开凿佛龛，龛内雕有一佛二菩萨、一佛二力士、一佛二菩萨二弟子、一佛二菩萨二力士、一佛四菩萨、一佛二弟子二菩萨，有单佛独坐莲台，也有二佛并坐，还有诸多刻画佛传故事的画面。龛周多饰鸟兽、花卉，有寓意吉祥如意的金翅鸟、飞龙、莲花、牡丹，也有以佛事为内容的各种图案，如象征佛法无边的飞天、流云。内容丰富多彩，龛饰繁缛富丽，造型生动，无论是造像塔群的规模还是塔群图像丰富程度，均为全国罕见。

图5 南涅水石刻造像塔
（贺从容 摄）

南涅水石刻虽被称为造像塔，却没有石塔的塔基和塔刹部分，其形制类似于中国早期的四方体造像碑，每一层形似塔节，碑体较小，四面雕造佛龛。北朝时期，官方大规模开凿石窟寺，石窟寺中立有中心塔柱，既可以供僧众礼佛，又起到支撑窟顶的作用。这种塔柱起源于印度石窟内的"支提"，供信徒回旋巡礼和观像之用。官方大力开凿石窟寺带动了民间立塔造像的热情，普通信众将石刻艺术与建碑记功的传统结合起来，使中心塔柱的造像形式独立于石窟外，形成可单独供养的造像碑。

南涅水是北魏都城平城至洛阳的必经之路，受其地理位置的影响，制造于这一时期的石刻造像既呈现出时代的共性和地方特色，也显示出继承和发展的脉络，若将南涅水石刻与附近各大型石窟比较，从造像题材及技法上可以明显看出官式和民间两种形式并存。

从造像题材来看，除传统的佛教题材外，造像塔群上还雕有大量的民间故事，如《文殊问疾图》反映了古代当地看望病人的情景；《百戏图》体现了民间杂技的艺术造型，展现出精彩的民间艺术行乐敬佛的景象。❶ 从造像材料来看，并非远涉深山采石凿窟雕刻而成，而是因地制宜、就地取材凿砂岩成像成塔，或大或小，从另一方面体现出南涅水造像塔群的民间特色。

1982年在山西武乡县阳公岭村出土的造像塔❷（图6，图7），也与南涅水出土的造像塔风格相同。塔建于东魏，高5层，通高167.5厘米，雕刻精美，保存完好，现存于山西省博物馆。

❶ 曹雪霞. 南涅水石刻造像的民间特色——浅谈石刻艺术在沁县的传承与发展[J]. 文物世界，2011（4）：30-32，42.

❷ 李零先生的《梁侯寺考——兼说涅河两岸的石窟和寺庙》一文载有该塔于1982年在阳公岭村被发现时的照片，共6层，塔顶上有一宝瓶状塔刹。此塔刹与下部方形砂岩塔身毫不匹配，根据北朝造像塔的一般形制来判断，塔刹可能是后来加上的。该塔后来在山西省博物馆展出时，只有5层，且去掉了塔刹。参见：李零. 梁侯寺考——兼说涅河两岸的石窟和寺庙[J]. 中国历史文物，2010（3）：66。

图6　山西武乡县阳公岭村造像塔（山西省博物馆藏）
（江阳　摄）

图7　1982年山西武乡县阳公岭村造像塔被发现时的照片
（李零. 梁侯寺考——兼说涅河两岸的石窟和寺庙[J]. 中国历史文物, 2010（3）: 66.）

3. 洪济院千佛塔

洪济院千佛塔是以千佛为题材的北朝造像塔的重要实例（图8），位于武乡县东良乡东良侯村，坐落于洪济院中轴线西侧。明弘治十年（1497年）《重修洪济院记》记载："沁州武乡县西去七十里许，此地曰'良侯'，有古迹曰'洪济院'，自古之兴隆福地也。而来乃运更世革，骉弛弗治。历岁既久，基址无迹可纪，惟千佛塔断石瓦砾存焉。"[1] 洪济院创建年代不详，现存主殿为金代建筑，其余皆为明清重建。在这片自古以来的兴隆福地，最初的建筑早已无迹可寻，只剩下千佛塔的断石瓦砾。

[1] 李树生. 三晋石刻大全·长治市武乡县卷[G]. 太原：三晋出版社, 2012：80.

千佛塔为北朝时期遗存,具体创建年代不详。塔平面方形,高约2米,塔身各面浮雕坐佛一千余尊,正面塔身的下部雕有一较大佛龛,内有一坐佛。塔身上有正方锥形顶盖,每边宽0.8米,上有半球形塔顶。屋檐式的塔顶既能防止雨水侵蚀佛像,又有极强的装饰性作用,使千佛塔的整体造型更加宏伟。

千佛塔形似千佛造像碑,但千佛塔四面都浮雕千佛龛,便于四面观瞻,而千佛碑主要着眼于正面雕刻。这种碑身施以仿木结构屋顶作为碑首的四方体造像流行于北齐时期,多置放于大型寺院的重要位置,成为寺院内的装饰性建筑。北朝早期佛教发展主要表现

图8 洪济院千佛塔
(龚怡清 摄)

为建寺造塔、开窟造像,且规模宏大壮观。随着北魏迁都洛阳,石刻造像不断吸收中原传统文化,造像碑这种民间造像形式逐渐在中原流传开来,造像内容也愈加丰富,出现了千佛题材,说明大乘佛教在当时十分盛行,也是佛教走向晋东南民间的体现。

北朝时期朝廷大力推崇佛教,民间亦将大量的宗教热情投入到建塔造像之中。北魏之后,朝廷大力开窟造像,晋东南民间群众碍于财力,用简便的造像塔代替石窟祈福发愿,建造规模较小且不具有内部空间的造像塔是信徒们喜爱的功德福业。造像塔在民间十分流行,流传的数量也十分可观。北朝晋东南建塔之风盛行,建塔技术也逐渐成熟,到北朝后期,佛塔的层数和体量都达到了顶峰。

晋东南地区的北朝造像塔集中在武乡之西、沁县之北的涅河两岸和高平羊头山清化寺两处,这两地均为晋东南地区北朝时期佛教建筑的集中之地,据李零先生考证,涅河两岸在北朝时期曾存在一组寺庙、石窟、石刻造像共存的佛教建筑群❶,重要的南涅水石刻即在这里出土。晋东南地区的北朝造像塔均就地取材,用当地砂岩所建,层数为单层或五、七、九节不等,样式别致,图像和造型均带有明显的地域化特征,造像塔映射出普通民众的日常生活,建造像塔是当地群众崇佛礼佛的重要行为特征。

❶ 李零.梁侯寺考——兼说涅河两岸的石窟和寺庙[J].中国历史文物,2010(3):54-67.

五、北魏迁都对晋东南地区造像塔的影响

造像塔是晋东南地区佛塔的重要类型,晋东南地区现存北朝佛塔全部为造像塔,为什么会出现这种现象呢?

从时间上看,晋东南地区造像塔的建造时间全部集中在北魏孝文帝迁都洛阳到北朝灭亡的几十年内,自此之后,造像塔这一形式就消亡了;从

空间上看，晋东南地区的北朝造像塔，集中在武乡县和沁县交界的涅河一带和高平羊头山清化寺两处。之所以会出现这种现象，与北魏迁都的时间和路线有关。

公元386年，北魏统一北方。鲜卑族拓跋部最初并不信仰佛教，道武帝始崇佛教，使平城成为北方佛教中心。文成帝即位后，于和平初年（460年）起，开始开凿云冈石窟，创造了中原地区开凿石窟的先例。孝文帝拓跋宏继位后，大力推行汉化、提倡佛教，亲政后为进一步推行改革，于太和十九年（495年）正式迁都洛阳。随着孝文帝的迁都，佛教自北向南传播至山西的城乡遍野，自此之后，晋东南地区的佛教开始兴盛起来。

北魏迁都伴随着工匠的南迁，且工匠南迁应该在正式迁都前就已开始。太和十七年（493年）七月孝文帝南伐至洛阳，"冬十月戊寅朔，幸金墉城。诏征司空穆亮与尚书李冲、将作大匠董爵经始洛京。"❶ 正式迁都前，孝文帝就开始营建洛阳，尚书李冲和将作大匠董爵，还有其他工匠皆从平城到洛阳，参加了都城的营建。尽管那时工匠南迁或属个别现象，却对沿途当地的石刻造像起到了重要作用。工匠的南迁为晋东南地区带来了先进的石刻技术，一批带有强烈"云冈模式"的石窟造像先后在这里出现❷，沁县南涅水石刻中的官式做法就是云冈石窟造像特征的沿袭。

从空间上看，北魏迁都对晋东南造像塔的影响，与晋东南的地理位置在北魏迁都中的重要性有关。晋东南被誉为"据天下之肩脊，当河朔之咽喉"的军事要地，北魏时期，晋东南地区属联系两京（平城和洛阳）的交通要道。从洛阳至平城，需要先经太原。洛阳往北，经过怀州，越太行山，经泽州、潞州，再至太原，这是当时的一条重要道路。严耕望先生在《唐代交通图考》中，对这一路线作出过详细考证。❸《魏书·高祖孝文帝》记载，孝文帝"车驾发京师，南伐，步骑百余万……丁巳，诏以车架所经，伤民秋稼者，亩给谷五斛。诏洛、怀、并、肆所过四州之民，百年以上假县令……"❹ 太和十七年（493年）六月至九月，为了迫使大多数鲜卑贵族同意迁都，孝文帝南伐洛阳，从平城经肆州、并州、怀州至洛州，走的就是这一路线。

晋东南地区的北朝造像塔，集中在武乡县和沁县交界的涅河一带和高平羊头山清化寺两处。北朝时期，武乡西部和沁县北部同属古代的涅县，以涅水名之。据《武乡县志》，今武乡西境的古驿道是"太原与潞、泽之通衢，即省路之大干也"❺，太原到潞泽的交通要道，

---

❶ [北齐]魏收. 魏书·卷七下·高祖孝文帝[M]. 北京：中华书局，1974：172.

❷ 良侯店石窟、羊头山石窟第一期带有北魏迁洛前云冈石窟第二期佛像的特征；羊头山石窟第二期和石堂会石窟带有北魏晚期云冈三期石窟的特点。

❸ "由东都东北行一百四十里至怀州（今沁阳），又北上太行关一百四十里至泽州（今晋城），又北微东一百九十里至潞州（今长治），又北四百五十里至太原府（今晋源，旧太原县），共九百二十里。""此道由洛阳……渡河至河阳城，河阳北行，经怀州（今沁阳）略循丹水河谷而上，入太行陉，度入白水河谷，越太行山脊之天井关（今关）至泽州（今晋城）……泽州又北经高平（今县）达潞州（今长治），此为自古晋南之军政中心，唐亦置节度使。潞州北通太原府有东西两道。东道由潞州正北行经黄碾（今地），襄垣县（今县），踰松门岭至武乡县（今县……至太原府，去潞州四百五十里。西道由潞州西北行至断梁城（今沁县）。此段路程又分东西两线：西线西北经高河（今镇），龙泉驿，屯留县（今县），屯留驿（县西十里），余吾寨（今镇），铜鞮县（今故县镇），东线由州北西行，经太平驿，梁侯驿，皆至断梁城……至太原城，去潞州四百六十里……唐宋志书，潞州至太原府皆四百五十里，无异说，不知究指何道也。惟西道置驿多可考，而东道似不置驿……今日线路仍取西线。"参见：严耕望. 唐代交通图考·第一卷京都关内区·篇四 洛阳太原驿道[M]. 上海：上海古籍出版社，2007：129，161.

❹ [北齐]魏收. 魏书·卷七下·高祖孝文帝[M]. 北京：中华书局，1974：173.

❺ 马生旺. 武乡县志[M]. 北京：中华书局，2006：927-928.

以武乡西境，即古代的涅县这一带为枢纽。北魏时期，高平属建兴郡，北魏永安二年（529年）建兴郡改为建州。据《魏书·地形志上》，"（建州）户一万八千九百四，口七万五千三百。"❶ 高平人口密集，是晋东南地区的中心城市之一，也是平城到洛阳的重要交通枢纽（图9）。

综合考量晋东南造像塔盛行的时间及其区域位置，可以推断北魏孝文帝迁都带来了晋东南北朝造像塔的盛况。北魏统一中国北方后大力提倡佛教，造像建塔成为社会各阶层热衷的福业，平城成为中国北方的佛教中心。伴随着孝文帝迁都，佛教文化自北向南传播，工匠南迁，造像建塔的风气和技术在沿途传播开来。晋东南在北魏迁都中具有重要的地理位置，是孝文帝南伐时重要的途经之地，也是平城–洛阳新旧两都之间交流的要道。北魏从平城迁都洛阳，将凿窟造像风气带往南部，位于平城、洛阳之间的晋东南地区难免也会受到凿窟造像文化的影响，对造像塔的做法有所崇尚效仿，造像塔在迁都后开始流行。

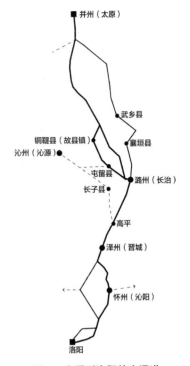

图9　太原到洛阳的交通道
（作者据严耕望《唐代交通图考》绘制）

六、结语

北朝可谓是晋东南地区佛塔的萌芽阶段，通过上文对晋东南北朝时期不同类型佛塔的整理和分析，大致可以归纳出晋东南地区北朝佛塔的几个特点：

1. 最早可考的类型是僧墓塔，建于北魏登国元年（386年）的沁水大云寺梵山浮图，比其他可考佛塔早了近百年。这种佛塔的类型出现最早，但可考的实例却最少，晋东南地偏人稀物力贫瘠，高僧墓塔数量不多可以理解，但相比后世的僧墓塔数量，北朝仅此一例记载，或也反映出这种类型在当时的晋东南并不流行，与整个北统地区的僧墓塔情况比较一致。沁水大云寺梵山浮图的碑文记录反映其形制类似于印度窣堵坡，亦折射出西来佛教样式对晋东南早期佛塔的影响。

2. 晋东南北朝佛塔的建造，与民众生活紧密结合，明显具有汉地文化特质，呈现出一定的世俗化倾向。例如故城大卢山浮图为皇帝官僚和师僧父母祈福而建，宝泰寺浮图的修建目的是镇一方之煞气，带有风水塔性质；且佛塔重视选址布局，选址位置很大程度上由建塔目的所决定。

3. 北朝时期晋东南地区的建塔造像之风普遍。晋东南地区现存北朝佛塔三处，均为方形平面的砂岩质造像塔，不具有内部空间和实用功能。造像塔具备造像碑的外观和功用，是比较虔诚的佛教象征物，在晋东南地区北朝的三类塔中，是最接近佛教原义的类型。这些造像塔在沿袭云冈石窟造像风格的基础上，又带有明显的地域特征，如清化寺造像塔的伏羊基座和南涅水石刻造像的民间题材，反映出造像塔在晋东南落地之初，就已经开始了地方化的创新。

---

❶ ［北齐］魏收. 魏书·卷一百六上·地形志上［M］. 北京：中华书局，1974：2482.

4. 晋东南的北朝佛塔类型较少且偏重于造像塔，与北朝时期流行的开窟造像之风有很大关系。这些造像塔均集中在北魏孝文帝迁都洛阳后的几十年内，且都分布在迁都洛阳的交通要道上，反映出重大历史事件和政治因素对佛塔建造的强大影响力。

北朝三百余年，晋东南地区佛塔的遗存和记载却如此少，大部分塔都未能保存下来，大抵由于地偏人稀，财物贫瘠，建造技术不够成熟，且木材不易存留。到隋唐时期，晋东南地区的佛教发展和佛塔建造才达到高潮。

禅刹山门内外建筑类型演变

朴沼衍

（清华大学建筑学院）

摘要：在古代城市中，钟鼓楼常常并存形成对称关系。佛寺中也有钟鼓楼，但与城市中钟鼓楼不同的是，两座建筑不一定形成对称关系。有的佛寺于金代唯建钟楼，到了明清时期才对称布置钟鼓楼。有的佛寺在与钟楼对称的位置设其他类型建筑，以轮藏殿居多。本文从佛寺建筑中钟鼓楼、轮藏殿的意义及功能入手，区分山门周围建筑类型，分析南宋时期代表性禅寺伽蓝变化，结合文献分析法与实地考察法，推导出禅刹山门内外建筑位置变化原因：禅寺于金代未设鼓楼与不杀生戒的概念有关；轮藏殿的藏经阁化、观音信仰的普及影响到钟楼位置变化；轮藏殿的位置变化还与遵守规制、伽蓝空间功能分化有关。

关键词：禅宗大刹，钟鼓楼，轮藏殿，观音殿

Abstract: The bell and drum towers (*zhonglou, gulou*) in Chinese cities were traditionally designed in pairs. Both types of building can also be seen in Buddhist temples, although not necessarily laid out symmetrically. Until the Jin dynasty, some temples only had a bell tower, because the bell and drum towers were not simultaneously built before the Ming-Qing period. Some other temples placed another type of building (than the drum tower) at the opposite of the bell tower, most often a revolving-sutra hall (*lunzangdian*). This paper discusses the construction and function of the bell and drum towers and the revolving-sutra hall, all located in close proximity to the temple gates. Through literature research and site investigation, the paper then analyzes the arrangement of Buddhist Chan temple buildings and their changes in layout over time. The paper identifies the Indian concept of *ahimsa* (compassion) as a driving force in the erection of drum towers in Jin dynasty Chan temples, whereas the transformation from a revolving-sutra hall to a (multi-storied) sutra pavilion (*zangjingge*) and the increasing popularity of Guanyin (Avalokiteśvara) affected the placement of bell towers. The positional change of the revolving sutra hall reflects the changes in the conception of (temple) space that took place in the Ming dynasty

Keywords: Chan Temples, Bell and Drum tower, Sutra hall(*Lunzangdian*), Mercy Buddha hall(*Guanyindian*)

一、钟楼、鼓楼

钟与鼓，在古代不仅用作乐器，也用于战争、狩猎等激烈的场面。《说文解字》中，钟有秋季之含义，鼓有春季之含义。❷《周礼·春官·大师》中，钟属金类，鼓属革类。再按八卦位置来看，钟象征西方，鼓象征东方。❸《荀子·议兵》中谈到，在战争情况下，钟声意味着"退"，鼓声意味着"进"。❹钟与鼓，在文献里往往同时提到，并在性质、功能上存在对照关系（表1）。

---

❶ 本文受国家自然科学基金项目"晋东南地区古代佛教建筑的地域性研究"资助，项目批准号：51578301。
❷ [汉]许慎，撰 .[宋]徐铉，校定 . 说文解字[M]. 北京：中华书局，1963：102，297。
❸ [清]孙诒让，撰 . 王文锦，陈玉霞，点校 . 周礼正义[M]. 卷四十五 . 春官 . 大师 . 北京：中华书局，2000：1832-1833。
❹ 参见：玄胜旭 . 中国佛教寺院钟鼓楼的形成背景与建筑形制及布局研究[D]. 清华大学，2013：10。

表 1　文献中钟鼓具有的象征意义

	钟	鼓
《说文解字》	秋季	春季
《周礼·春官·大师》	金	革
八卦	西方	东方
《荀子·议兵》	退	进

从文献记录来看，古代钟鼓楼多建于城内、皇宫、寺庙等地。城市、皇宫里所建钟鼓楼位置历代有所变化。汉朝在长乐宫内设钟鼓室，尚未另建钟鼓楼。曹魏邺城外朝前设钟鼓楼（图 1）。《章德府志》载："钟楼、鼓楼，二楼在文昌殿前东、西。"❶ 汉朝市场内还有市楼，楼上悬挂大鼓，宣告市场开关时间。北魏城门里设鼓，宣告开关城门时间（图 2）。

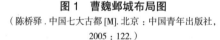

图 1　曹魏邺城布局图
（陈桥驿.中国七大古都[M].北京：中国青年出版社，2005：122.）

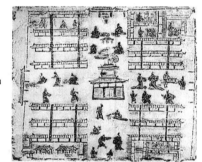

图 2　四川新繁出土的汉代画像砖《市肆》
（高文.四川汉代画像砖[M].上海：上海人民美术出版社，1987：图 22.）

隋朝洛阳城外朝庭院设钟鼓楼，且建为重楼形式，"东南、西南，各有重楼，一悬钟，一悬鼓。刻漏则在楼下，随刻漏则鸣钟、鼓。"❷ 唐代在大明宫外朝设钟鼓楼，"殿东南有翔鸾阁，西南有栖凤阁，与殿飞廊相接。又有钟楼、鼓楼。"❸《长安志》还有太极宫钟鼓楼记录，"西内宫城正殿曰太极殿，殿东隅有鼓楼，西隅有钟楼，贞观四年置。"❹ 长安城承天门、各里坊门上设鼓报时。后唐福建城池南门有鼓楼。元代北京城中轴线上置钟鼓楼，钟鼓楼位于皇宫北侧，形成南鼓北钟布局，此设置延续至明清时期（图 3）。明清时期每座都城、府、县城均设钟鼓楼，嘉靖天长县"县衙之前，左有鼓楼，右有钟楼"❺，长沙府"旧有钟楼一，在府治后之右；鼓楼一，在府后之左"❻，聊城"今置府西钟楼中者是也"❼（图 4）。

❶ [明] 崔铣. 彰德府志 [M]. 卷八. 邺都宫室志. 上海：上海古籍书店，1964：3.

❷ [宋] 晁载之. 续谈助 [M]. 卷四. 摘录 [唐] 杜宝. 大业杂记. 清光绪十三年归安陆氏刻. 十万卷楼丛书本；29.

❸ [宋] 宋敏求. 长安志 [M]. 卷六. 北京：中华书局，1990：105.

❹ [宋] 宋敏求. 长安志 [M]. 卷六. 北京：中华书局，1990.

❺ [清] 嘉靖天长县志 [M]. 卷三. 人事志·县志. 卷五；人事志·文章·纪载. 载明王心. 鼓楼记并铭. 上海：上海古籍书店，1962：11，52.

❻ [明] 嘉靖长沙府志 [M]. 卷五. 兵防纪·长沙府城. 明嘉靖刻本. 22.

❼ [明] 谢肇淛. 麈馀 [M]. 卷二. 日本京师书肆林伊兵卫等宽政戊午丙辰间刻本：4.

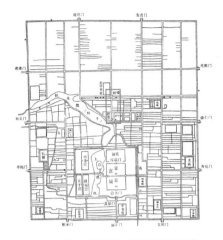

图3 元大都平面上钟鼓楼的位置
（潘谷西.中国古代建筑史·第四卷[M].第二版.北京：中国建筑工业出版社，2009：18.）

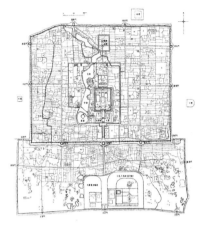

图4 明清北京城平面上钟鼓楼的位置
（刘敦桢.中国古代建筑史[M].第二版.北京：中国建筑工业出版社，2006：290.）

至于钟鼓楼的功能，至唐朝时，建在宫城外朝内的，其功能为警告、擒贼捉盗。从宋朝开始在城郭内设钟鼓楼，功能为报时，其影响范围也扩大到整个城市，"鼓以动众，钟以止众。夜漏尽，鼓鸣，则起；昼漏尽，钟鸣，则息也。"❶南宋临安城文德殿有钟鼓楼，击钟报点，击鼓报更。白天报晓引词为"朝光发，万户开，群臣谒"。晚上改更词为"日欲暮，鱼钥下，龙韬布"❷。因此可以看出，不管建在宫内或城郭内，钟鼓楼都形成对称关系。

佛寺里钟鼓的用法多样，既用于礼器，又用于乐器。唐代佛寺堂内外置小钟鼓，据《禅苑清规》❸记载，如按钟鼓的用法来分类，则可分为：前小钟、入堂钟、放参钟、念诵钟、下床钟、接送钟、请知事钟、送亡僧钟；鼓在上堂、小参时用，其种类有：斋鼓、粥鼓、浴鼓、茶鼓、普请鼓（图5，图6）。

❶ [汉]蔡邕.蔡中郎外集[M].卷四.独断.清咸丰二年杨氏海源阁仿宋刊本：29.

❷ [元]宋史[M].卷七〇.律历.三.漏刻.清乾隆武英殿刻本：1588.

❸ [宋]宗赜，苏军.禅苑清规[M].郑州：中州古籍出版社，2018.

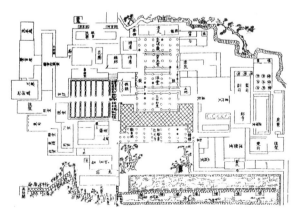

图5 《五山十刹图》天童寺法堂内小鼓
（张十庆.五山十刹图与南宋江南禅寺[M].南京：东南大学出版社，2000.）

图6 上天竺寺圆通宝殿内小鼓
（作者自摄）

禅宗清规目录上出现大钟，另称梵钟、定钟、堂钟，但没有大鼓的记录。虽然未记钟鼓楼，但唐代记录有描述钟鼓对峙关系的《大唐方与县故栖霞寺讲堂、佛、钟、经碑》载："洪钟晓韵，风传浮磬之滨；法鼓霄惊，声扬孤桐之岭。"❶

钟在佛教界意识上具有帮助僧人觉悟的作用，《续高僧传》载："僧智兴鸣钟发声，声震地府，同受苦者一时解脱。"❷钟也具有实际上的功能：防火、传告时间。钟象征金，即是凉性，概念上能够防火。晨钟暮鼓惊醒世间名利客，经声佛号唤回苦海迷梦人。❸佛教善神护持佛法，用"司掌钟鼓"修行佛法。

二、轮藏殿、藏经阁、藏经楼

轮藏殿、藏经阁、藏经楼，虽然建筑形式不同，但从功能上来看，均用于收藏佛经。佛经是佛教三宝之一，即"法宝"，因此多数佛寺收藏佛经。收藏方式有三类：壁藏、天宫藏、转轮藏。壁藏，立柜橱安置藏经，结构简陋。天宫藏，藏经楼阁内还建小木作楼阁，在其内安置藏经，具有装饰性、庄严性。转轮藏，从运用方式上来看，为可向某一方向转的动态式，从形式上来看，建八面楼阁，在里面安置藏经，接近天宫藏。本部分主要阐述禅刹里常见的轮藏殿、藏经楼、藏经阁。

1. 轮藏殿

轮藏❹殿，是转轮藏殿的简称，明代开始称为万佛阁或毗卢阁。最早关于转轮藏的记录有《光绪仙居志》："东汉兴平元年建，初名石头禅院。"❺轮藏自南朝梁代傅翕❻创始并开始施行。佛教界通读藏经是无上功德，但因为藏经内容繁多，不容易通读一遍。而且当时不少老百姓为文盲，看不懂藏经，因此提供转轮藏的方法，转一圈代表读一次经藏。供给的对象，一开始为老百姓，逐渐扩展到皇宫贵族。《释门正统·塔庙志》载："诸方梵刹立经藏殿者，初，梁朝善慧大士傅翕愍诸世人，虽于佛道颇知信向，然于赎命法宝，或有男女生来不识字者，或识字而为他缘逼迫不暇披阅者。大士为是之故特设方便，创成转轮之藏，令信心者推之一匝，则与看读同功。故其自誓曰：有登吾藏门者，生生不失人身。又能旋转不计数者，是人所获功德即与诵经无异。"❼《神僧传》载："初大士在日，常以经目繁多，人或不能遍阅，乃就山中建大层龛，一柱八面，实以诸经运行不碍，谓之轮藏。……从劝世人有发于菩提心者，能推轮藏，是人即与持诵诸经功德无异。今天下所建轮藏皆设大士像，实始于此。"❽清代还在皇室建御用轮藏，如北京雍和宫、颐和园转轮藏。雍和宫转轮藏，建于乾隆九年（1744年），位于万福阁东侧，与延缓阁对称。转轮藏八面均有无量寿佛像，地下还建"开莲观佛"，由地下机关控制花塔的门的开合（图7）。颐和园佛香阁东侧建成转轮藏建筑群，正殿两翼置东西配亭（图8）。

❶ [清]陆增祥. 八琼室金石补正[M]. 卷三十八// [唐]朱怀隐. 大唐方与县故栖霞寺讲堂、佛、钟、经碑. 北京：文物出版社，1985：258-259.
❷ [唐]释道宣. 续高僧传[M]. 卷二十九. 大正新修大藏经本：426.
❸ 朱金坤，总主编. 汪宏儿，主编. 径山胜览[M]. 杭州：西泠印社出版社，2010：128.

❹ 另称有转经藏、转关经藏、转轮大藏、转法轮藏或经轮藏、星晨车、飞天藏、摩尼转等。参见：黄美燕. 经藏与转轮藏的创始及其发展源流辨析[J]. 东方博物，2006（2）：26。
❺ 刘杭. 浙江寺观藏书述要[J]. 图书馆研究与工作，2004（3）：70-74.
❻ 傅翕（497—569年），东阳郡乌伤县（今浙江义乌）人，被《续修四库全书提要·子部·傅大士集》描述为南朝佛教界里的神异人物。
❼ [宋]释宗鉴. 释门正统[M]. 卷三. 塔庙志//卍新纂续藏经. 册75. 台北：新文丰影印本：298.
❽ [明]成祖. 神僧传[M]. 卷四. 明永乐十五年内府刻本.

图 7　雍和宫轮藏殿
（作者自摄）

图 8　颐和园转轮藏
（作者自摄）

轮藏在宋代江浙地区盛行，后来传至北方。《建康府保国寺轮藏记》载："自汉永平，为佛者始持其书入中国……至于今不绝。梵语华言，更相发明，其学者又从而申衍之，其说遂充满天下，辑而藏之，皆设为峻宇高甍，雕刻彩绘，借众宝以为饰，竭众巧以为工，苟可庄严者无不至。梁普通复有异人为之转轮以运之，其致意深矣。"❶ 由此推测，从此时起，佛寺开始注重藏经，轮藏殿高而华丽。禅宗于唐代由六祖奠定基础，百丈整理禅寺内部生活规范，传为《百丈清规》，并设东西两序僧职。据《五灯会元》❷，唐代禅寺建筑有三门、法堂、僧堂、方丈、寮、涅槃堂。从文献记录来看，钟楼、轮藏殿至北宋才出现，《禅苑清规》载三门、佛殿、法堂、库堂、僧堂、众寮、方丈、寝堂、客位、后架、东司、宣明、旦过、土地堂、真堂、藏殿、轮藏殿、伽蓝堂、看经堂、钟楼、延寿堂、重病阁、童行堂、寮舍、庄舍、油坊等建筑。❸《景德禅院新建藏殿记》载："夫百亿妙门，三藏为总……于是弥勒大士阐大方便，聚诸经以归三藏，使流通教典，尽载一轮，尘沙法门，同归一揆。"❹ 由此得知景德禅院于宋元丰七年（1084 年）修造转轮藏。

轮藏殿在佛寺中的功能可分为三类。第一为供奉，包括收集、传写、修造佛典，都算作功德。第二为弘法，轮藏因为可以转动，易于诵经。既向信徒传播诵经意识，也给文盲提供诵经机会，吸引更多信徒。对禅寺而言，藏《大藏经》就有弘法的意义。随着佛教的宣传，藏经成为一种宗教文化。民众之间也有佛法的需求，"夫转轮藏者，非佛之制度，乃行乎梁之异人傅翕大士者，实取乎转法轮之义耳，其意欲人皆预于法也。……姑使乎扶轮而转藏者，欲其概众普得渐染佛法而预其胜缘。"❺ 第三为经济手段。南宋时期，还出现五轮藏形式，凭运转五轮藏的名目收取捐资。其结构为以一根大轴贯穿五轮，推动一轮另外四轮也同时旋转。

现存的转轮藏不多。实例有北宋时期修复的隆兴寺转轮藏，南宋时期的云岩寺星辰车，明代的四川平武报恩寺华严殿、北京智化寺转轮藏，清

❶ [宋]叶梦得.石林居士建康集[M].卷二.建康府保国寺轮藏记.宣统观古堂本.
❷ [宋]释普济.五灯会元[M].宋刻本.
❸ 张十庆.中国江南禅宗寺院建筑[M].武汉：湖北教育出版社，2002：71.
❹ [宋]宗泽.义乌景德禅院新建藏殿记.宗忠简集.卷三.明崇祯刻本：31.
❺ "中华"电子佛典协会.镡津文集卷第十二·无为军崇寿禅院转轮大藏记.CBETA 电子佛典集成 April 2010[A].台北：中华电子佛典协会，2010.

代山西五台山塔院寺大藏经阁。

隆兴寺转轮藏建于北宋时期。转轮藏殿上下层为三间正方形平面，前面加以雨塔。上层设平坐，中间奉佛像。转轮藏直径有 7 米，贯通上层地板而伸出（图 9，图 10）。

图 9　隆兴寺转轮藏殿
（作者自摄）

图 10　隆兴寺转轮藏
（作者自摄）

云岩寺为道观，星辰车是飞天藏，建于宋淳熙八年（1181 年）。《四川通志·江油县》载："飞天藏：宋淳熙八年建，元至正重葺，明季兵火，惟此独存。"❶ 南宋淳熙元年，赐给上天竺寺二万钱，敕建轮藏殿。隆兴寺转轮藏与云岩寺星辰车，其尺寸比《营造法式》❷ 所载大，但其结构相同（图 11）。

❶ [清]黄廷桂.(雍正)四川通志[M].卷二十七.清文渊阁四库全书本：1170.

❷ [北宋]李诚.营造法式[M].南京：江苏凤凰科学技术出版社，2017.

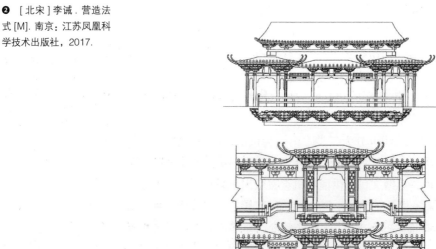

图 11　云岩寺飞天藏天宫楼阁立面图
（左拉拉.云岩寺飞天藏及其宗教背景浅析[M]// 贾珺.建筑史（第 21 辑）.
北京：清华大学出版社，2005：86.）

四川平武报恩寺转轮藏分为三层：一层为须弥座，高 2.5 米；二层为藏身，高 3.3 米，八角形平面，表面为雕枝叶盘旋的画板；三层为重层天宫楼阁，高 3.2 米（图 12）。

北京智化寺转轮藏，平面八角形，高四米，白石须弥座上为固定式木质经柜，其上有曼陀罗藻井。须弥座有八层雕造。经柜每面装 45 个抽屉，抽屉表面上刻一释迦像并泥金。艺术特征为经柜圆柱上雕刻的六拿具图像和经柜顶上的智拳印毗卢遮那像，具有印度、西藏佛教艺术元素，《北京智化禅寺转轮藏初探——明代汉藏佛教交流一例》一文认为其表现了明代宗教思想的多元化❶（图 13）。

五台山塔院寺（图 14）所建转轮藏，平面八角形，高 33 层共 10 米余，第一层周长 7 米，第 33 层周长 11 米，形成上大下小的外观。

❶ 参见：闫雪. 北京智化禅寺转轮藏初探——明代汉藏佛教交流一例[J]. 中国藏学，2009（1）：213。

图 12　平武报恩寺转轮藏
（赵献超. 平武报恩寺转轮藏形制源流与社会文化功能浅析[J]. 四川文物 .2017（2）：89.）

图 13　智化寺转轮藏
（作者自摄）

图 14　五台山塔院寺转轮藏殿
（作者自摄）

2. 藏经阁、藏经楼

凭借自唐缓慢发展的印刷术，印刷版佛经增多，收藏佛经的佛寺也增建藏经楼阁。藏书来源有三：官方刻印并颁发寺院、个人捐献、居士个人抄经后捐赠寺院。《苏州南禅院白氏文集记》载"故其集家藏之外，别录三本，一本置于东都圣善寺钵塔院律库中，一本置于庐山东林寺经藏中，一本置于苏州南禅院千佛堂内。"❶ 读经是佛寺常驻僧人修行方法之一，《续清凉传》载"有代州圆果院僧继哲，结庐于山之阳，阅大藏经，不下山三年矣。"❷ 僧人不仅读经，也抄写，释神照道："写经数千卷。任缘便给，不为藏蓄。"❸ 唐麟德二年（666年），朔州崇福寺创建大藏经阁。《贞元新定释教目录》载："崇福寺新译华严经四十卷。左右监门卫将军知内侍省事马承倩奏。臣得光宅寺写一切藏经院捡挍写经。僧智通状称捡藏经开元目录。上都华严寺沙门玄逸撰集。释教目内未入藏经数。"❹ 天成九年（934年），长治昭觉寺建圆通阁，用为藏经。北宋淳化三年（992年），雪窦资圣禅寺建藏经阁。宋大中祥符年间（1008—1016年），太原永寿寺增建藏经阁。辽重熙七年（1038年），大同华严寺建薄伽教藏经殿。

明代刻印经藏繁盛，官刻佛经前后三次，民间刻印先后四次，共刻印七部大藏经。明代禅刹普遍建转轮藏，境内又建藏经殿。大隆福寺始建于明景泰三年（1425年），番禅同驻，伽蓝有"三世佛，三大士，处殿二层三层。左殿藏经，右殿转轮，中经毗卢殿，至第五层，乃大法堂。"❺ 南京大报恩寺，明初伽蓝内经藏殿与轮藏殿并存。《大报恩寺重修藏经殿记》载，"佛法以无量为劫，佛所说经以十二万九千六百年为劫，而是经板与藏经之室，无非材木瓴□所为，木久而溃，甓久而墆，则其劫也。……权舆于两庑，经所贮也，翼如矣。次及殿堂，跂如矣。"❻ 明代皇帝钦命僧司官员为住持时，通过颁赐藏经与护敕等方法来施惠，"事闻，乃赐额永安禅寺。于是请颁大藏经及护敕，俾僧众看诵，祝延皇祚，其用心勤矣。"❼ 嘉靖年间（1522—1566年），太原元泉寺建藏经阁。万历二十六年（1598年），五台山狮子窝建藏经楼。清康熙二十五年（1686年），太原白云寺建藏经阁。

藏经楼结构多为二三层楼阁形式，一层为千佛阁，壁龛置千佛像，阁中设毗卢遮那像与三世佛。二楼沿壁设柜橱或楼阁式木柜藏经。

三、禅刹山门内外建筑布局类型

佛寺中的钟鼓楼，一般位于山门内、中心殿堂前。钟鼓楼在宫城、城郭内常常对称布局，与之不同的是佛寺内的钟鼓楼未必同时出现。玄胜旭《中国佛教寺院钟鼓楼的形成背景与建筑形制及布局研究》❽ 一文中分析，

---

❶ 白居易.白氏长庆集·苏州南禅院白氏文集记 [A] // 四部丛刊·初编·集部 [DB/CD].北京：北京书同文数字化技术有限公司，2001：1.

❷ 张商英.续清凉传 [A] //CBETA 电子佛典集成·大正藏：51 册 [DB/CD].台北：中华电子佛典协会，2010：1127.

❸ [唐] 释道宣.续高僧传（中）[M].卷十三.北京：中华书局，2014.

❹ [唐] 释圆照.贞元新定释教目录 [M].卷一.大正新修大藏经本.

❺ [明] 刘侗，于奕正.帝京景物略 [M].卷一.北京：北京出版社，2018：43，44.

❻ [民国] 张惠衣.金陵大报恩寺塔志 [M].南京：南京出版社，2007：24.

❼ [明] 沈榜.宛署杂记 [M].卷二十.志遗.北京：北京出版社，2018：245.

❽ 玄胜旭.中国佛教寺院钟鼓楼的形成背景与建筑形制及布局研究 [D].清华大学，2013.

钟楼与多种建筑组合形成对称关系，其建筑种类有经藏、轮藏、观音阁、华严阁、僧伽阁、鼓楼；还有轮藏与慈氏阁、观音殿形成对称关系的情况。其中华严阁与僧伽阁建于禅院，等级上低于禅寺，轮藏与慈氏阁对称布局者唯有隆兴寺实例，因此本文对这三种布局不加讨论。其余布局可归为以下三种形式：唯建钟楼；钟楼与其他建筑对峙或与其他两建筑对峙；钟鼓楼对称。

1. 唯建钟楼

据玄胜旭《中国佛教寺院钟鼓楼的形成背景与建筑形制及布局研究》❶，除南宋以外，其余大部分时期都只建钟楼，并未设与钟楼形成对称关系的楼阁。汉代所建的白马寺佛殿前两边有钟鼓楼，"西京白马寺记钟鼓楼"❷。魏晋南北朝白马寺未设鼓楼，文献中只记载钟楼。唐代正定开元寺山门内东侧建钟楼，西侧建砖塔（图15）。

❶ 玄胜旭. 中国佛教寺院钟鼓楼的形成背景与建筑形制及布局研究 [D]. 清华大学, 2013.

❷ [明] 欧大任. 欧虞部集十五种 [M]. 文集卷十. 清刻本: 563.

图 15　正定开元寺钟楼与石塔
（作者自摄）

至元代，几乎所有禅寺只建钟楼而未设鼓楼。至明代，许多佛寺仍旧只建钟楼，如灵谷寺、佛国寺、祈泽寺、崇善寺、天界寺、静海寺、清凉寺（图16）、吉祥寺、安隐寺、永宁寺。洪洞广胜下寺金太宗天会中（1122年）铸万斤洪钟，清乾隆十一年（1746年）重修前殿时建钟楼而悬挂洪钟。五台山显通寺山门外有一座钟楼，二楼悬挂高1.64米的梵钟。均未涉及鼓楼。

《酉阳杂俎》载："寺之制度，钟楼在东，惟此寺缘李右座林甫宅在东，故建钟楼于西"❸，侧面说明在一般寺制上钟楼建在东边。钟楼后面有金刚殿、天王殿、大雄宝殿，金刚殿、天王殿均为佛寺出入口。

❸ 段成式. 酉阳杂俎. 续集卷五. 寺塔记上. 北京: 中华书局, 1981: 252-253.

2. 东钟西藏

黄晔北、覃辉在《钟鼓楼的发展》❹一文中分析，自魏晋南北朝至元朝，在佛寺伽蓝上少见鼓楼。一般钟楼与塔、经藏或观音阁形成对称关系。作

❹ 黄晔北, 覃辉. 钟鼓楼的发展 [J]. 山东建筑大学学报 第23卷第2期, 2008.

图16 南京清凉寺
（[明]葛寅亮，撰.何孝荣，点校.金陵梵刹志[M].
卷十九.南京：南京出版社，2011.）

者借用古代城市布局上的"东钟西鼓"，称佛寺里的布局为"东钟西藏"。《关中创立戒坛图经》❶内塔左右为钟台、经台，虽然不是楼阁形式，但已具有钟经对称布局。北宋大相国寺，真宗咸平四年（1001年）大修缮，《修相国寺碑记》载，"正殿翼舒长廊，左钟曰楼，右经曰藏，后拨层阁，北通便门，广庭之内，花木罗生，中庑之外，僧居鳞次"❷，显示出东钟西藏布局。

"东钟西藏"布局自魏晋南北朝开始出现，实例有魏晋南北朝时期河北正定开元寺、苏州寒山寺、杭州灵隐寺；隋唐时期有开封相国寺、泉州开元寺；南宋至元朝有天童寺。与钟楼形成对称关系的楼阁有观音阁、华严阁、僧伽阁，但仍以经藏最多（表2）。

表2 佛寺中"东钟西藏"布局案例 ❸

朝代	寺名	钟楼、经藏布局相关文献记录
隋唐	河南开封相国寺（555年始建，711年重建，宋代大规模扩建）	《大相国寺碑铭》记载："百工麇至，众材山积，岳立正殿，翼舒长廊。左钟曰楼，右经曰藏。"伊东忠太《日本建筑研究》❹："……则唐代应已存在'东钟楼、西经藏'相峙的格局了。"
	泉州开元寺（686年始建，1389年重建）	《黄御史集》卷五《泉州开元寺佛殿碑记》："则我州开元寺佛殿之与经楼、钟楼，一夕飞烬，斯革故鼎新之教也。……东北隅则揭钟楼，其钟也新铸，仍伟旧规。西北隅则揭经楼。双立岳峰，两危蜃云。"❺《温陵开元寺志·建置志》："钟楼，旧在大殿之东北。乾宁二年（895年）、四年（897年）郡师王审邽重建。仍铸新钟。后圮未建。经楼，旧在大殿之西北。仆射大原公王潮，延僧书大藏经三千卷安置楼上。"

❶ 傅熹年.中国古代建筑史·第二卷[M].第二版.北京：中国建筑工业出版社，2009：506.
❷ [宋]宋白.修相国寺碑记[M]//[清]沈传义，修.黄舒昂，纂.新修祥符县志.卷一三.寺观.开封市祥符区地方史志办公室.整理本.
❸ 笔者据黄晔北，覃辉.钟鼓楼的发展[J].山东建筑大学学报第23卷第2期，2008.119.表2再制.
❹ （日）伊东忠太.日本建筑の研究[M].龍吟社.
❺ [唐]黄滔.黄御史集卷五泉州开元寺佛殿碑记.文渊阁四库全书电子版.

续表

朝代	寺名	钟楼、经藏布局相关文献记录
隋唐	泉州开元寺（686年始建，1389年重建）	乾宁二年(895年)毁，郡王审邽重建。后圮未建。绍圣中（1094年）别为藏殿。""东藏殿，旧在大殿之东。宋绍兴三年（1096年），僧法殊以所居堂为之，安藏经及唐太宗御书。绍兴乙亥（1155年）灾，寻复建。元僧契祖复作转轮藏。至正丁酉（1357年）复灾未建，后其址鬻之民间。崇祯己卯年（1639年），赎回为僧舍。西藏殿，在弥陀殿南，洪武甲戌（1394年）僧惠命建。盖因东藏殿既废，乃改建于此。有上、下二座，成化间（1465年）毁。今上座地为郡绅请给，下座地并为水陆僧舍。"❶
宋	杭州宝云寺（968年建，897年重建）	《杭州宝云寺志》记载："宝云寺者，吴越忠懿王所建千光王寺也。……以乾德戊辰岁春二月创是寺于钱塘之西，建千光王像，因以名之。其制则山门前辟，绀殿中立。高楼东健，鸿钟屡发；案台西峙，龙藏常转。"❷
	普照王寺（631始建）	《参天台五台山记》记载："（宋熙宁五年（1072年）九月）廿一日……同四点，故徒行参普照王寺。……大佛殿前有花菌，立石，植种种花草并小树花。西有经藏，四重阁也。内造宝殿，纳银色一切经，无帙，只绫裹之。开大集经一帙，奉礼见了。烧香供养人人多也。东有钟楼，四重阁上阶有钟，下内有等身释迦像。……钟楼、经藏，上二阶黄瓦，下二阶碧色瓦。"❸
	崇圣寺（870年始建，1079年重建）	《崇圣寺碑铭》："以元丰己未岁七月，工徒云集，即其基外筑防以围之，预护水患，首尾千尺，举趾高丈有五尺。中建殿堂，轮焉奂焉；周庑还洽，如翼如翚。御制碑殿据其端，钟楼峙于东厢，经阁冕于西序。"❹
	金陵保宁禅寺（吴国始建，1013年增建）	《至正金陵新志》卷十一下《祠祀志·寺院》："祥符六年，增建经、钟楼，观音殿，罗汉堂，水陆堂，东、西方丈，庄严盛丽。"❺

❶ [明]释元贤. 泉州开元寺志[M]. 台北：新文丰出版股份有限公司，2013：10-12.

❷ 曾枣庄，刘琳. 全宋文[M]. 第〇一七册. 卷三五二. 夏竦杭州宝云寺记. 上海：上海古籍出版社；合肥：安徽教育出版社，2006：178.

❸ （日）成寻，著. 王丽萍，校点. 新校参天台五台山记[M]. 上海：上海古籍出版社，2009：242-246.

❹ 曾枣庄，刘琳. 全宋文[M]. 第〇四七册. 卷一〇二六. 韩绛. 崇圣寺碑铭并序. 上海：上海古籍出版社；合肥：安徽教育出版社，2006：338.

❺ [元]张铉. 至正金陵新志[M]. 卷十一下. 祠祀志·寺院. "保宁禅寺"条. 北京：中华书局，1990：5699.

南宋初期，临安府上中下天竺寺均有东钟西藏的布局。上天竺灵感观音寺"建经、钟二楼"，孝宗赐金币，创建法轮宝藏。❻中天竺天宁万寿永祚禅寺，咸淳年间重建时在卢舍那阁两旁建钟、经二台。❼上天竺建钟楼，中下天竺建钟台。自南宋时期始，无论佛寺规模大小、等级高低，在禅寺内多建藏经楼阁。多个实例显示已经有转轮藏的伽蓝也有再加建藏经楼阁的倾向。南宋仁宗时期，下天竺灵山教寺，"于法堂后建御书阁三栋……又于殿之前建钟、经二台，东西对峙，三门之左构五百罗汉院，右建天台教藏院。"❽可知其山门内东钟西藏、法堂后藏经楼三栋的布局。

以上所举"东钟西藏"布局，也有与山门并列或位于山门内外领域的情况。

3. 东钟西鼓

城市规制上钟鼓楼同时出现，构成东西对称或前后排列布局。金代之

❻ [宋]潜说友. 咸淳临安志[M]. 卷八〇. 寺观六. 成文出版社有限公司，1970：785-789.

❼ [宋]王信. 华严阁记并书[M]// 咸淳临安志[M]. 卷八〇. 寺观六. 成文出版社有限公司，1970：785.

❽ [宋]胡宿. 下竺灵山教寺记[M]// 咸淳临安志[M]. 卷八〇. 寺观六. 成文出版社有限公司，1970：780-784.

前的佛寺中难找钟鼓楼对称的实例，唐代栖霞寺相关记录有"洪钟晓韵，风传浮磬之滨；法鼓霄惊，声扬孤桐之岭"❶，看起来是钟鼓并存，但《唐代都邑的钟楼与鼓楼》一文据唐代词语用法来分析上文并不能成为钟鼓对峙的证据。❷

妙空任泰山灵岩寺住持28年间，于北宋政和四年（1114年）创建转轮藏，修建钟鼓楼。钟鼓楼位于天王殿院落内东西两侧，即东钟西鼓布局，轮藏殿位于山门内西侧。❸

元代文献中开始出现钟鼓楼这一组合，即"鼓钟之宣"❹。从明清时期开始灵活地建鼓楼，并与钟楼形成对称关系。据《金陵梵刹志》记录，明代佛寺中有不少钟鼓楼对称布局：集庆寺、鸡鸣寺、永庆寺、鹫峰寺、金陵寺、弘济寺、高座寺、永兴寺、普德寺、外永宁寺、花岩寺。❺

集庆寺位于福建邵武，始建于元代至正年间。文宗年间扩建时，"其大殿曰大觉之殿，后殿曰五方调御之殿，居僧以致其道者曰禅宗海会之堂，居其师以尊其道者曰传法正宗之堂，师、弟子之所警发辩证者曰雷音之堂，法宝之诸曰龙藏，治食之处曰香积。鼓钟之宣、金谷之委、各有其所。"❻

鹫峰寺位于南京秦淮区，明天顺年间（1457—1464年）舍宅为寺，"左庑之半建观音阁，簇以画廊二十余间。右庑之半建藏经殿，亦簇以画廊二十余间。……东廊之前为钟楼，西廊之前为鼓楼，树以碑铭。"❼

普德寺位于南京普德村，始建于南朝萧梁天一年间（502—519年）。明代重修的伽蓝建筑有金刚殿、天王殿、左右钟鼓楼、左右碑亭、大佛殿、左观音殿、右轮藏殿、西方殿、左伽蓝殿、右祖师殿等。

花岩寺位于南京南郊祖堂山，"规制仅辟一山门，朱其垣，北向。山门内之左、右建楼二，置钟、鼓中。"❽

明崇祯十一年（1638年），教院五山中的上天竺寺，建筑有十堂、九殿、八阁、七祠、六楼、三轩、一馆、一斋、一方丈。其中包括钟楼鸣阳楼与鼓楼振远楼。

真如禅寺位于江西九江市永修县云居山。建于唐元和八年（813年），北宋时期以"龙昌禅院"改名为真如禅寺。从《云居山志》❾记载内容来看，明代重修伽蓝，轴线上置天王殿、山门、大雄宝殿、方丈，周围置左右禅堂、钟鼓楼、伽蓝堂、祖师堂、藏经阁、寮舍、应供堂、香积堂、云农寮、安隐堂、千在堂、耆宿寮、浴寮、米寮、千华阁等（图17）。

西安天池寺，清乾隆年间重修一新，山门内有钟鼓楼，轴线顶端有藏经楼。但同治年间遭战乱毁坏，只剩下山门与钟楼（图18）。

西安大兴善寺，唐代主院轴线上有山门、佛殿、天王殿、文殊阁、大士阁、转轮藏经殿等建筑。明永乐年间修建钟鼓楼。清康熙年间重修大殿、钟鼓楼、方丈等。乾隆五十年（1785年）修复转轮藏殿（图19）。

五台山塔院寺在明万历七年（1579年）重建。此时伽蓝有山门、天王殿、大慈延寿宝殿、大藏经阁、钟鼓楼、祖师殿、伽蓝殿、十方院、延寿堂、

---

❶ [清]陆增祥．八琼室金石补正[M]．卷三十八//[唐]朱怀隐．大唐方与县故栖霞寺讲堂、佛、钟、经碑．北京：文物出版社，1985：258-259．

❷ 辛德勇．唐代都邑的钟楼与鼓楼[J]．文史哲．2011（4）：26．

❸ [清]张金吾．金文最[M]．卷五十五．墓碑塔铭．清光绪二十一年重刻本：864~867．

❹ [元]虞集．龙翔集庆寺碑．参见：[明]葛寅亮，撰．何孝荣，点校．金陵梵刹志[M]．南京：南京出版社，2011：323-324．

❺ 何孝荣．明代南京寺院研究[M]．北京：中国社会科学出版社，2000：162．

❻ [元]张铉．至正金陵新志[M]．卷一一下．祠祀志二·寺院．南京：南京出版社，1991．

❼ [明]邹干．鹫峰寺碑记略[M]//[明]葛寅亮．金陵梵刹志．卷二二．明万历刻天启印本：251．

❽ [明]陈沂．献花岩志[M]．志宫宇第五．佛宫．南京：南京出版社，2010：20．

❾ 文献[57]．

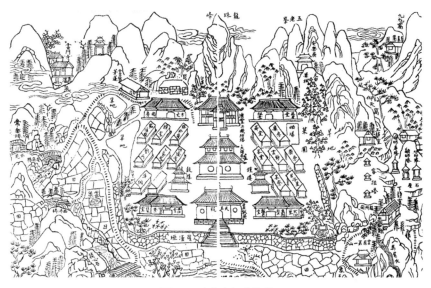

图 17 清代真如寺伽蓝
（杜洁祥.中国佛寺史志汇刊[M].第二辑.第15册.云居山志.台北：明文书局，1980：26-27.）

诸围廊、斋舍等建筑。藏经阁位于白塔北侧，明万历九年（1581年）在阁内安置华藏世界转轮藏，八角形平面，33层，高11.3米。

北京天宁寺，通过2007年挖掘调查来判断，山门内东西两侧遗址为钟鼓楼，且从夯土、水沟处理方法、遗物来看遗址时段为清代（图20）。

图 18 西安天池寺布局
（作者自绘）

图 19 西安兴善寺布局
（作者自绘）

图 20 北京天宁寺挖掘图
（北京市文物研究所.北京天宁寺钟鼓楼遗址试掘简报[J].文物春秋.2008（5）：图2.）

明清时期伽蓝中整体左右对称倾向逐渐明显，左右建筑不仅在位置上对称，且其规模也相同，与正殿形成完整的院落。山门内有钟鼓楼对称布局的情况下，转轮藏也另设于山门西侧。

4. 东观音西轮藏

据《金陵梵刹志》，明代禅刹普遍建转轮藏，并与观音殿对峙，定林寺"佛殿三楹，左观音殿三楹，右轮藏殿三楹"❶，无垢寺、紫草寺、华严寺"山门三楹，左观音殿五楹，右轮藏殿三楹"❷，普德寺"大佛殿五楹，左观音殿三楹，右轮藏殿三楹"❸。其他实例还有南京天界寺、鸡鸣寺、静海寺、弘觉寺等。

天界寺建于元代，明代焚毁并在新址重建。《金陵梵刹志》载天界寺建筑规模："金刚殿伍楹，天王殿伍楹，正佛殿伍楹，左观音殿叁楹，右轮藏殿叁楹，三圣殿伍楹，左伽蓝殿叁楹，右祖师殿叁楹，回廊百楹，钟楼一座，毗卢阁柒楹，半峰亭座，方丈叁所，僧官方丈拾叁楹，左方丈拾壹楹。"❹可知在佛殿前左右有观音阁与轮藏殿。明天顺年间（1457—1464年）重建时，山门、观音殿、轮藏殿同时重建，三座建筑显然为以山门为主的一组建筑群。钟楼位置特殊，从附图来看，天界寺中轴线西侧形成华严楼院，华严楼坐西朝东，院入口位于右侧，即南边有钟楼（图21）。

鸡鸣寺位于南京玄武区鸡笼山东麓，始建于西晋，明洪武二十年（1387年）重建。正殿前两侧形成东钟西藏布局，在天王门前两侧形成东观音西轮藏布局，伽蓝具有两栋藏经建筑（图22）。

图21　南京天界寺
（[明]葛寅亮，撰．何孝荣，点校．金陵梵刹志[M]．卷十六．南京：南京出版社，2011.）

图22　南京鸡鸣寺
（[明]葛寅亮，撰．何孝荣，点校．金陵梵刹志[M]．卷十七．南京：南京出版社，2011.）

静海寺位于南京城仪凤门外，建于明永乐九年（1411年）。正殿前两侧置观音殿、轮藏殿。从天王殿至弥勒阁围绕的画廊东南角有钟楼（图23）。

弘觉寺位于南京牛首山东峰，始建于唐大历九年（774年），明初重建。王世贞记云："大雄之左方室曰观音，右曰轮藏。"❺从图24可见，正佛

---

❶ [明]葛寅亮．金陵梵刹志[M]．卷十．明万历刻天启印本．中刹方山定林寺古刹：167.

❷ [明]葛寅亮．金陵梵刹志[M]．卷十二．明万历刻天启印本．无垢寺紫草寺华严寺：177.

❸ [明]葛寅亮．金陵梵刹志[M]．卷三十八．明万历刻天启印本．中刹普德寺勒赐：334.

❹ [明]葛寅亮，撰．何孝荣，点校．金陵梵刹志[M]．南京：南京出版社，2011.

❺ [明]王世贞．弇州山人续稿[M]．第7册．卷六四．游牛首诸山记．台北：文海出版社，1970：3215.

殿前有观音殿，其对面建筑未记名，但从文献内容推测是轮藏殿，还能够看出把中院左侧地段堆高而与中院地高找平，其上建钟楼。

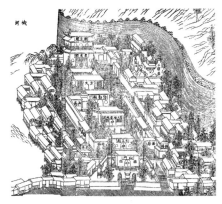

图23 南京静海寺
（[明]葛寅亮，撰.何孝荣，点校.金陵梵刹志[M].卷十八.南京：南京出版社，2011.）

图24 南京弘觉寺
（[明]葛寅亮，撰.何孝荣，点校.金陵梵刹志[M].卷三十三.南京：南京出版社，2011.）

明正统八年（1443年）所建的北京智化寺，轮藏殿与大智殿形成对称关系，大智殿供奉观音像，相当于东观音西轮藏布局。

南宋中晚期天童寺门阁里东西两翼置钟楼与观音阁、观音殿，其西侧另建大规模转轮藏，这说明钟楼与观音阁处于同等地位。明代观音殿与轮藏形成对称关系，且其位置移到寺院中心建筑两侧，表明观音阁等级上升。

四、五山大刹钟鼓楼与藏经阁的布局演变

禅宗自南宋时期达到鼎盛，至今仍为佛教核心宗派。南宋时期，禅宗佛寺分为禅院、律院、教院。在寺院规模、南宋朝廷重视程度、对外传教及文化交流等方面，禅院均占首位。因此本部分以禅院五山大刹为例，阐释钟鼓楼与轮藏殿的历代位置变化。

禅宗生活法则《清规》❶记述了禅寺里管理设施的僧职。禅寺总管理者方丈下分东西序，各序有六职：东序承担对外事务，称为"知事"，由都寺、监寺、维纳、副寺、典座、直岁构成；西序承担对内事务，称为"头首"，由首座、书记、知藏、知客、知浴、知殿构成。西序的知藏负责管理寺内佛经。大规模禅寺收藏佛经繁多，管理僧员也相应增多，有藏主、主藏、守藏。

从《禅苑清规》❷来看，北宋禅寺建筑种类有藏殿、轮藏殿之分。《五山十刹图》❸里天童寺伽蓝图中，有"轮藏"，也有"大光明藏"，表明一座佛寺可建两座藏经殿。《五山十刹图》里的额名可分为转轮藏与经藏。

❶ 禅宗始祖百丈怀海别立禅居之制，其内容纂成《百丈清规》以来，北宋崇宁二年（1103年）重编为《禅苑清规》十卷（另称《崇宁清规》），南宋咸淳十年（1274年）编成《丛林校定清规总要》二卷（另称《咸淳清规》），元代至大四年（1311年）编成《禅林备用清规》十卷（另称《至大清规》），元统三年（1335年）补编《敕修百丈清规》九章二卷，明藏本刻为八卷。

❷ 宗赜，苏军.禅苑清规[M].郑州：中州古籍出版社，2018.

❸ 参见：张十庆.五山十刹图与南宋江南禅寺[M].南京：东南大学出版社，2000.

转轮藏额名有：一大藏教、宝藏、法宝轮藏、慧光宝藏、法轮宝藏、正法轮藏、天宫法宝轮藏。经藏额名有：东藏主、西藏主、经堂、看经堂。

1. 五山第一山：径山寺

淳熙十年（1183年）伽蓝西阁为圆觉阁，藏《圆觉经解》，与东侧千僧阁形成对称关系。庆元三年（1197年），径山寺重建时三门为五凤楼，在其前建钟楼，"宝殿中峙，号普光明，长廊楼观，外接三门，门临双径，驾五凤楼九间，奉安五百应真，翼以行道阁，善财参五十三善知识，乃造千阁以补艮山之阙处。前耸百尺之楼以安洪钟，下为观音殿，而以东西序度毗卢大藏经。"❶ 从上文得知钟楼为重楼，一层为观音阁，二层为钟楼，并藏毗卢大藏经，三门外形成东钟西藏布局。从围绕径山寺的五山名称来看，其中有一山称鼓楼山，源自古代在此山上建过鼓楼。虽然鼓楼正确的位置不明，但能够推测出并不与钟楼对峙，而是在三门外单独设立。目前径山寺三门内有钟鼓楼，建于永乐年间（1403—1424年）。

2. 五山第二山：灵隐寺

灵隐寺收藏佛经方式有多种。灵隐寺山门外东西两侧有北宋开宝二年（969年）所建的经幢。平面八角形，幢身上刻"随求即得大自在陀罗尼"和"大佛顶陀罗尼"经文，相当于轮藏功能。据《浙江寺观藏书考》，明万历三十八年（1600年）司礼太监孙隆在三藏殿中置轮藏以奉藏经，记六百三十八函，轮藏左侧为四十九药师灯藏，轮藏右侧为一百二十五州水陆像藏。❷ 灵隐寺轮藏殿，顺治七年（1650年）移建于钟楼之南。《灵隐寺志》载："轮藏阁，本千佛阁，明万历时重建，中置转轮以奉法宝，记六百三十八函，董公宗伯其昌匾曰'轮藏阁'，故从今名也。"❸ 灵隐寺钟楼，顺治九年（1652年）修建，清光绪年辛丑（1901年）重建，《灵隐寺志》载："戊戌大殿灾，而辛丑与天王殿同告成焉，此天意也。于是建钟楼于殿东，助龙首焉，其在古为百尺弥勒阁也，建阁不如建楼也，视其高加于殿若寻，而高与殿齐也，乃建直指堂终焉。"❹ 通过《武林灵隐寺志》❺ 来看，东西两院边上对峙立楼，在东边另设钟楼、藏殿，自成院，对外无门，从库司院进入钟楼院。灵隐寺在万历年间藏经规模扩大，"建三藏殿，中置转轮以奉法，计六百三十八函；左药师镫藏宝，计四十九镫；右水陆像藏，总一百二十五轴。"❻ 据《灵隐寺志》，除藏经阁外另在其他建筑藏经，"法寿堂：即经书寮"❼ 清代灵隐寺"与轮藏相雁行者为钟楼，上为总管堂。"❽ 阮元在灵隐寺建"灵隐书藏"并赠藏（图25，图26）。

灵隐寺所藏佛经较多，另建藏经阁，其中赐经也颇多。灵隐寺除佛经外还藏有文人作品等非佛教图书，如经、史、子、集、医书、字书、阴阳、志书、法书、蒙学著作、道教图书、经济文书、年谱、家谱等。❾ 目前钟楼不存，中轴线上的直指堂楼上为藏经阁（图27）。

---

❶ [宋]楼钥.攻媿集[M].卷五十七.清武英殿聚珍版丛书本：503–504.

❷ 刘杭.浙江寺观藏书述要[J].图书馆研究与工作，2004（3）：73.

❸ [清]孙治，初辑.徐增，重修.赵一新，总编.灵隐寺志[M].杭州：杭州出版社，2006：29.

❹ [清]孙治，初辑.徐增，重修.魏得良，标点.王其煌，审订.灵隐寺志[M].卷七.碑文.杭州：杭州出版社，2006：138.

❺ [清]孙治.武林灵隐寺志[M].台北：明文书局，1980.

❻ [清]孙治，初辑.徐增，重修.魏得良，标点.王其煌，审订.灵隐寺志[M].卷七.碑文.杭州：杭州出版社，2006：76.

❼ [清]孙治，初辑.徐增，重修.魏得良，标点.王其煌，审订.灵隐寺志[M].卷七.碑文.杭州：杭州出版社，2006：16.

❽ [清]孙治，初辑.徐增，重修.魏得良，标点.王其煌，审订.灵隐寺志[M].卷七.碑文.杭州：杭州出版社，2006：76.

❾ 赵美娣.净土法门里的藏书楼[J].百科知识，2015（14）：15.

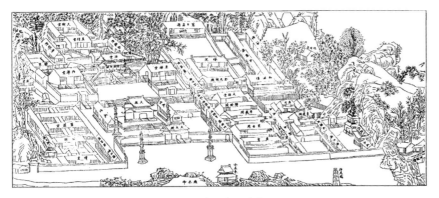

图 25　清代灵隐寺伽蓝

（[清]孙治，初辑．徐增，重修．魏得良，标点．王其煌，审订．灵隐寺志[M]．杭州：杭州出版社，2006．）

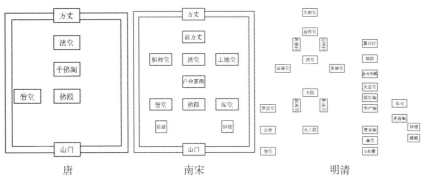

图 26　灵隐寺布局变迁
（作者自绘）

图 27　灵隐寺藏经楼
（作者自摄）

总的来看，灵隐寺只在南宋时期山门内有"东钟西藏"布局，其余时期都维持山门外经幢、山门内石塔的布局。

3. 五山第三山：天童寺

从《五山十刹图》来看，南宋时期的天童寺钟楼与观音殿在门阁内，轮藏殿在门阁外西侧，相当于东钟西藏布局，但其规模有一定区别。

① [宋]弌咸.禅林备用清规[M].卷二.卍新纂续藏.第63册.台北:新文丰影印本:628.
② [清]闻性道,释德介.天童寺志[M].卷二.中国佛寺史志汇刊.中国佛寺志.台北:明文书局股份有限公司,1999:91.
③ 刘杭.浙江寺观藏书述要[J].图书馆研究与工作,2004（3）:6.

元大德三年（1299年），山门为朝元宝阁，安奉万铜佛。此阁与其左右两侧的鸿钟、轮藏在二楼连接，此样式一直维持到至正十九年（1359年）。此外在万工池内另建鼓楼，位于钟楼之南。《禅林备用清规》也记载："住持到大殿烧香，鸣大板三下，次鸣大钟，两班预集僧堂外。大板鸣，方归图位，次住持入堂，供头鸣堂前钟七下，住持圣僧前烧香……合掌念诵毕。"①《天童寺志》载，元至正五年（1346年），主持元良重建山门宝阁："屋（阁）中为七间，西偏四间，左鸿钟，右轮藏。"②保持东钟西藏布局。康熙十四年（1675年）群别驾曾施一藏，计6717卷，678函，12柜。③（图28~图32）

图28 元代天童寺
（[元]王蒙.太白山图.辽宁省博物馆藏.）

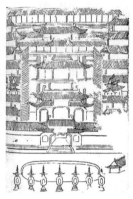

图29 清代天童寺钟鼓楼
（[清]闻性道.天童寺志[M].台北：明文书局，1980.）

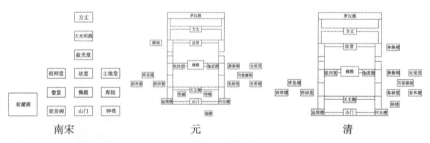

南宋　　　　元　　　　清
图30 天童寺布局变迁
（作者自绘）

图31 天童寺钟楼与塔
（作者自摄）

图32 天童寺法堂与藏经楼
（作者自摄）

4. 五山第四山：净慈寺

净慈寺，后周唐时期有"东钟西鼓"布局，"台温寮，一名浙东寮，旧在钟楼之西，以寓浙东化主化局；一名浙西寮，旧在鼓楼之西，以寓浙西化主。"❶唐朝时鼓楼与钟楼形成对称关系，明洪武年间重建，但不久损毁。《净慈寺旧志》载："藏经殿在正殿右。泰定间（1324—1328年），住持善庆建，今废。"❷据此得知元代建过藏经殿。元至正年间（1340—1349年）于金刚殿西侧重建钟楼，高十余丈。据《南屏净慈寺志》："万历丁亥内监孙隆重修，下供地藏十王东岳诸像。"❸《钟偈序》载："又聚铜造钟，得铜至二万余斤，乃命攻金之工作摸，范设垆鞴，择日鼓铸，一冶而就。"❹清代位于中轴线上最深处的毗卢阁，乾隆五年（1740年）改为藏经阁（图33，图34）。

总的来看，净慈寺山门内建筑规模变化不大，但在建筑布局类型上有明显变化。从"东钟西鼓"转为"东钟西藏"，转轮藏消失后维持"唯建钟楼"布局（图35）。

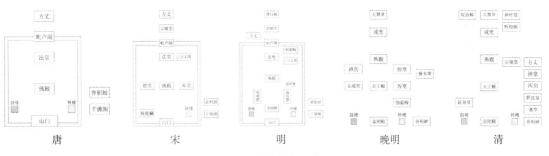

图33　净慈寺布局变迁
（作者自绘）

图34　《南屏晚钟图》中的净慈寺
（[清]董邦达.南屏晚钟图.台北故宫博物院藏.）

图35　净慈寺钟楼正面
（作者自摄）

---

❶ [明]释大壑，撰.赵一新，总编.南屏净慈寺志[M].杭州：杭州出版社，2006：62.
❷ [明]释大壑，撰.赵一新，总编.南屏净慈寺志[M].杭州：杭州出版社，2006：52.
❸ [明]释大壑，撰.赵一新，总编.南屏净慈寺志[M].杭州：杭州出版社，2006：57.
❹ [明]徐一夔.始丰稿[M].卷十二.钦定四库全书本.

5. 五山第五山：阿育王寺

阿育王寺梵钟铸于元延祐年间（1314—1321年），但由于火灾长时间未备钟楼。"乾隆丁巳（1737年），余过寺，不见钟楼。问寺僧，知康熙前壬寅（1662年），寺毁于火，钟亦堕地，在荒烟蔓草中者，将近百年矣。"❶乾隆十年（1745年）鄞县令传公楠见钟未悬挂，令悬在殿内，但钟之大小不适合于礼佛场所，因此建钟楼，"因鸠工庀材，于青龙左方辟地建楼数十楹。周以重檐，缭以疏绮。高三丈六尺，广如其长而减二尺。"❷次年建成钟楼，"阅丙寅（1746年），余再过寺，见寺左有楼翼然。主僧嵩来上入指谓余曰'曩君来，钟在地，今悬斯楼矣。'因备言建楼始末。"❸（图36）

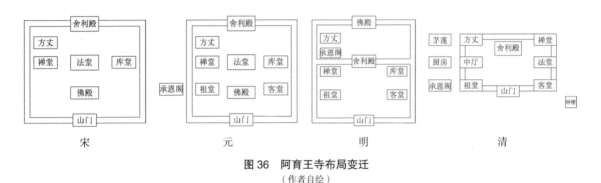

图36　阿育王寺布局变迁
（作者自绘）

阿育王寺地形较广阔，历代多向四周扩展伽蓝。虽然基地面积充足，但早期山门内外未设建筑。明清时期由于佛殿不存，反倒是佛殿的配殿被视为山门内建筑。至清才出现的山门外钟楼算是唯一的山门外建筑（图37，图38）。

图37　阿育王寺钟楼正面
（作者自摄）

图38　阿育王寺钟楼与塔
（作者自摄）

总体来看，五山大刹山门内外建筑以"东钟西藏"布局居多。从净慈寺布局变迁来看，南宋时期尤其偏向"东钟西藏"布局。明清时期中轴线上的建筑上悬藏经楼或藏经阁匾额，其中留存轮藏殿、藏经楼的有灵隐寺、天童寺、阿育王寺。元代开始，轮藏殿慢慢脱离单一的建筑功能，

---

❶ [清]郭子章，释晥荃. 明州阿育王山续志[M]. 重建钟楼记. 台北：新文丰出版股份有限公司，2013：408.
❷ [清]郭子章，释晥荃. 明州阿育王山续志[M]. 重建钟楼记. 台北：新文丰出版股份有限公司，2013：408.
❸ [清]郭子章，释晥荃. 明州阿育王山续志[M]. 重建钟楼记. 台北：新文丰出版股份有限公司，2013：408.

而与其他功能建筑相结合。灵隐寺藏经楼位于直指堂楼上，天童寺、阿育王寺藏经楼在法堂楼上。虽然在规模上有些变化，但除非转轮藏毁坏，否则仍尽量保持东钟西藏的布局。此外，由于各种原因使建筑反复兴废，山门内外情况多变，但至少恢复钟楼是普遍情况，因此推测禅刹不可缺少钟楼。五山大刹中除灵隐寺外均留存钟楼。禅寺通常较重视钟楼功能，净慈寺会在除夕敲响钟楼中的净慈寺钟108下迎新，平常人们也到净慈寺敲击祈福，形成杭州文化之一，并有"南屏晚钟"相关诗文留存。古代的大钟因火毁坏，目前净慈寺大钟由日本曹洞宗僧于20世纪80年代捐助。

五、一些思考

1. 禅寺内少建鼓楼的原因

禅刹伽蓝以中轴线为中心，两边建筑形成对称关系。明清之前的寺院布局中，山门内外地区中轴线右侧置钟楼，钟楼往往单独建造或与轮藏殿对峙。至明清时期寺院普遍有钟鼓楼对峙的现象，但也有许多单独建钟楼的实例。从明代南京所建的大寺、次大寺、中寺、小寺钟鼓楼统计表来看，大寺与小寺没有建鼓楼；次大寺钟楼与鼓楼的数量比例为2∶1；中寺钟楼与鼓楼的数量比例为13∶9，一半以上的禅刹未设鼓楼而只建钟楼。❶宋代僧侣、文人相关记录上往往出现"晨钟暮鼓"、"朝钟暮鼓"、"声钟击鼓"等词语，说明在禅刹里钟与鼓的功能存在对称关系，但具体探究钟鼓楼的存在，且是否形成对称关系，实际上则少见实例。

鼓楼建造的前提是大鼓的制作。鼓的材料有皮、铜、玉、木、石等。南方少数民族铸造铜鼓，表示权利与财富。传说的远古时代以夔皮为鼓。❷鼓匡为木，"韗人为皋陶"❸、"云'皋陶，鼓木也'，谓鼓匡也。……匡皆以木为之。"❹为了制作大鼓需要牺牲身材魁伟的动物，所有寺院都制鼓的话则会影响到生态系统，当然也违背"不杀生戒"的佛教思想。因此禅刹里少制大鼓，自然也少建鼓楼。

2. 影响钟楼位置变化的因素

唐宋时期钟楼位于山门内外东侧，明清时期钟楼移到中院东垣外。这一位置变化的原因可归为两点：轮藏殿的藏经阁化、观音信仰的普及。

轮藏殿的藏经阁化本身具有移位的含义，其变化在山门内外建筑布局上引发两种趋势，一是在轮藏殿的位置上建鼓楼，二是将钟楼也与轮藏殿一样移建，使山门内位置空出。前者在明清时期多见，后者则将钟楼位置挪到垣外。其方位以中轴线为标准，还是在东侧，维持"东钟"规制，但从原来的位置看，其新位置位于东或南边。从不少古图和现存的明清时期钟楼来看，建筑高度往往与主殿同高。禅刹主殿与钟楼均为两层楼阁，但由于等级不同，高度不应一致，因此有借用基地高差的方法，也有使用把

❶ 参见：何孝荣. 明代南京寺院研究[M]. 北京：故宫出版社，2013：162-163. 表一，表二。

❷ 杨润平. 钟楼和鼓楼研究随笔[J]. 张家口职业技术学院学报. 第16卷，2003（3）：17.

❸ [宋]林希逸. 考工记解[M]. 卷上. 韗人. 钦定四库全书本.

❹ [清]孙诒让. 周礼正义[M]. 卷七十九. 北京：中华书局，1987：3296.

钟楼台基础高的方法，使主殿与钟楼的高度一致，也使钟楼可以从远处被看见，钟声可传达远处，因此，外观高大是钟楼在功能上的必然需求所形成的结果。然而从故意把钟楼高度调为主殿高度的规划来看，在概念上还具有相当强的象征性。

观音为四大菩萨之首，随着《法华经》的普及被广泛认识，观音成为救苦救难的象征。在天台宗寺庙祈雨、疗治时须拜观音，"诣南湖依广智学，劳苦得疾，乃行《请观音三昧》，蒙大士放光，以水灌顶，其疾即愈。"❶ 南宋时期，径山寺山门两侧东为钟楼，西为轮藏。钟楼一楼为观音殿，同时满足"东钟西藏"与"东观音西轮藏"布局，也说明钟楼与观音殿在建筑等级上是同等关系。南宋时期天童寺轮藏殿规模硕大无朋，此时山门内有"东钟西观音"布局。与径山寺钟楼与观音殿以楼上楼下形态显示同等关系不同，天童寺钟楼与观音殿以东西对称形态显示同等关系。许多明代禅寺山门内置"东观音西轮藏"，钟楼置山门外。这一布局变化说明了观音殿的等级与性质的稳定，相对而言，钟楼则等级下降或性质上被划分于特殊地位。从鸡鸣寺的案例来看，山门外"东观音西轮藏"，山门内"东钟西鼓"，由此得知，在钟鼓楼对称的布局中，钟楼地位比观音殿高。因此钟楼单独位于山门外的现象，或可以解释为钟楼上梵钟所具有的特殊功能。

3. 轮藏殿的位置变化过程

唐宋时期，轮藏殿为一栋单独建筑，位于山门内西侧，处于与钟楼对峙的位置。虽然两栋建筑规模不同，但在山门内外区域布局上形成对称关系。至明清时期，藏殿规模缩小，位于中心殿阁之西、北或殿阁二层。在佛寺伽蓝多建藏经楼阁的情况下，藏经阁的位置不仅位于轴线西侧，也分布到轴线东侧。这一位置变化的原因可归为两点：遵守规制；伽蓝空间功能分化。

明代臣官在京畿地区营寺，据《宛署杂记》卷十九❷记载，京师宛平县内佛寺221座中，63座为臣官营建。在这一背景下修葺过潭柘寺、栖隐寺、隆恩寺、智化寺。万历年间，杭州监督也修过灵隐寺、净慈寺、烟霞寺、龙井寺、昭庆寺。臣官着手佛寺营建，须考虑官方营建规制。明清时期，佛寺按照都城、皇宫规制采用"东钟西鼓"布局形式，鼓楼替代中轴线西侧上的转轮藏，转轮藏自然需要换位。殿阁换位时需要考虑建筑等级、含义、功能、面积等因素。佛经为法宝，是寺庙核心之一，最好留在中院。但许多禅寺呈廊院式构成，由廊围绕中院主殿阁，其左右空间不足以移建大型转轮藏。因此缩小转轮藏规模，单独建成于主殿右侧空间，或缩到楼阁二层，移至法堂、方丈楼上。法堂与藏经阁的结合，可视为法宝的集中化，这使法堂功能强化，反映了"不立佛殿，唯树法堂"的百丈清规思想。

宋代转轮藏对信徒开放，位于轴线西侧，虽属于僧人生活空间，也成

❶ [宋]释志磐.佛祖统纪[M].卷十三.大正新修大藏经本：157.

❷ [明]沈榜.宛署杂记[M].北京：北京出版社，2018.

为对民众开放的场所。另外单独建的大规模藏经阁，不仅藏经，也置书案，为当场读经所用。随着印刷术发展、皇室赐藏经、贵族捐经，明清时期禅刹里藏书数量增加，藏书方法上有所变化。藏经阁专门藏经，藏经阁旁另设读经功能的建筑，即众寮。由于藏经阁内只需检索佛经，因此就不需要太宽敞的空间，就像现代的书库一样形成长方形平面。纸质佛经专门提供给僧侣阅读，藏经阁的私密性质变强，因此其位置在伽蓝上更深或更高。以上两种趋势与对称规整的布局形式相结合，使得藏经阁移到佛殿之西或法堂二层。

六、结论

佛寺山门在视觉上表示边界的开始，概念上视为解脱世界的通道，因此山门周边地域建筑接近现实世界。禅寺山门内外建筑主要有钟鼓楼、轮藏殿、观音阁，均为开放性建筑。钟鼓楼在都城内有报时功能，在禅寺内不仅有报时功能，且具信徒祈福功能。轮藏殿的创始目的为供普通百姓念诵佛经及供奉，对信徒开放。观音殿在宋代与钟楼对称布置，有时也位于钟楼楼下，后来随着观音思想的普及，观音殿的规模变大并占据钟楼原来的位置。

明代之前禅寺并不多建鼓楼，因此与钟楼轴线对称的位置有时空着，有时被大规模、开放性的轮藏殿占据。

明代佛寺遵守官方规制，多设钟鼓楼对称布局；印刷业的发展致使纸质佛经增加并发展出了书橱式的藏经形式；再加上观音思想的普及，以上三种原因导致了山门内外建筑布局上的变化。

参考文献

[1] [汉] 许慎, 撰.[宋] 徐铉, 校定. 说文解字 [M]. 北京: 中华书局, 1963.

[2] [汉] 蔡邕. 蔡中郎外集 [M]. 卷四. 独断. 清咸丰二年杨氏海源阁仿宋刊本.

[3] [唐] 释道宣. 续高僧传中 [M]. 卷十三. 北京: 中华书局, 2014.

[4] [唐] 释圆照. 贞元新定释教目录 [M]. 卷一. 大正新修大藏经本.

[5] [唐] 黄滔. 黄御史集卷五泉州开元寺佛殿碑记 [M]. 文渊阁四库全书电子版.

[6] [唐] 朱怀隐. 大唐方与县故栖霞寺讲堂、佛、钟、经碑 [M]. 北京: 文物出版社, 1985.

[7] [唐] 杜宝. 大业杂记 [M]. 清光绪十三年归安陆氏刻. 十万卷楼丛书本.

[8] [宋] 宗赜、苏军. 禅苑清规 [M]. 郑州: 中州古籍出版社, 2018.

[9] [宋] 释普济. 五灯会元 [M]. 宋刻本.

[10] [宋] 宋敏求. 长安志 [M]. 卷六. 北京: 中华书局, 1990.

[11] [宋] 释宗鉴. 释门正统 [M]. 卷三. 塔庙志 // 卍新纂续藏经. 册 75. 台北:

新文丰影印本.

[12] [宋] 叶梦得. 石林居士建康集. 卷二. 建康府保国寺轮藏记. 宣统观古堂本.

[13] [北宋] 李诫. 营造法式 [M]. 南京: 江苏凤凰科学技术出版社, 2017.

[14] [宋] 宗泽. 义乌景德禅院新建藏殿记. 宗忠简集. 卷三. 明崇祯刻本.

[15] 曾枣庄, 刘琳. 全宋文 [M]. 上海: 上海古籍出版社; 合肥: 安徽教育出版社, 2006.

[16] [宋] 潜说友. 咸淳临安志 [M]. 成文出版社有限公司, 1970.

[17] [宋] 弌咸. 禅林备用清规 [M]. 卷二. 卍新纂续藏. 第63册. 台北: 新文丰影印本.

[18] [宋] 林希逸. 考工记解 [M]. 卷上. 韗人. 钦定四库全书本.

[19] [宋] 释志磐. 佛祖统纪. 大正新修大藏经本.

[20] [元] 宋史. 卷七〇. 律历. 三. 漏刻. 清乾隆武英殿刻本.

[21] [元] 张铉. 至正金陵新志 [M]. 北京: 中华书局, 1990.

[22] [元] 王蒙. 太白山图. 辽宁省博物馆藏.

[23] [明] 嘉靖长沙府志 [M]. 卷五. 兵防纪·长沙府城. 明嘉靖刻本.

[24] [明] 谢肇淛. 麈馀 [M]. 卷二. 日本京师书肆林伊兵卫等宽政戊午丙辰间刻本.

[25] [明] 刘侗, 于奕正. 帝京景物略 [M]. 卷一. 北京: 北京出版社, 2018.

[26] [明] 欧大任. 欧虞部集十五种 [M]. 文集卷十. 清刻本.

[27] [明] 释元贤. 泉州开元寺志 [M]. 台北: 新文丰出版股份有限公司, 2013.

[28] [明] 葛寅亮. 金陵梵刹志. 卷二二. 明万历刻天启印本.

[29] [明] 陈沂. 献花岩志 [M]. 南京: 南京出版社, 2010.

[30] [明] 葛寅亮. 金陵梵刹志 [M]. 卷十. 明万历刻天启印本.

[31] [明] 葛寅亮. 金陵梵刹志 [M]. 卷十二. 明万历刻天启印本.

[32] [明] 葛寅亮, 撰. 何孝荣, 点校. 金陵梵刹志 [M]. 卷十六. 南京: 南京出版社, 2011.

[33] [明] 葛寅亮, 撰. 何孝荣, 点校. 金陵梵刹志 [M]. 卷十七. 南京: 南京出版社, 2011.

[34] [明] 葛寅亮, 撰. 何孝荣, 点校. 金陵梵刹志 [M]. 卷十八. 南京: 南京出版社, 2011.

[35] [明] 葛寅亮, 撰. 何孝荣, 点校. 金陵梵刹志 [M]. 卷十九. 南京: 南京出版社, 2011.

[36] [明] 葛寅亮, 撰. 何孝荣, 点校. 金陵梵刹志 [M]. 卷三三. 南京: 南京出版社, 2011.

[37] [明] 葛寅亮. 金陵梵刹志 [M]. 卷三十八. 明万历刻天启印本.

[38] [明] 王世贞. 弇州山人续稿 [M]. 台北: 文海出版社, 1970.

[39] [明]葛寅亮,撰.何孝荣,点校.金陵梵刹志[M].南京:南京出版社.2011.

[40] [明]徐一夔.始丰稿[M].卷十二.钦定四库全书本.

[41] [明]沈榜.宛署杂记[M].卷二十.志遗.北京:北京出版社,2018.

[42] [明]释大壑,撰.赵一新,总编.南屏净慈寺志[M].杭州:杭州出版社,2006.

[43] [清]黄廷桂.(雍正)四川通志[M].卷二十七.清文渊阁四库全書本:1170.

[44] [清]孙诒让,撰.王文锦,陈玉霞,点校.周礼正义[M].北京:中华书局,2000.

[45] [清]嘉靖天长县志[M].上海:上海古籍书店,1962.

[46] [清]陆增祥.八琼室金石补正[M].卷三十八//[唐]朱怀隐.大唐方与县故栖霞寺讲堂、佛、钟、经碑.北京:文物出版社,1985.

[47] [清]沈传义,修.黄舒昂,纂.新修祥符县志[M].卷一三.开封市祥符区地方史志办公室.整理本.

[48] [清]孙治,初辑.徐增,重修.魏得良,标点.王其煌,审订.灵隐寺志[M].卷七.碑文.杭州:杭州出版社,2006.

[49] [清]孙治.武林灵隐寺志[M].台北:明文书局,1980.

[50] [清]杜洁祥.中国佛寺史志汇刊[M].第二辑.第15册.云居山志.台北:明文书局,1980.

[51] [清]孙诒让.周礼正义[M].卷七十九.北京:中华书局,1987.

[52] [清]闻性道.天童寺志[M].台北:明文书局,1980.

[53] [清]郭子章,释畹荃.明州阿育王山续志[M].重建钟楼记.台北:新文丰出版股份有限公司,2013.

[54] [清]董邦达.南屏晚钟图.台北故宫博物院藏.

[55] 天台山观月比丘兴慈刊.傅大士集[M].卷一.民国十年(1921年)募锓本.

[56] [民国]张惠衣.金陵大报恩寺塔志[M].南京:南京出版社,2007.

[57] (日)伊东忠太.日本建筑の研究[M].龍吟社.

[58] 成寻,著.王丽萍,校点.新校参天台五台山记[M].上海:上海古籍出版社,2009.

[59] 宗赜,苏军.禅苑清规[M].郑州:中州古籍出版社,2018.

[60] 崔铣.彰德府志[M].卷八.邺都宫室志.上海:上海古籍书店,1964.

[61] 朱金坤,总主编.汪宏儿,主编.径山胜览[M].杭州:西泠印社出版社,2010.

[62] "中华"电子佛典协会.镡津文集卷第十二·无为军崇寿禅院转轮大藏记.CBETA电子佛典集成 April 2010[A].台北:中华电子佛典协会,2010.

[63] 傅熹年.中国古代建筑史·第二卷[M].第二版.北京:中国建筑工业出版社,2009.

[64] 何孝荣.明代南京寺院研究[M].北京：故宫出版社，2013.

[65] 何孝荣.明代南京寺院研究[M].北京：中国社会科学出版社，2000.

[66] 张十庆.中国江南禅宗寺院建筑[M].武汉：湖北教育出版社，2002.

[67] 陈桥驿.中国七大古都[M].北京：中国青年出版社，2005.

[68] 高文.四川汉代画像砖[M].上海：上海人民美术出版社，1987.

[69] 潘谷西.中国古代建筑史[M].第四卷.第二版.北京：中国建筑工业出版社，2009.

[70] 刘敦桢.中国古代建筑史[M].第二版.北京：中国建筑工业出版社，2006.

[71] 张十庆.五山十刹图与南宋江南禅寺[M].南京：东南大学出版社，2000.

[72] 闫雪.北京智化禅寺转轮藏初探——明代汉藏佛教交流一例[J].中国藏学，2009（1）.

[73] 刘杭.浙江寺观藏书述要[J].图书馆研究与工作，2004（3）.

[74] 赵美娣.净土法门里的藏书楼[J].百科知识.2015（14）.

[75] 杨润平.钟楼和鼓楼研究随笔[J].张家口职业技术学院学报.第16卷，2003（3）.

[76] 黄美燕.经藏与转轮藏的创始及其发展源流辨析[J].东方博物，2006（2）.

[77] 刘杭.浙江寺观藏书述要[J].图书馆研究与工作，2004（3）.

[78] 闫雪.北京智化禅寺转轮藏初探_明代汉藏佛教交流一例[J].中国藏学，2009（1）.

[79] 辛德勇.唐代都邑的钟楼与鼓楼[J].文史哲，2011（4）.

[80] 张十庆.中日佛教转轮经藏的源流与形制[M]//张复合.建筑史论文集（第11辑）.北京：清华大学出版社，1999.

[81] 左拉拉.云岩寺飞天藏及其宗教背景浅析[M]//贾珺.建筑史（第21辑）.北京：清华大学出版社，2005.

[82] 赵献超.平武报恩寺转轮藏形制源流与社会文化功能浅析[J].四川文物，2017（2）.

[83] 北京市文物研究所.北京天宁寺钟鼓楼遗址试掘简报[J].文物春秋，2008（5）.

[84] 玄胜旭.中国佛教寺院钟鼓楼的形成背景与建筑形制及布局研究[D].清华大学，2013.

[85] 孟勐.浙江传统楼阁研究[D].浙江农林大学，2015.

[86] 白居易.白氏长庆集·苏州南禅院白氏文集记［A］.四部丛刊·初编·集部［DB/CD］.北京：北京书同文数字化技术有限公司，2001.

[87] 张商英.续清凉传［A］.CBETA 电子佛典集成·大正藏：51 册［DB/CD］.台北：中华电子佛典协会，2010.

中国南传上座部佛教建筑的研究现状与展望

张剑文

（清华大学建筑学院）

摘要：发端于 20 世纪 30 年代的中国南传上座部佛教建筑研究，发展至今大致经历了发端时期、泛化研究时期和专业研究时期。相对于汉传佛教建筑研究与藏传佛教建筑研究，存在研究成果较少、专业化研究不足的问题。本文对南传佛教建筑的分类、平面布局、造型艺术、建造技艺、装饰、园林景观、佛塔 7 个方面的现有研究成果进行系统梳理，从深度、广度、方法论层面上分析现有研究的不足，在多学科交叉、多维度建筑史构建、多领域合作的角度上对未来的研究作出展望。

关键词：南传上座部佛教，建筑，综述，佛塔

Abstract: The study of Theravada Buddhist architecture began in the 1930s and since then it has experienced three stages: the initial stage the extensive stage, and the specialized stage. Research has produced fewer and less quality results compared with the research of Han Buddhist architecture and Tibetan Buddhist architecture. This paper systematically analyzes existing examples of southern Buddhist architecture, focusing on the following seven aspects of classification, layout, sculptural art, construction skills, decoration, landscape gardening, and Buddhist pagoda design. Highlighting deficiencies in past research methodology, the paper identifies main challenges for future research from the trans- and inter-disciplinary perspectives with the aim to create a multi-dimensional explanatory model of architectural history.

Keywords: Theravada Buddhism, architecture, previous research summary, pagoda

南传上座部佛教，简称"南传佛教"、"上座部佛教"，也被称作"小乘佛教"，是古印度部派佛教的一个分支，盛行于斯里兰卡、泰国、缅甸、老挝、柬埔寨等地。自 7 世纪前后传入中国西双版纳地区后，又在 13—17 世纪先后传入德宏、普洱、临沧等地区，现有信众 130 余万，主要信仰民族为傣族、布朗族等，构成滇西南重要的少数民族文化要素。❶ 近年来，南传佛教的影响力不断加强，关于南传佛教的各项研究也在逐渐增多。

南传佛教建筑作为南传佛教的重要物质承载体，同时也是南传佛教活动的主要场所，对其研究的意义不言而喻，可以说建筑形象承载着普通民众对南传佛教的直观印象。但是相对于汉传佛教建筑与藏传佛教建筑的研究，南传佛教建筑的研究还有很多不足，因此有必要对其已有研究进行梳理，以把握现在，找出不足，指明方向。

---

❶ 伍琼华，等. 中国南传佛教资料辑录 [M]. 昆明：云南大学出版社，2014：1.

一、中国南传佛教建筑研究学术简史

1. 发端时期

20世纪30年代至50年代初为中国南传佛教建筑研究的发端时期，即起步时期。此时期的研究成果，主要是一些从事边疆史、民族史及人类学、社会学研究的学者在西双版纳及德宏等傣族地区进行民族调查研究时撰写的田野调查报告及论文。代表性的有姚荷生《水摆夷风土记》❶、江应樑《摆夷的生活文化》❷等系列调研。

该时期的特点是南传佛教建筑只是调研报告内容的一部分，而且所占比重很小，可以说只是描述，还构不成研究。

另外，有少量关于傣族佛历的论文和傣文史书的译文也涉及南传上座部佛教，同时部分提及南传佛教建筑，但记载简略，一笔带过，基本没有展开任何实质性的研究。❸

2. 泛化研究时期

20世纪50年代中期至80年代中期为中国南传佛教建筑的泛化研究时期，这一时期的特点是以调查报告为主，主要收载于20世纪80年代出版的"民族问题五种丛书"，其中包括《傣族社会历史调查》(包括西双版纳系列和德宏系列)、《西双版纳傣族社会综合调查》(系列)及《云南民族民俗和宗教调查》等系列丛书。报告主要是20世纪五六十年代开展的民族社会调查资料的整理，内容涉及各地南传佛教的僧阶、经典、宗教节日、建筑、仪式、宗教开支等，为以后的相关研究提供了重要史料。但是，这组调查报告主要以社会、阶层、经济状况等方面为中心，佛教建筑方面的内容并不多。

其中，邱宣充先生撰写的《西双版纳景洪县傣族佛寺建筑》❹、《沧源广允佛寺调查》❺是此期的两篇重要论文。尤其是前者，普查了"文革"前景洪佛寺的遗存并做了列表记录，对于了解"文革"前西双版纳地区的佛寺情况有重要的参考价值。

此前，邱先生于1954年发表了《云南小乘佛教的建筑与造像》❻，郭湖生先生1962年发表的文章《西双版纳傣族的佛寺建筑》❼，对1959年其在西双版纳的调研情况作了简单介绍。这两篇文章是早期的中国南传佛教建筑专题研究论文。李伟卿1982年发表的《傣族佛寺中的造型艺术》❽一文是"文革"之后发表的第一篇此类专题论文。

3. 专业化研究时期

20世纪80年代末，中国南传佛教建筑研究开始进入真正的专业化研究阶段。1990年出版的《贝叶文化论》❾一书，集中刊载了邱宣充《傣族地区小乘佛教的建筑与造像》、杨玠《西双版纳的佛塔》、李伟卿《傣族

---

❶ 姚荷生. 水摆夷风土记[M]. 昆明：云南人民出版社，2003.

❷ 江应樑. 摆夷的生活文化[M]// 江应樑. 摆夷的经济文化生活. 昆明：云南人民出版社，2009.

❸ 田玉玲. 中国南传佛教建筑研究资料综述[C]. 第三届全国贝叶文化研讨会论文集，2008：277.

❹ 邱宣充. 西双版纳景洪县傣族佛寺建筑[M]// "中国少数民族社会历史调查资料丛刊"修订委员会. 云南民族民俗和宗教调查. 北京：民族出版，2009：147-150.

❺ 邱宣充. 沧源广允寺调查[M]// "中国少数民族社会历史调查资料丛刊"修订委员会. 云南民族民俗和宗教调查. 北京：民族出版社，2009：151-165.

❻ 邱宣充. 云南小乘佛教的建筑与造像[J]. 云南文物，1954（17）. 转引自：田玉玲. 中国南传佛教建筑研究资料综述[C]. 第三届全国贝叶文化研讨会论文集，2008：278.

❼ 郭湖生. 西双版纳傣族的佛寺建筑[J]. 文物，1962（2）：35-39.

❽ 文献[27].

❾ 王懿之，杨世光. 贝叶文化论[M]. 昆明：云南人民出版社，1990.

佛寺的绘画艺术》等论文，第一次全面介绍了中国南传佛教建筑及其装饰艺术。此后几年内，各类学术期刊陆续发表了杨昌鸣《云南傣族佛塔与泰缅佛塔的比较》❶、黄夏年《云南上座部佛教研究四十年》❷、徐伯安《我国南传佛教建筑概说》❸、罗廷振《西双版纳佛寺及其附属建筑的民族特色》❹和《西双版纳佛塔的类型及其源流》❺等数篇专业论文，掀起了南传佛教建筑研究的一个小高潮。而周浩明《云南傣族小乘佛教建筑研究》❻与冯炜青《建筑、宗教、文化——论我国南传佛教建筑文化》两篇硕士论文的出现，代表着南传佛教建筑的研究进入了一个新的阶段。

进入21世纪，有关南传佛教建筑研究的成果进一步丰富，包括卢山的《云南傣族小乘佛教建筑比较研究》❽、王晓帆《南传佛教佛塔的类型和演变》❾、李晓玨《西双版纳景洪地区傣族佛塔信仰研究》❿等，各位作者从不同的角度展开和深化了南传佛教建筑的专题研究。

学位论文方面，谭刚毅《云南傣族上座部佛教建筑的形式与理念》⓫是比较重要的南传佛教建筑整体研究的成果，此时对南传佛教建筑各要素（佛塔、装饰）细化研究的学位论文开始出现。

而在专著方面，杨大禹的《云南佛教寺院建筑研究》⓬也对南传佛教建筑进行了一定的研究。梁荔、刘军的《威远梵印——景谷南传佛教佛寺全图》⓭则对临沧地区景谷县的南传佛教建筑进行了系统研究，可以说是小地域南传佛教建筑的重要研究成果。

二、中国南传佛教建筑研究现状

1. 分类

1）按宗派分类

中国境内的南传佛教主要分为摆奘派、朵列派、润派、左底派，其中润派又分为摆孙派、摆坝派。

a. 润派佛寺

刀永明、颜思久、邓殿臣等人的研究，将西双版纳的润派南传佛教寺庙分为山林（摆坝派）与园圃（摆孙派），并指出了两派佛寺的一些特点⓮（表1）：

b. 摆奘派佛寺

张建章总结德宏地区摆奘派佛寺的特点是：佛寺建在村寨热闹地段，村民可以自由出入佛寺；佛寺内部陈设华丽，彩联、佛幡、灯笼等精美繁多；

表1 摆坝派与摆孙派佛寺的特点比较

	位置	源流	地域分布
摆坝派	山林，离村寨远	莲花塘寺（斯里兰卡）	勐海
摆孙派	村寨中	花园寺（斯里兰卡）	景洪

❶ 文献[40].
❷ 黄夏年.云南上座部佛教研究四十年[J].佛学研究，1992（0）：270.
❸ 文献[16].
❹ 罗廷振.西双版纳佛寺及其附属建筑的民族特色[J].云南民族学院学报（哲学社会科学版），1994（1）：36-42.
❺ 罗廷振.西双版纳佛塔的类型及其源流[J].东南文化，1994（6）：82-88.
❻ 周浩明.云南傣族小乘佛教建筑研究[D].东南大学，1988.
❼ 文献[23].
❽ 文献[15].
❾ 王晓帆.南传佛教佛塔的类型与演变[J].建筑师，2006（2）：71-74.
❿ 文献[41].
⓫ 文献[17].
⓬ 文献[11].
⓭ 文献[19].

⓮ 参见：刀永明，刀述仁，曹成章.西双版纳傣族信仰佛教的一些情况[M]//民族问题五种丛书·西双版纳傣族社会综合调查（二）.昆明：云南民族大学出版社，1984：115；颜思久.景洪地区佛教调查[M]//云南省编辑组.民族问题五种丛书·云南少数民族社会历史资料汇编（五）：云南人民出版，1992：328-330；邓殿臣.现代傣族地区佛教[J].法音，1991（8）：16-22.

佛寺建筑、造像多受汉地佛教影响，亦供奉观音、弥勒等；佛寺一侧有沙弥尼庵。❶

c. 左底派佛寺

左底派为南传佛教派别中戒律较严格的一派，比较重视苦修。张建章总结其佛寺的主要特点是：佛寺中平时无僧人，由教长看管，只有佛事时才会启用。僧侣有单独的住宅区。佛寺建在距离村寨较远的僻静处，均为"地奘"（即无楼台的佛寺）。佛寺大门设高门槛，以阻拦家畜进入。

d. 朵列派佛寺

据王海涛的研究❷，朵列派称佛寺为"庄"，建在离村寨不远不近的地方（大约数百米）；有专供沙弥尼（雅好）居住的房间；寺庙无田产，但有少数寺奴。

2）按地域分类

杨大禹教授依据云南南传佛教的地域分布，将云南南传寺院分为了版纳型、临沧型、瑞丽型、芒市型四种，并分别介绍了各自特点与代表佛寺❸（表2，图1—图4）。

❶ 张建章. 德宏佛教——德宏傣族景颇族自治州宗教志 [M]. 芒市：德宏民族出版社，1992：148.

❷ 王海涛. 云南佛教史 [M]. 昆明：云南美术出版社，2001：399–401.

❸ 杨大禹. 云南佛教寺院建筑研究 [M]. 南京：东南大学出版社，2011：146–163.

表2 云南南传佛寺的类型与特点

佛寺类型	总特点	代表佛寺	佛寺特点
版纳型	1. 歇山层叠式屋顶 2. 佛殿由屋顶、梁柱与基座三部分组成，其中佛殿最突出 3. 除大殿外，还设置经堂、戒堂	西双版纳总佛寺	云南最早的南传佛寺"洼巴姐"，佛塔与大殿在一个中轴线上
		曼阁佛寺	三叠式屋面，有戒堂
		曼春满佛寺	二叠式屋面，泰式单塔
		勐海景真佛寺	因景真八角亭闻名，屋顶巨大
临沧型	1. 大殿为落地抬梁结构 2. 有副阶围廊 3. 戒堂趋近汉地的楼阁形式，平面形式多样、尺度小巧	耿马总佛寺	布局灵活，受汉地影响较深，佛殿内供奉罗汉
		景谷迁糯佛寺	云南省最大的南传佛寺之一，汉化程度高
		沧源广允缅寺	仅存佛殿，为汉式建筑外形与南传寺院内部装饰的有机结合
瑞丽型	1. 佛寺体现出较多的缅文化影响 2. 有些佛寺有笋塔 3. 中心佛寺以上有戒亭	喊撒佛寺	朵列派代表寺院，傣家竹楼结构，大殿旁有泼水亭、金鸭亭
		大等喊佛寺	引廊较长，放大了的瑞丽傣族民居
芒市型	1. 吸收汉文化特点较多 2. 平面布局为傣式，结构外形为汉式 3. 大殿处理逐渐地面化	菩提寺	干栏式宫殿型佛寺大殿，汉、傣风格杂糅
		五云寺	大殿修复时由干栏式变为落地式，内有一组金塔
		佛光寺	左底派佛寺，正、偏殿为汉式风格，白塔与亭阁是傣家风格

图1 版纳型佛寺
（作者自摄）

图2 临沧型佛寺
（刘伶俐 摄）

图3 瑞丽型佛寺
（杨大禹.云南佛教寺院建筑研究[M].南京：东南大学出版社，2011：159.）

图4 芒市型佛寺
（杨大禹.云南佛教寺院建筑研究[M].南京：东南大学出版社，2011：161.）

田玉玲又将芒市型佛寺称为"地奘"，瑞丽型佛寺称为"楼奘"。❶

3）按等级分类

颜思久对西双版纳地区的佛寺等级进行了研究，指出其分为三个等级：（1）总佛寺级（包含副总佛寺），傣语名为"袜龙"；（2）中心佛寺级，傣语名为"告波苏"；（3）村寨佛寺。并且指出景洪的佛寺组织分内外两部分，内佛寺有9座，归总佛寺直属，环绕在宣慰街附近。❷王懿之则指出了这9座佛寺的具体名称：洼龙总佛寺、洼专董佛寺、洼扎棒佛寺（副总佛寺级）、洼科松佛寺、洼曼勒佛寺、洼宰佛寺、洼功佛寺、洼贺纳佛寺、洼浓凤佛寺。❸

刀述仁❹与郑筱筠❺则将佛寺分为四级，指出最高级别的佛寺为拉扎坛大总寺（"瓦拉扎坦龙"）。

2. 平面布局

1）选址

卢山指出佛寺建造之初由僧侣或者村中的长者依据村寨的属相选择吉祥方位来确定佛寺的具体位置，往往为村中形势险要、环境秀丽的地方。❻周浩明将这种选址具体化，提出佛寺的5种主要位置：村寨主道路一侧；正对进入村寨的主要道路上；村寨居住区一侧；村内主要道路的尽端；村寨居住区内，并有较大的场地与主要道路相连。❼徐伯安先生则指出，村

❶ 田玉玲.南传上座部佛教艺术概说[M]//黄泽.非物质文化视野下的民俗艺术与宗教艺术.海口：海南出版社，2008：243.

❷ 颜思久.景洪地区佛教调查[M]//国家民委民族问题五种丛书云南省编辑组.云南少数民族社会历史资料汇编（五）.昆明：云南人民出版，1992：328-330.

❸ 王懿之.西双版纳小乘佛教历史考察[M]//王懿之.贝叶文化论.昆明：云南人民出版社，1990：408-409.

❹ 刀述仁.南传上座部佛教在云南[J].法音，1985（1）：16-25.

❺ 郑筱筠.历史上中国南传上座部佛教的组织制度与社会组织制度之互动——以云南西双版纳傣族地区为例[J].世界宗教研究，2007（4）：42-51.

❻ 卢山.云南傣族小乘佛教建筑比较研究[J].华中建筑，2002（4）：93-97.

❼ 文献[26].

寨中的佛寺，构成了村中的公共活动场所，村寨似乎为围绕佛寺所建。❶

冯炜青按地区考察了南传佛寺的选址，分别指出了西双版纳地区、德宏瑞丽地区与德宏芒市地区南传佛寺的选址特点。❷谭刚毅则引用耿马总佛寺中的一段碑文，指出该佛寺的选址有传统占卜的考虑（表3）。❸

表3　云南南传佛寺的选址特点

地区	选址特点
西双版纳地区	位于村寨主要入口、林间空场，佛寺前有广场，与村寨主要道路相连
德宏瑞丽地区	佛寺一般位于村寨的中部或尾部，且处在村落的西部与西北部，习俗规定佛寺不能在村头
德宏芒市地区	位于村落中心或者主要道路的交会点

2）总平面布局

邱宣充、杨大禹、刀述仁都指出佛寺建筑一般由大殿、僧舍与鼓房三部分组成，较大的寺庙一般有佛塔。佛殿大都坐西朝东（据说释迦牟尼成佛是面向东方）。一般佛殿之后是鼓房，鼓房之后（或两侧）是僧舍，四周是短墙，形成坐西朝东的长方形寺院。

杨大禹教授指出南传佛寺的总体布局与当地传统民居一样，灵活多变，既无严格的对称居中要求，也没有形成统一固定的形制，往往是通过寺院的引廊形成大殿的前导过渡空间，以增加佛寺庄严肃穆的气氛（图5）。❹

卢山指出西双版纳的佛寺组成与德宏大致相同，虽然部分佛寺运用了中轴对称手法但不纯熟。寺塔关系随意，戒堂与大殿的关系与泰国寺庙相似。❺相对于卢山的研究，梁荔对景谷县南传佛教寺院建筑类型的研究增加了"慕诺"（为废弃经书增加的神圣建筑）与"滕迪洼拉"（供奉民间神的龛壁）。❻

杨昌鸣则将泰国佛寺的布局形式归纳为四种：殿塔堂轴线型、堂殿均衡并列型、堂殿不均衡并列型、殿塔轴线型。这为中国南传佛教建筑平面的布局依据提供了类型学的参考（图6）。❼

3）单体建筑的平面布局

邱宣充指出西双版纳佛寺佛殿主要由佛座、僧座与经书台三部分组成。李伟卿认为大殿由中堂与偏刹组成，以横四纵六为主。卢山指出南传佛教建筑的大殿最初是与佛塔结合的大厅，后逐渐分离。谭刚毅通过考察木构梁架与四边墙的关系，将西双版纳佛殿分为了以下三类：边柱承重墙不承重、墙承重无边柱、墙承重外圈加边柱。❽杨昌鸣则分别将以上三种形式用其代表建筑的名称命名为：曼春满式、曼广式、曼阁式。❾朱良文提出西双版纳南传佛寺大殿的柱网类似于《营造法式》中的"双槽"。❿

杨昌鸣指出西双版纳佛寺的戒堂一般为长方形平面，主入口与佛像位于两个短边，室内被柱子分为一个正厅与两个侧厅三部分。其原型可能来自印度早期佛教建筑中的Vihara（今直译为大殿）。⓫

❶ 徐伯安.我国南传佛教建筑概说[J].华中建筑，1993（3）：22-27.
❷ 文献[23].
❸ 谭刚毅.云南傣族上座部佛教建筑的形式与理念[D].昆明理工大学，2000：15-16.
❹ 杨大禹，吴庆洲.南传上座部佛教建筑及其文化精神[J].建筑师，2007（10）：85.
❺ 卢山.云南傣族小乘佛教建筑比较研究[J].华中建筑，2002（4）：93-97.
❻ 梁荔、刘军.威远梵印——景谷南传佛教佛寺全图[M].昆明：云南美术出版社，2015：27-29.
❼ 杨昌鸣.东南亚与中国西南少数民族建筑文化探析[M].天津：天津大学出版社，2005：161.
❽ 谭刚毅.云南傣族上座部佛教建筑的形式与理念[D].昆明理工大学，2000：15-16.
❾ 杨昌鸣.云南傣族寺院与佛塔[M].北京：中国建筑工业出版社，2015：28-31.
❿ Zhu Liangwen.The Dai or the Tai and Their Architecture &Customs in South China[M]. Bangkok:D.DBooks，1992:47.
⓫ 杨昌鸣.东南亚与中国西南少数民族建筑文化探析[M].天津：天津大学出版社，2005：163.

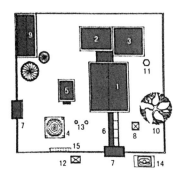
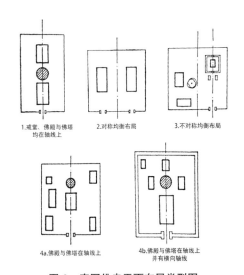

图 5 南传佛寺经典平面布局图	图 6 泰国佛寺平面布局类型图
（杨大禹.云南佛教寺院建筑研究[M].南京：东南大学出版社，2011：143.）	（杨昌鸣.东南亚与中国西南少数民族建筑文化探析[M].天津：天津大学出版社，2005：161.）

3. 造型艺术

1）屋顶

屋顶是南传佛教寺庙中最独特的部分，杨昌鸣指出其叠落式的屋顶形象最早发现于云南石寨山出土的汉代青铜贮贝器上❶。罗振廷依照屋顶形式对大殿及戒堂（藏经楼）进行了分类（表4，表5）。而谭刚毅则在罗振廷的基础上，增加了"多层楼阁式戒堂"这一类型。

2）比例尺度

冯炜青指出佛寺是全寨最高的建筑，西双版纳佛寺使用了如汉式宫殿

❶ 杨昌鸣.东南亚与中国西南少数民族建筑文化探析[M].天津：天津大学出版社，2005：156.

表 4 大殿类型（按屋顶分类）

名称	特点	代表实例
单檐单面坡歇山式顶大殿	最早、最原始 继承干栏式	曼养坎佛寺大殿
重檐单面坡歇山式顶大殿	屋面宽阔 山花面积大	
重檐三面坡歇山式顶大殿	见于中心佛寺以上大殿 下檐可能是单面坡或三面坡	打火佛寺大殿 曼阁佛寺大殿 曼纳竜佛寺大殿 曼卡湾佛寺大殿
重檐五面坡歇山式顶大殿		景洪"洼龙"大殿 城子佛寺"瓦宰"大殿 曼短佛寺大殿
"亞"字形重檐歇山式顶大殿		曼赛佛寺大殿

表 5 戒堂类型（按屋顶分类）

名称	特点	代表实例
方形重檐攒尖顶式戒堂	古老原始 四条脊上有火焰装饰	曼景罕佛寺戒堂
多角重檐攒尖顶式戒堂和藏经楼	最具民族特色	曼飞龙佛寺藏经楼 景真八角亭 曼赛佛寺戒堂
单檐和重檐多面坡歇山式顶戒堂和藏经楼	形制与大殿相似，屋顶装饰与大殿一样	曼春满佛寺戒堂 曼阁佛寺戒堂 曼厅佛寺戒堂 章郎佛寺戒堂

的高台手法，结合以坡地，让竹楼树林成为背景，衬托佛寺气势，"非壮丽无以重威"。❶ 同时指出在外观材料的运用上，南传佛教建筑配色较为艳丽，与朴素的傣族竹楼形成了鲜明对比。谭刚毅则指出佛殿的长宽比接近3∶2，正立面为等腰直角三角形及矩形，上层檐口坡度为45°，下层檐口坡度为30°。同时指出傣族建筑的丈量单位是"掰"，南传佛寺有可能也以此为丈量单位，其整体有一种人性尺度。❷ 贝波再利用大量的数学、物理公式验证南传佛寺屋面曲线及柱子比例的合理性，指出南传佛寺的比例符合黄金分割的原则，其研究对象虽然是老挝的南传佛教建筑，但是对中国南传佛教建筑的比例研究具有一定的参考价值。❸

3）建造技艺

罗振廷依照结构形式对大殿及凉亭进行了分类，杨大禹教授延续了罗振廷的分类方法。谭刚毅指出南传佛教建筑基本不用斗栱，只有几个汉化明显的佛寺利用斗栱作为装饰，而西双版纳佛寺的"伏象结构"在一定程度上取代了斗栱的作用（图7）。与之相对的是岩峰提出了傣族的"象"崇拜，指出傣族在建筑中大量使用"象"的形象，比如象柱等。❹ 周浩明则指出临沧地区南传佛教的建造技艺受到了大理白族工匠传统技艺的影响，而德宏地区傣族工匠的一些匠作技艺也影响了大理、保山地区的传统建筑。❺

4. 装饰

1）外部装饰

冯炜青提出佛寺豪华的脊饰是为了与周围朴素的傣族民居做对比，从而凸显寺庙的重要性，其窗户的装修、石柱础的样式都存在着等级的差异。李伟卿则描述了佛寺的脊饰与其宗教含义。❻ 邹晓松等则对屋脊神兽——象鼻凤凰进行了专题研究，指出了其制作工艺❼（图8）。

图7 伏象结构
(谭刚毅. 云南傣族上座部佛教建筑的形式与理念[D]. 昆明理工大学, 2000:40.)

❶ 冯炜青. 建筑、宗教、文化——论我国南传佛教建筑文化[M]//佛光山文教基金会. 中国佛教学术论典（75辑），2003：271-274.

❷ 谭刚毅. 云南傣族上座部佛教建筑的形式与理念[M]. 昆明理工大学, 2000：98.

❸ 贝波再. 小乘佛教建筑研究[D]. 同济大学, 2004：111-125.

❹ 岩峰. 热带丛林的古代文明——论象文化[C]. 第二届全国贝叶文化研讨会论文集, 2005：296.

❺ 周浩明. 云南傣族小乘佛教建筑研究[M]//佛光山文教基金会. 中国佛教学术论典（75辑），2003：155.

❻ 李伟卿. 傣族佛寺中的造型艺术[J]. 美术研究, 1982（2）：66-70.

❼ 邹晓松, 张春继. 象鼻凤凰：景洪傣族屋脊神兽探析[J]. 装饰, 2015（11）：132-133.

2）壁画与彩画

谭刚毅指出南传佛寺的壁画分为经画与金水画（图9），并从内容形式上对经画进行了研究，指出经画内容主要分为佛本生经、地狱变相、民间传说、其他经书，并指出广允缅寺的经画与明清时期汉传佛寺的经画十分相近。后又从工艺形式的角度分析了金水画。

安佳的博士论文《傣族佛寺壁画研究》是南传佛寺壁画最为全面的研究成果之一，[1]指出南传佛寺壁画分为傣汉交融型、傣族本土型、现代傣族画工表现型、现代境外样式模仿变异型、现代境外画师型，并对壁画题材内容作了较为系统的研究。董艺的硕士论文《曼宰龙佛寺僧舍外墙壁画研究》是有关曼宰龙佛寺比较重要的专题研究成果，指出僧舍东、南外墙的八幅壁画（图10）是绘制于1868年的传统遗留，其余壁画为近期新绘，绘者为村中师傅或泰国工匠。[2]其后赵云川与安佳对曼宰龙僧舍壁画进行了进一步研究[3]，并同时从内容与表现形式上对金水画作了初步研究。[4]郭歌则在曼宰龙佛寺研究的基础上，又对景真佛寺、曼阁佛寺、广允缅寺的壁画进行了研究，并与云南地区大理、丽江等地的汉传佛寺壁画进行了对比探究。[5]王璐则对曼召村佛寺的壁画进行了研究，并分析了其蕴含的意匠。[6]裴颖则着重对檐廊部位的壁画与金水画进行了研究。[7]

图8　屋脊装饰
（邹晓松，张春继.象鼻凤凰：景洪傣族屋脊神兽探析[J].装饰，2015（11）：132.）

图9　南传佛寺的金水画
（作者自摄）

图10　曼宰龙佛寺壁画
（作者自摄）

5.园林景观

谭刚毅指出南传佛寺景观中，水与林是两个重要的造景元素，佛寺栽培的具有宗教意义的常见植物共有58种，佛寺庭院成了"佛教植物园"。[8]马建武等人则从布局、小品、植物搭配的角度，对西双版纳的寺院园林作了分析，指出了菩提树的重要地位。[9]梁荔则提出了南传佛寺的"五树六花"概念（菩提树、大榕树、贝叶棕、铁力木、油棕、荷花、缅桂花、文殊兰、鸡蛋花、姜苗花、地涌金莲）。[10]刘荣昆指出了南传佛教寺庙对"佛祖成道树"的重视，同时指出位于景洪的"圣泉"是一处重要的文化景观。[11]

---

[1] 安佳.傣族佛寺壁画研究[D].中央民族大学，2009.
[2] 董艺.曼宰龙佛寺僧舍外墙壁画研究[D].中央民族大学，2012：9.
[3] 赵云川，安佳.曼宰龙佛寺僧舍外墙壁画探究[J].中国美术，2013（5）：110-114.
[4] 赵云川，安佳.略谈傣族佛寺中的"金水"[J].中国美术，2013（6）：104-107.
[5] 郭歌.画意相生——西双版纳佛教壁画艺术形态比较研究[D].云南艺术学院，2016.
[6] 王璐.西双版纳曼召村佛寺壁画及其与村民日常生活研究[D].云南大学，2015.
[7] 裴颖.西双版纳佛寺檐廊装饰艺术研究[D].昆明理工大学，2012：45-76.
[8] 谭刚毅.云南傣族上座部佛教建筑的形式与理念[D].昆明理工大学，2000：64.
[9] 马建武，林萍.云南西双版纳傣族佛寺园林特色[J].浙江林学院学报，2006（6）：678-683.
[10] 梁荔，刘军.威远梵印——景谷南传佛教佛寺全图[M].昆明：云南美术出版社，2015：33-37.
[11] 刘荣昆.傣族生态文化研究[M].昆明：云南大学出版社，2011：137-143.

6. 佛塔

相对于南传佛教的寺院，其佛塔研究的成果反而较多，也是南传佛教建筑中最早进入专业化研究的部分。

杨玠的《西双版纳的佛塔》可以说是最早关于佛塔的专业性文章，初步对西双版纳佛塔的类型与特点进行了剖析。❶ 随后罗廷振又对西双版纳佛塔进行了更加详细的分类，将其分为覆钟式舍利塔、折角"亞"字形高基座塔、亭阁式塔、多层须弥座佛塔、金刚宝座式塔群、僧侣墓塔与井塔。❷ 田玉玲的分类则更为复杂，其指出按照塔身与按照塔基有不同的分类方法。❸ 杨昌鸣认为中国南传佛教佛塔的原型是泰北的"斋滴"，最远可以追溯到斯里兰卡的萨特·马哈尔塔。❹ 李晓珏则提出南传佛教的佛塔建造是有经文规定的，但没有指出具体的经文。❺

王晓帆的博士论文《中国西南边境及相关地区南传上座部佛塔研究》可以说是目前为止有关南传佛教佛塔最系统的研究成果，其将西双版纳、泰北、缅东视为一个整体，系统研究这一区域的佛塔源流，并与民族习俗结合研究塔–人之间的互动，取得了较为突出的研究成果。❻

张涵予则梳理了7—19世纪云南上座部佛塔的演变，形成了类似"佛塔史"的研究成果，成为王晓帆研究基础上的一个重要补充。❼

三、中国南传佛教建筑研究的展望

1. 现有研究之不足

1）深度上，由于语言的门槛，导致对南传佛教文化特质把握的不足。

相对于汉传佛教建筑的研究，南传佛教建筑由于涉及少数民族与其宗教，因此涉及民族语言傣语与古佛教语言巴利语，而目前的研究者中鲜有懂得这两种语言的人，懂得这两种语言的人往往又没有建筑学教育背景，这就导致建筑学研究者无法从整个语言特质与文化环境中去把握建筑。其中一个明显的例子就是佛寺的汉语名字不统一，而且对佛寺名称的"词源学"尚无研究。

2）广度上，只限于云南，与南传佛教文化圈其他地区的对比研究不足。

由于南传佛教从东南亚、马来半岛地区传入云南，因此对同属南传佛教文化圈的斯里兰卡、泰国、缅甸、老挝、柬埔寨等的佛教建筑进行考察，对厘清云南南传佛教建筑的源流有着极为重要的作用。

但目前来看，中国有关东南亚南传佛教建筑的研究比较薄弱，成果不多，比较有代表性的是杨昌鸣的《东南亚与中国西南少数民族建筑文化探析》的"小乘佛教"部分，是国内研究中非常少见的对国内外南传佛教建筑整体把握的文章。而其余的大部分研究成果只是对东南亚某区域进行单独研究，其中贝波再的《小乘佛教建筑研究》为国内为数极少的对老挝南

---

❶ 杨玠．西双版纳的佛塔[M]//王懿之,等．贝叶文化论．昆明：云南人民出版社，1990：487–488.

❷ 罗廷振．西双版纳佛塔的类型及源流[J]．东南文化．1994(6)：82–88.

❸ 田玉玲．南传上座部佛教艺术概说[M]//黄泽．非物质文化资产视野下的民俗艺术与宗教艺术．海口：海南出版社，2008：248–250.

❹ 杨昌鸣．云南傣族佛塔与泰缅佛塔的比较[J]．东南亚，1992（2）：39.

❺ 李晓珏．西双版纳景洪地区傣族佛塔信仰研究[D]．第二届全国贝叶文化研究会论文集，2005：151.

❻ 王晓帆．中国西南边境及相关地区南传上座部佛塔研究[D]．同济大学，2006：159–180.

❼ 张涵予．云南南传上座部佛塔地域化演变机制研究[D]．云南大学，2012：44–105.

传佛教寺庙的研究成果❶；张睿哲的《斯里兰卡佛教建筑初探》对斯里兰卡的佛教建筑进行了研究，不过可惜的是对南传佛教的祖庭——"大寺"研究的还不够清楚；宋才的《泰国拉塔那时代大王宫建筑研究》（英文）涉及了玉佛寺建筑群的研究❷；余旭的《泰国佛教古建筑艺术的美学特征探析》则从观念层面对泰国佛教古建筑作了研究❸；谢小英的《神灵的故事——东南亚宗教建筑》介绍了一部分东南亚的南传佛教建筑，但以知识普及为主，深度有限❹；韦庚男的博士论文《东南亚湄公河流域地区建筑发展与演变》对中国西双版纳地区、缅甸、泰国、老挝等地的南传佛教建筑进行了一定的研究，但并不是其论文的主体。❺

同时在外文文献中，Ruethai Chaichongrak 等的《The Thai House—History and Evolution》❻记述了泰国各个地区的宗教建筑与民居；Joe Cummings 则记述了古兰纳王国范围内（泰国北、缅甸东、老挝西）的建筑艺术从古到今的演变，其将此区域作为一个整体研究，具有一定的启发意义❼；Pierre Pichard 对缅甸蒲甘地区的佛塔与佛寺进行了测绘，发表了测绘图集。❽

可以看出，目前对于中国南传佛教建筑的研究，与其周边同处南传佛教文化圈国家的南传佛教建筑研究处于割裂状态，且各自研究深度都不足。

3）方法论上，现有南传佛教建筑研究成果在方法论上的创见不足，只以简单描述为主，历史学、考古学、谱系学、解释学四个维度的扩展均不深入（表6）。

在历史学方法论方面，由于民族史学的本身限制，其建筑史学自然受到限制，加之遗存较少，而且遗存的年代都集中在清代，因此无法形成完整的建筑史脉络，现有的研究也完全无法形成连续性、规律性的"成果流"，而表现为片段化、平面化、个案化，每个建筑实例之间相互断裂，没有构成有机的整体。

在考古学方法论方面，虽然考古学方法论强调对事物片段、局部、细

❶ 贝波再. 小乘佛教建筑研究 [D]. 同济大学, 2004.
❷ 宋才. 泰国拉塔那时代大王宫建筑研究 [D]. 哈尔滨工业大学, 2013: 25-26.
❸ 余旭. 泰国佛教古建筑艺术的美学特征探析 [D]. 西南大学, 2012.
❹ 谢小英. 神灵的故事——东南亚宗教建筑 [M]. 南京: 东南大学出版社, 2008.
❺ 韦庚男. 东南亚湄公河流域地区建筑发展与演变 [D]. 东南大学, 2012: 32-70.
❻ Ruethai Chaichongrak. The Thai House—History and Evolution[M]. Bangkok: Asia Books, 2002.
❼ Joe Cummings. Lanna Renaissance[M]. Chiang Mai: Dhara Dhevi Hotel, 2006.
❽ Pierre Pichard. Inventory of monuments at Pagan[M]. Paris: United Nations Educational, 1992.

表6 方法论方面的重要文献

方法论类型	现有重要研究成果
历史学方法论	伍琼华等《中国南传佛教资料辑录》
考古学方法论	杜青《西双版纳佛寺——傣族档案史料的宝库》
谱系学方法论	杨昌鸣《东南亚与中国西南少数民族建筑文化探析》 杨大禹 吴庆洲《南传上座部佛教建筑及其文化精神》 韦庚男《东南亚湄公河流域地区建筑发展与演变》 王晓帆《中国西南边境及相关地区南传上座部佛塔研究》 杨昌鸣《云南傣族佛塔与泰缅佛塔的比较》
解释学方法论	谭刚毅《云南傣族上座部佛教建筑的形式与理念》 王晓帆《中国西南边境及相关地区南传上座部佛塔研究》 董艺《曼宰龙佛寺僧舍外墙壁画研究》 邹晓松 张春继《象鼻凤凰：景洪傣族屋脊神兽探析》 王璐《西双版纳曼召村佛寺壁画及其与村民日常生活研究》

① 王贵祥.建筑历史研究方法论刍议[M]//张复合.建筑史论文集·14辑.清华大学出版社,2001:221-228.
② 杜青.西双版纳佛寺——傣族档案史料的宝库[J].云南社会主义学院学报,2003(4):39-40.
③ 杨昌鸣.东南亚与中国西南少数民族建筑文化探析[M].天津:天津大学出版社,2005:163.
④ CHAIYOSH VORAPANT.A STUDY ON ARCHITECTURAL DOCUMENTS OF VIHARN (BUDDHA HALL) IN LANNA, NORTHERN THAILAND : STUDIES ON TRADITIONAL ARCHITECTURAL MANUALS IN THAILAND[C].日本建筑学会设计系论文集·第577号,2004:189-195.
⑤ Bindu.Is Early Sri Lankan Buddist Architecture based on "Manjusribhasita Vastuvidyasastra" An Archaeological Investigation[C].中国与南亚佛教考古国际学术研讨会论文集,2016:58.
⑥ 文献[30].
⑦ 文献[28].

节的描述，但其强调的是"追溯"，比较常见的表现是"复原研究"①。而南传佛教建筑现有的研究成果在这个方面的深度也远远不够，其中比较明显的表现是史料运用的不足，很多建筑现象都是基于现状的推测描述，没有从历史资料中去找寻根据。杜青指出了西双版纳佛寺保存了大量傣族史料档案②，但在中国南传佛教建筑的研究中对民族历史档案的运用少之又少。尤其还没有运用傣文文献与巴利语文献对南传佛教建筑进行研究的成果，杨昌鸣的研究虽然提到了戒堂（bot）来自巴利文献中的"hut"，但是没有引出巴利语的原文，显得比较粗糙。③ 在此方面，泰国学者 Chaiyosh Vorapant 对泰国北部兰纳地区的建筑文本进行了研究，并在此基础上对泰北佛寺的结构类型与所用尺度进行了研究，对中国南传佛教建筑的考古学研究方法具有重要借鉴意义。④ 斯里兰卡学者 Bindu 则基于巴利语文献《文殊师利说住宅论》对早期斯里兰卡的南传佛寺形制作出了调查，将文本与考古遗迹结合考证，对中国南传佛寺的巴利语"源"研究有重要借鉴意义。⑤

在谱系学方法论方面，中国南传佛教建筑的谱系应是"原型－来源－在地"模式。以佛教史考察，中国南传佛教的基本原型是斯里兰卡（锡兰）"大寺派"，因此建筑的基本原型也应是斯里兰卡"大寺"建筑及其同期建筑。以艺术史考察，中国南传佛教由古兰纳王国传入，受其影响颇深，因此兰纳王国的建筑可以看作中国南传佛教建筑的"来源"。而中国南传佛教建筑同时又受当地本土建筑要素的影响，比如民居、其他类型的宗教建筑等，这也使中国南传佛教建筑在不同地方产生了不同的形态特点，比如干栏化、汉化，等等。因此建筑所处地的在地建筑要素可以视作中国南传佛教建筑的"在地"。而现有的研究成果只关注到"在地"这一层面，对其"来源"与"原型"关注过少，已有的成果也没有建立"原型"、"来源"与"本体"的联系，因此无法形成谱系学、类型学的整体研究成果（图11，图12）。

在解释学方法论方面，目前在南传佛教建筑美术方面有所涉及。在曼宰龙壁画⑥与"象鼻凤凰"装饰⑦的研究中，对该装饰物背后的观念作了一定探讨。在建筑空间中，该方法论涉及不多，其中比较重要的是谭刚

图11 南传佛教传入路线（佛教诞生到12世纪的传播途径）
（净海.南传佛教史[M].北京:宗教文化出版社,2002:附录）

图12 12世纪云南与兰纳王国的关系
（作者自绘）

毅将"中心图式"与"行为空间"引入来描述佛寺与佛塔的平面❶、王晓帆将"仪式"引入来描述佛塔❷，都有其建设性的成果。

❶ 谭刚毅. 云南傣族上座部佛教建筑的形式与理念[D]. 昆明理工大学，2000：74-81.
❷ 文献[42].

2. 对未来的展望

1）建筑学、人类学、宗教学等多学科交叉

南传佛教建筑这一研究领域本身具有特殊性，涉及跨境族群（傣族）与宗教（南传佛教），因此仅仅利用单一学科的研究方法是不够的。其中对于建筑本体的研究需要运用建筑学的研究方法，而对于建筑背后的观念研究则需要运用宗教学的研究方法，对于其中匠作技艺的研究则涉及人类学的研究方法。对于南传佛教建筑的不同方面运用不同学科的研究手法，有助于更清楚地解决其物质、观念各个层面的问题。

2）宗教建筑史、民族建筑史与文化圈建筑史的整体构建

现今的中国建筑史研究在宏大叙事层面成果斐然。佛教建筑史方面，王贵祥先生的《中国汉传佛教建筑史》❸，对中国的汉传佛教建筑作了非常系统的梳理，而《中国藏传佛教建筑史》也已经纳入出版计划。相对于汉传佛教建筑、藏传佛教建筑的系统梳理，南传佛教建筑的现状研究远远没有达到构成史论的深度，但是其构成史论的潜力体现于以下三个方面：

❸ 王贵祥. 中国汉传佛教建筑史[M]. 北京：清华大学出版社，2016.

a. 专门建筑史方面，即中国南传佛教建筑史史论构建。由于相对于汉传佛教建筑与藏传佛教建筑，南传佛教建筑的遗存相对较少，而且尚无复原研究方面的成果，因此要先对一些历史上存在的南传佛教建筑进行复原，然后才能构建史论。

b. 民族建筑史方面。由于南传佛教的信仰民族主要为傣族，因此南传佛教建筑可以与傣族传统民居一起，组建成傣族建筑史的主体部分。

c. 文化圈建筑史方面。南传佛教为一个大的文化圈，而云南南传佛教只是这个文化圈的一个部分，因此中国南传佛教建筑的研究，可以视为通向整个南传佛教文化圈建筑史研究的桥梁。

3）与建筑设计、遗产保护相互指导的建筑研究

云南南传佛教建筑的一个重要特点是文物保护单位较少（相对于汉传佛教建筑与藏传佛教建筑），而新建佛寺较多，即使是历史遗构在后世也大量被翻修、改建。因此对南传佛教建筑的研究，可以与汉传佛教建筑、藏传佛教建筑等重视历史价值的研究导向略有不同，设计价值、美学价值的比重可以适当提高。因此相对于重视保护的汉传佛教建筑与藏传佛教建筑，南传佛教建筑应是设计研究与保护研究并重、历史价值与美学价值并举的研究取向。

结语

南传佛教建筑作为中国佛教建筑体系中的重要部分，其研究的专业化

程度与汉传佛教建筑、藏传佛教建筑存在一定差距，尤其是相对于已经成熟的汉传/藏传建筑考古方面的研究，南传佛教建筑考古（包括艺术考古）成果寥寥，因此还有很大的潜力可供挖掘。而在建筑要素的各个构成方面，如平面、结构、景观、装饰等，均具有较大深入研究的空间。同时中国南传佛教是世界南传佛教文化圈的一个组成部分，因此应站在世界南传佛教的源流高度上，通过比较的方法去考察中国南传佛教建筑，这也构成一个较具潜力的研究重点。

参考文献

[1] 伍琼华,等.中国南传佛教资料辑录[M].昆明:云南大学出版社,2014:1.

[2] 姚荷生.水摆夷风土记[M].昆明：云南人民出版社,2003.

[3] 江应樑.摆夷的生活文化[M]//江应樑.摆夷的经济文化生活.昆明：云南人民出版,2009.

[4] 田玉玲.中国南传佛教建筑研究资料综述[C].第三届全国贝叶文化研讨会论文集,2008:277.

[5] 邱宣充.西双版纳景洪县傣族佛寺建筑[M]//"中国少数民族社会历史调查资料丛刊"修订委员会.云南民族民俗和宗教调查.北京：民族出版,2009：147-150.

[6] 邱宣充.沧源广允寺调查[M]//"中国少数民族社会历史调查资料丛刊"修订委员会.云南民族民俗和宗教调查.北京：民族出版社,2009：151-165.

[7] 刀永明,刀述仁,曹成章.西双版纳傣族信仰佛教的一些情况[M]//民族问题五种丛书·西双版纳傣族社会综合调查（二）.昆明：云南民族大学出版社,1984：115.

[8] 颜思久.景洪地区佛教调查[M]//云南省编辑组.民族问题五种丛书·云南少数民族社会历史资料汇编.

[9] 邓殿臣.现代傣族地区佛教[J].法音.1991（8）：16-22.

[10] 张建章.德宏佛教——德宏傣族景颇族自治州宗教志[M].芒市：德宏民族出版社,1992：148.

[11] 杨大禹.云南佛教寺院建筑研究[M].南京：东南大学出版社,2011：146-163.

[12] 田玉玲.南传上座部佛教艺术概说[M]//黄泽.非物质文化视野下的民俗艺术与宗教艺术.海口：海南出版社,2008：243.

[13] 刀述仁.南传上座部佛教在云南[J].法音,1985（1）：16-25.

[14] 郑筱筠.历史上中国南传上座部佛教的组织制度与社会组织制度之互动——以云南西双版纳傣族地区为例[J].世界宗教研究,2007（4）：42-51.

[15] 卢山.云南傣族小乘佛教建筑比较研究[J].华中建筑,2002（4）：93-97.

[16] 徐伯安.我国南传佛教建筑概说[J].华中建筑,1993（3）：22-27.

[17] 谭刚毅. 云南傣族上座部佛教建筑的形式与理念[D]. 昆明理工大学, 2000: 15-16.

[18] 杨大禹, 吴庆洲. 南传上座部佛教建筑及其文化精神[J]. 建筑师, 2007 (10): 85.

[19] 梁荔, 刘军. 威远梵印——景谷南传佛教佛寺全图[M]. 昆明: 云南美术出版社, 2015: 27-29.

[20] 杨昌鸣. 东南亚与中国西南少数民族建筑文化探析[M]. 天津: 天津大学出版社, 2005: 161.

[21] 杨昌鸣. 云南傣族寺院与佛塔[M] 北京: 中国建筑工业出版社, 2015: 28-31.

[22] Zhu Liangwen.The Dai or the Tai and Their Architecture &Customs in South China[M] Bangkok:D.DBooks, 1992:47.

[23] 冯炜青. 建筑、宗教、文化——论我国南传佛教建筑文化[M]// 佛光山文教基金会. 中国佛教学术论典（75辑）, 2003: 271-274.

[24] 贝波再. 小乘佛教建筑研究[D]. 同济大学, 2004: 111-125.

[25] 岩峰. 热带丛林的古代文明——论象文化[C]. 第二届全国贝叶文化研讨会论文集, 2005: 296.

[26] 周浩明. 云南傣族小乘佛教建筑研究[M]// 佛光山文教基金会. 中国佛教学术论典（75辑）, 2003: 155.

[27] 李伟卿. 傣族佛寺中的造型艺术[J]. 美术研究, 1982（2）: 66-70.

[28] 邹晓松, 张春继. 象鼻凤凰:景洪傣族屋脊神兽探析[J]. 装饰,2015（11）: 132-133.

[29] 安佳. 傣族佛寺壁画研究[D]. 中央民族大学, 2009.

[30] 董艺. 曼宰龙佛寺僧舍外墙壁画研究[D]. 中央民族大学, 2012: 9.

[31] 赵云川, 安佳. 曼宰龙佛寺僧舍外墙壁画探究[J]. 中国美术, 2013（5）: 110-114.

[32] 赵云川, 安佳. 略谈傣族佛寺中的"金水"[J]. 中国美术, 2013（6）: 104-107.

[33] 郭歌. 画意相生——西双版纳佛教壁画艺术形态比较研究[D]. 云南艺术学院, 2016.

[34] 王璐. 西双版纳曼召村佛寺壁画及其与村民日常生活研究[D]. 云南大学, 2015.

[35] 裴颖. 西双版纳佛寺檐廊装饰艺术研究[D]. 昆明理工大学, 2012: 45-76.

[36] 马建武, 林萍. 云南西双版纳傣族佛寺园林特色[J]. 浙江林学院学报, 2006（6）: 678-683.

[37] 刘荣昆. 傣族生态文化研究[M]. 昆明: 云南大学出版社, 2011: 137-143.

[38] 杨珺. 西双版纳的佛塔[M]// 王懿之, 等. 贝叶文化论. 昆明: 云南人民出版社, 1990: 487-488.

[39] 罗廷振. 西双版纳佛塔的类型及源流[J]. 东南文化，1994（6）：82-88.

[40] 杨昌鸣. 云南傣族佛塔与泰缅佛塔的比较[J]. 东南亚，1992（2）：39.

[41] 李晓玨. 西双版纳景洪地区傣族佛塔信仰研究[C]. 第二届全国贝叶文化研究会论文集，2005：151.

[42] 王晓帆. 中国西南边境及相关地区南传上座部佛塔研究[D]. 同济大学，2006：159-180.

[43] 张涵予. 云南南传上座部佛塔地域化演变机制研究[D]. 云南大学，2012：44-105.

[44] 杜青. 西双版纳佛寺——傣族档案史料的宝库[J]. 云南社会主义学院学报，2003（4）：39-40.

[45] 宋才. 泰国拉塔那时代大王宫建筑研究[D]. 哈尔滨工业大学，2013：25-26.

[46] 余旭. 泰国佛教古建筑艺术的美学特征探析[D]. 西南大学，2012.

[47] 谢小英. 神灵的故事——东南亚宗教建筑[M]. 南京：东南大学出版社，2008.

[48] 韦庚男. 东南亚湄公河流域地区建筑发展与演变[D]. 东南大学，2012：32-70.

[49] Ruethai Chaichongrak.The Thai House—History and Evolution[M]. Bangkok：Asia Books，2002.

[50] Joe Cummings.Lanna Renaissance[M]. Chiang Mai:Dhara Dhevi Hotel，2006.

[51] Pierre Pichard .Inventory of monuments at Pagan[M]. Paris :United Nations Educational，1992.

[52] 王贵祥. 建筑历史研究方法论刍议[M]// 张复合. 建筑史论文集·14辑. 北京：清华大学出版社，2001：221-228.

[53] CHAIYOSH VORAPANT.A STUDY ON ARCHITECTURAL DOCUMENTS OF VIHARN(BUDDHA HALL) IN LANNA, NORTHERN THAILAND：STUDIES ON TRADITIONAL ARCHITECTURAL MANUALS IN THAILAND[C]. 日本建筑学会设计系论文集·第577号，2004：189-195.

[54] Bindu.Is Early Sri Lankan Buddist Architecture based on "Manjusribhasita Vastuvidyasastra" An Archaeological Investigation[C]. 中国与南亚佛教考古国际学术研讨会论文集，2016：58.

建筑考古学研究

莫高窟第254、257窟中心柱窟的复原研究与名称考——塔寺

孙毅华　周真如[1]

（敦煌研究院）

摘要： 佛教东传的过程中，早期佛教建筑形制的演变充分体现了印度、中亚与中原的文化交融。作为历史见证，莫高窟壁画中描绘了许多令人费解的建筑形象，比如第257窟南壁说法图中的殿阙形塔。为了寻根溯源，通过查找历史典籍与不断发现的考古新资料，笔者进行了西北地区早期殿阙式塔的复原研究。这座建筑是由殿、阙、塔三者组合而成名为"塔寺"的一座小型佛教寺院。对此，在研究中对其布局、装饰细部和构造多个层面进行有依据的复原设计，再现了其建筑艺术中汉文化与外来佛教文化的完美融合。同时还利用三维数字建模技术，对复原方案进行了多角度的考查验证。复原参考了第254窟的典型中心塔柱窟的室内空间，也结合了第257窟壁画中的建筑图像。本研究提出一种多维解读早期敦煌壁画中"塔寺"这种独特建筑形式的方法，同时探讨了中心塔柱窟空间的设计意图。该复原案例早于现存的汉传佛教建筑，为早期汉传佛教建筑艺术的相关研究提供了参考，得出塔寺建筑是西域佛塔向中原佛寺建筑的重要过渡形式这一结论。

关键词： 莫高窟第254窟，第257窟，殿阙式塔院，塔寺，建筑复原研究，北魏时期

Abstract: The pagoda-centered monasteries, as an archaic prototype of Buddhist architecture in China, have evolved from India, Central Asia and Chinese (Central Plain) building cultures during the sinicization of Buddhism. This paper presents a study of the pagoda-centered monasteries in the Northern Dynasties' period by theoretically reconstructing a possible prototype based on various evidences. This study proposes a paradigm named pagoda-temple, or *dianque shi tayuan* ("hall-and-gate-tower-style pagoda courtyard"), which is an architectural hybrid of a front chamber, two gate-towers, a quadrilateral pagoda and surrounding interior corridors. This hypothesis is supported by a range of contemporary traces, such as textual records, pictorial depictions in mural paintings and stone carvings, cave-chapel space, local constructing technologies, and building relics. Two main references are the interior space of the central pillar caves (e.g. Mogao cave 254), and the exterior form of pagoda-on-top-of-chambers depicted in Dunhuang murals (e.g. Mogao cave 257). The paper then presents a reconstruction design of the pagoda-temple to examine this hypothesis at the levels of layout, construction, and ornamentation; while digital and physical modeling technologies are used to represent the architectural art of the pagoda-temple three-dimensionally. By synthesizing the scattered materials, the paper reveals an extinct prototype of the pagoda-centered monasteries in fifth- to sixth-century northwestern China. This case study is aimed to reflect a boarder scenario how Chinese pagodas have imitated and transformed multiple paradigms during the spread of Buddhism along the silk routes. In short, pagoda-temple architecture is an important witness of the typological transition from Indian stupa to Chinese monastery architecture.

---

[1] 作者单位：美国芝加哥大学。

Keywords: Mogao caves 254 and 257, *dianque shi tayuan* (hall-and-gate-tower-style pagoda courtyard), *tasi* (pagoda-temple), theoretical reconstruction, the Northern Wei dynasty

一、由西域佛塔到汉地佛寺的组合——塔寺

"《魏书·释老志》曰：敦煌地接西域，道俗交得其旧式，村坞相属，多有塔寺。""所谓'旧式'，即指'塔寺'；'道俗交得'指僧寺和民间精舍皆取塔式。敦煌郡在凉州西端，必是西域'旧式'先达之地。"❶ 而其中的"塔寺"，按现在的理解，一般都认为是塔与寺两座建筑组合而成的寺院，如"汉地存在着'浮图'与'寺'在称呼上相混同的现象"❷。可是这里的塔寺则不是混同称呼，而是指一种特定的建筑形式。笔者试图通过对莫高窟中心塔柱窟形式与同时期壁画形象相结合的研究，得出塔寺就是当时的一种简捷的佛寺建筑这一结论。在古代称之为西域的新疆地区，现在仍然遗存有大量的早期佛教建筑遗址，其中很多都是中心柱形式，如龟兹石窟中的中心塔柱及交河故城与高昌故城遗址，印证了"《晋书》称龟兹国'其城三重，中有佛塔庙千所'"❸。而在敦煌石窟早期也多建有中心柱窟，对这种形式的认可，一般认为受西域影响。但敦煌的中心柱窟又不是完全模仿，而是加入了中原汉地文化因素，形成一种塔寺组合为一体的佛寺建筑新形式。本文就以敦煌石窟中心塔柱窟与同期壁画中的建筑形象为基本依据进行研究，进而深入到塔寺组合佛寺的考证。

❶ 张弓. 汉唐佛寺文化史（上）[M]. 北京：中国社会科学出版社，1997：159.
❷ 傅熹年. 中国古代建筑史. 第二卷 [M]. 两晋南北朝隋唐 五代建筑. 北京：中国建筑工业出版社，2001：166.
❸ 张弓. 汉唐佛寺文化史（上）[M]. 北京：中国社会科学出版社，1997：157.

二、中心塔柱窟与壁画中殿阙形塔的关联

起源于印度的中心塔窟，在石窟的后方有雕刻完整的覆钵塔，在向东方传播至新疆及河西走廊的沿途，遇到的山崖不适合精细的雕刻，无法完整表现出佛塔的形式，于是就产生了石窟中间的中心塔柱。可是敦煌石窟的中心塔柱与龟兹石窟早期的中心塔柱形式有异，它的来源是哪里？与早期文献中记载的"塔寺"有关联吗？而在当时新疆与敦煌所在河西走廊的广大区域的地面上修建的佛寺，应该是什么样的？这些问题都有待解决。早期在新疆及河西走廊一带的地面佛寺应该有很多，可是这一地区的建筑多为生土建筑，经过上千年的风风雨雨，大多湮灭在历史长河中，所剩寥寥不多的佛寺遗迹，也只见一些残垣断壁。好在可以利用这些残垣断壁，再通过查阅大量的历史典籍和考古发现并与敦煌壁画中的建筑形象相结合，笔者试图再现古代新疆与河西走廊一带的地面佛寺形象。

敦煌莫高窟北魏第254、257窟石窟中的中心柱窟形式应该是直接受

到了新疆即古代西域地区地面小佛寺的影响，因而石窟形式与龟兹石窟有很大差别。龟兹石窟里的中心柱窟形式多为：前室为纵长圆券顶，后壁两边开纵长圆券顶通道连接后室，后室壁画多画涅槃变（图1）。而莫高窟北魏的这两座石窟形式在接受西域文化影响的特色时又受到当地强大的汉文化影响，将石窟的前半部分演变为仿木构的两坡屋顶殿堂形式，后半部分沿袭西域的中心柱窟形式，以适应佛教的右旋礼仪，成为前堂后塔的一座塔寺式的小型佛寺（图2）。

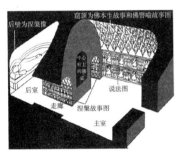

图1　克孜尔石窟结构图
[（美）芮乐伟·韩森.丝绸之路新史[M].张湛，译.北京：北京联合出版公司；后浪出版公司，2015：80.]

图2　莫高窟第254窟剖透视图
（据孙儒僩，孙毅华.敦煌石窟全集·建筑画卷[M].香港：商务印书馆，2001：55.图27修改）

莫高窟第257窟是一座北魏开凿的中心塔柱窟，前面有仿木构的两坡屋顶，相邻的第251、254窟都为同一时代、同一形式，但在屋顶下面的仿木枋上增添了木质的丁头栱，栱上有木质小斗承托木质替木，木质斗栱下有绘出的大斗与柱子（图3）。

在第257窟的南北壁中部各绘"一阙形塔内立佛一铺"❶。关于这座阙形塔的形制，为一座双阙殿堂的屋顶上再起覆钵。双阙殿堂形式早在汉代的画像砖中已大量出现，所以人们提起阙的建筑形式，都称其为"汉阙"。可在敦煌石窟的南北朝时期还有大量的阙形建筑形式，充分说明敦煌地区较多地保留和继承了中原的汉文化传统。在这座殿阙形塔上则体现了汉文化与外来佛教文化的完美融合。这座建筑是由殿、阙、塔三者组合而成的

❶ 敦煌研究院.敦煌石窟内容总录[M].北京：文物出版社，1996：103.

图3　莫高窟第251窟木斗栱
（孙毅华，孙儒僩.敦煌石窟全集·石窟建筑卷[M].香港：商务印书馆，2003：77.图45）

一座小型佛教寺院，因而称其为殿阙式塔或殿阙式塔院。对于壁画中的这一建筑形式，在现实中是否存在过？它们的名称叫什么？为什么敦煌壁画中会出现这种胡汉交融的小佛寺形式？敦煌壁画中的建筑形式是画家们臆想的吗？为了寻根溯源，笔者通过查找历史典籍与不断发现的考古新资料，利用第254窟的石窟空间，结合第257窟的壁画形象，再利用第251窟完整的斗栱形式，进行一次殿阙式塔的复原研究，并考证它的建筑名称。

三、对第257窟殿阙塔壁画的解读

在第257窟南北壁的千佛中，各有一幅"一阙形塔内立佛一铺"式的说法图❶（图4）。

图4　莫高窟第257窟南壁说法图中的殿阙式塔
（孙儒僴，孙毅华. 敦煌石窟全集·建筑画卷[M]. 香港：商务印书馆，2001：30. 图17）

这亦是早期北魏壁画中唯一以建筑作背景的说法图，这一形式也可以说是敦煌石窟中最早的佛寺形象，是一组由汉式的殿阙和印度的窣堵坡相叠加组合而成的佛寺建筑形式。对于这座殿阙式塔，建筑史学者提出过两种观点。曾经在敦煌工作过15年的萧默先生在其《敦煌建筑研究》一书中写道："北魏第257窟南壁中央有一个有趣的壁画建筑形象，在某种意义上也曲折地透露了古代匠师尝试把外来形式融合于中国传统的某种努力。这是一座阙形龛，双阙中间连有屋顶，在这个屋顶正中，有一整套塔顶部件：覆钵、受花、相轮、宝珠，在宝珠左右也和北朝壁画中许多塔一样各悬幡一口，这么重的东西，置于并无直接支撑的屋顶中部，结构上显然不合理，它多半是画家想象之作，但是它提示在印度塔和中国重楼融合的过程中，匠师们一定还曾探讨过多种途径，例如把印度的塔和中国传统的阙结合到一起，等等。这种努力，可能是幼稚的，甚至是可笑的，但这种勇敢的探索精神却十分感人。"❷曾经在敦煌工作一生的孙儒僴先生在其《敦煌石窟全集·筑画卷》中写道："北魏第257窟绘有两座塔，其形式和作用各不相同，但却充分利用了汉民族的建筑形式，如殿阙形塔，顾名思义：是由殿、阙、塔三者组合而成，形状是在殿阙的屋顶正中置一窣堵坡，半圆的覆钵上有受花，圆锥形的塔刹上有三宝珠，左右各悬一对大幡……这种由汉式的殿阙和印度窣堵坡相叠加组合而成的佛寺建筑形式，并不是画家的臆造，新疆交河故城有很多用

❶ 在《敦煌石窟内容总录》里记载为"一阙形塔内立佛一铺"，而在同时代第251、260窟的这一位置是一铺跌坐佛，被记载为"说法图"，西魏第249窟南北壁中央的一铺立佛也记载为"说法图"。第257窟与第251、260窟比较，同样的位置因为有建筑作为背景，就做了形象的记载。通过与第249窟的立佛说法图的比较，笔者认为这也应该是一幅说法图，且形象地绘出了佛说法的背景。参见：敦煌研究院. 敦煌石窟内容总录[M]. 北京：文物出版社，1996。

❷ 萧默. 敦煌建筑研究[M]. 北京：文物出版社，1989：157。

生土建造的佛寺遗址，在许多小佛寺遗址中，有用一圈围墙围成的方形空间，前面有门洞，中间一个方形土堆，土堆高出围墙，在高于围墙的位置上留有搭建屋顶的椽檩孔洞，高出屋顶的土堆应是塔刹。汉画中常见到在殿阙建筑中画神仙、圣贤，所以把佛像安置在殿阙建筑之中，当然是顺理成章的事，但画师并没有忘记把佛教的标志——塔刹放在殿顶上，使它成为佛教建筑。"❶

这座殿阙形塔的绘画技法看似不靠谱，其实亦可理解为一种准确的平面叠加投影，绘画中的塔和殿并非在同一视线的投影面上，而应该是一前一后，具有空间层次。如此塔被前面高大的佛像遮挡，因而看不见覆钵下的塔身与台基。而纵观同一窟中的一座墓塔（图5），同样有汉式建筑的大屋檐，屋檐上有覆钵与塔刹，屋檐下有塔身与塔基。同时还可以认为，该殿阙形塔乃是延续了汉代殿阙建筑的绘画技法（图6），于两边的阙下设台基，中间的殿屋直接落在阙墙上。从敦煌研究院所藏孙儒僩先生绘制的第254窟立体剖面图中，可以清晰地看出殿阙与塔的前后关系。

❶ 孙儒僩，孙毅华.敦煌石窟全集·建筑画卷[M].香港：商务印书馆，2001：27-28.

图5　莫高窟第257窟南壁故事画中的
　　　单层砖石塔
（孙儒僩，孙毅华.敦煌石窟全集·建筑画卷[M].香港：
商务印书馆，2001：30.图18）

图6　河南沛县栖山石椁墓中的
　　　"西王母"画像石上的殿阙图
（孙儒僩，孙毅华.敦煌石窟全集·建筑画卷[M].
香港：商务印书馆，2001：13.）

四、有关塔寺形制的典籍文献与考古遗迹

1. 典籍文献

敦煌石窟里出现的中心柱窟以北魏时期为最多，此时期共开凿石窟14个，前部人字坡顶、后部平顶的中心塔柱窟有10个，占绝对多数，殿阙形塔的绘画形象唯此一座。北魏《洛阳伽蓝记》中亦有关于西域于阗国修建塔寺的详细文字记载❷：

❷ 范祥雍.洛阳伽蓝记校注[M].上海：古典文学出版社，1958：271-272.

于阗王不信佛法，有商将一比丘石（名）毗卢旃，在城南杏树下，向王伏罪云："今辄将吴（异）国沙门来在城南杏树下。"王闻忽怒，即往看毗卢旃。旃语王曰："如来遣我来，令王造覆盆浮图一躯，使王祚永隆。"王言："令我见佛当即从命。"毗卢旃鸣钟告佛，即遣罗睺罗变形为佛，从空而现真容。王五体投地，即于杏树下置立寺舍，画作罗睺罗像，忽然自灭。于阗王更作精舍笼之，令覆瓮之影恒出屋外。见之者无不回向。

此文描述了于阗王皈依佛教和修建塔寺的详细情形。其中"覆盆浮图"、"覆瓮"是对塔的指称。而"寺舍"、"精舍"指的是为佛修建的房子即佛寺，用来供佛。"更作精舍笼之，令覆瓮之影恒出屋外。见之者无不回向。"说明于阗王修建了一所佛寺，将"覆盆浮图"——塔，"笼"罩在佛寺里，让高大的"覆瓮"塔刹伸出屋顶之上，再于塔刹上悬挂五色大幡，高大的塔刹与彩色的大幡吸引人们回头张望。在第257窟的殿阙塔图像中可以找到与于阗国的"精舍"、"覆盆浮图"、"覆瓮之影恒出屋外"对应的空间和建筑元素。

塔上悬挂大幡的模式同样可见于《洛阳伽蓝记》："惠生初发京师之日，皇太后敕付五色百尺幡千口、锦香袋五百枚、王公卿士幡二千口。惠生从于阗至乾陀，所有佛事（处）悉皆流布。"❶塔刹上悬挂的大幡又与当时"所有佛事（处）悉皆流布"的"五色百尺幡"相对应。

《晋书》卷九十七的《四夷传·龟兹国》里记载："龟兹国西去洛阳八千二百八十里，俗有城郭，其城三重，中有佛塔庙千所。"❷《汉唐佛寺文化史》一书中，作者引用了"唐道宣《释迦方志》记唐初屈支国（即龟兹）'王城民宅，多树像塔，不可胜纪'。"❸而在《魏书·释老志》记："自洛中构白马寺，盛饰佛图，画迹甚妙，为四方式，凡宫塔制度，犹依天竺旧状而重构之，从一级至三、五、七、九。世人相承，谓之'浮图'，或云'佛图'。……"凉州自张轨后，世信佛教。敦煌地接西域，道俗交得其旧式，村坞相属，多有塔寺"❹。

以上诸多文献中记载了西域（新疆地区）与敦煌早期地面佛寺的很多名称，有"寺舍"、"精舍"、"佛塔庙"、"像塔"、"宫塔"、"塔寺"。其实在《魏书·释老志》里，"敦煌地接西域，……多有塔寺"的"塔寺"应当是对古龟兹及敦煌魏晋时期地面佛寺的称呼，以龟兹石窟与敦煌石窟里的中心塔柱数量不可能有"千所"之多，可知只有地面佛寺可以视作在城中与村坞相属间修建的大量的"塔寺"。天竺宫塔制度的特征，取单数层级构筑"佛图"，佛图每层壁面布满佛龛，象征"天宫千佛"，所以又称宫塔。而《魏书·释老志》中专门提到敦煌"村坞相属，多有塔寺"，莫高窟石窟中北魏时期的中心塔柱上"每层壁面布满佛龛"与西域的宫塔制度正相符，只是佛龛用圆券龛与阙形龛形式表现，融入了汉地因素，而且这些塔寺不仅在石窟中也在村坞之间，才体现出"多有塔寺"的记载。

在晚于魏晋的敦煌藏经洞的文献中，将中心柱窟的称呼直接记为"佛

❶ 范祥雍.洛阳伽蓝记校注[M].上海：古典文学出版社，1958：329.

❷ [唐]房玄龄，等.晋书[M].北京：中华书局，1974：2543.

❸ 张弓.汉唐佛寺文化史（上）[M].北京：中国社会科学出版社，1997.

❹ [北齐]魏收.魏书[M].北京：中华书局，1974：3029，3032.

刹"、"宝刹"、"刹心内龛",就是以佛塔的标志性特征——塔刹为中心柱窟命名,所以现在将中心柱窟也称为中心塔柱窟,如敦煌研究院藏原置于第332窟的《李克让修莫高窟佛龛碑》(初唐圣历元年,698年)中多处提到"复于窟侧更造佛刹……;后起[涅]槃之变;中浮宝刹,匝四面以环通……;粤以圣历元年五月十四日修葺功毕,设供塔前,……"这里的佛刹、宝刹、塔前都是指第332窟的中心塔柱,且在中心塔柱四周"匝四面以环通",可以绕行进行礼佛仪规。石窟形制在中心柱前面依然保留了早期人字坡窟顶形式,只是没有早期的仿木的椽檩结构了。

敦煌研究院藏第D0671号(发表号为322号)背面的《腊八燃灯分配窟龛名数》(五代,吴曼公)云:"曹都头:吴和尚以南至天龙八部窟,计八十窟。刹心内龛总在里边。"其中"刹心内龛"即为中心塔柱。文字表明中心塔柱上有佛龛。

2. 考古遗迹

从以上文献中可以看出,记载中有关中心塔柱式的塔寺建筑都在古代的西域,因而保存至今的塔寺遗址也在现在的新疆即古代的西域地区。在19世纪末至20世纪初的几十年间,西方各列强以考古探险为名,在新疆地区进行了大量的疯狂盗掘,也因此发现了许多掩埋在沙漠废墟中的古代佛教遗迹。其中的英籍匈牙利人斯坦因曾多次在新疆进行考古盗掘,同时也发现了一些被掩埋的古代遗迹。如他于1901年首次发现的尼雅遗址,是汉晋时期的古精绝国,遗址中心标识物为一座佛塔,塔周围流散分布着成组的聚落、冶炼作坊遗址群、墓葬等。该遗址是塔克拉玛干现存最大的遗址群,在斯坦因的《沙埋和阗废墟记》中:"(民丰县安迪尔古城遗址)当我走近佛塔时……我注意到其中中央附近覆盖这地方的沙丘顶上露出的木柱群排列组成两个同心的方框,当即回想到在丹丹乌里克发掘时发现的带回廊的寺庙佛殿。"❶1901年斯坦因在和阗发掘热瓦克佛寺时"被热瓦克佛寺深深震撼。他意识到必须移开大量的沙子才能绘制的平面图……,佛塔高达6.86米,平面呈十字状,四面都有台阶……他们发现了一堵巨大的长方形内墙。内墙之外还有一周外墙,其西南角也被挖出。信徒绕行佛塔行进在一条壮丽的走道上,两边都有塑像。因为这些塑像太易碎了,斯坦因认为内墙和外墙之间的走道上肯定有木质屋顶。"❷热瓦克佛寺也是一座具有中心佛塔和室内回廊的佛寺,尽管其规模比本研究所讨论的小佛寺大很多(图7)。1906年斯坦因在若羌(古鄯善国)的米兰遗址盗去许多精美的佛头像、婆罗米文残纸等珍贵文物,尤其是他在一处佛塔(斯坦因编号M3)的回廊外壁盗走的"有翼飞天像"壁画尤为珍贵,这种有回廊的寺塔组合,在内外壁之间都有塑像,由此可知在回廊顶上一定有屋顶,才能保护泥塑佛像。以上提到的和阗与鄯善属丝绸之路的南道,从敦煌的阳关出发,沿塔克拉玛干沙漠南缘进入西域。

❶(英)马克·奥里尔·斯坦因.沙埋和阗废墟记[M].殷晴,剧世华,张南,等,译.乌鲁木齐:新疆美术摄影出版社,1994:256.

❷(美)芮乐伟·韩森.丝绸之路新史[M].张湛,译.北京:北京联合出版公司;后浪出版公司,2015:259.

从敦煌的玉门关出发走中道，沿塔克拉玛干沙漠北缘，经罗布泊（楼兰）、吐鲁番（车师、高昌）、焉耆（尉犁）到库车（龟兹），沿途有众多的佛教遗址，这些地方在19世纪末至20世纪初的几十年间，以西方列强中的德国来此盗掘为最多。他们在石窟剥离的壁画有好几百平方米，另外还有大量壁画在剥离时就遭到破坏而被丢弃。他们在新疆的活动也留下了大量的照片和测绘图，可以看出古代塔寺的基本图像，如吐鲁番高昌故城的伽玛寺、吐峪沟德国人编号的38号佛教遗址等。❶ 至今保存较好的交河故城的一座小佛寺遗址，现在还能看到遗址的形状及遗址上曾经的修建痕迹（图8）。

❶ 梁涛.交河故城西北佛寺复原研究[J].文博，2009（2）：82.

图7　热瓦克佛寺遗址
[（美）芮乐伟·韩森.丝绸之路新史[M].张湛，译.北京：北京联合出版公司出版；后浪出版公司，2015：260.]

图8　新疆吐鲁番交河故城佛寺遗址
（作者自绘）

从以上众多的西域塔寺遗址照片及早期记载与测绘图形象来看，最壮丽的塔刹全部都已消失在历史的长河中，唯一可以看到壮丽塔刹的地方就是石窟寺了，新疆（西域）与敦煌的石窟寺中大量的塔上的塔刹形象，是复原研究的重要依据。

五、中心塔柱窟复原研究的依据

对于中心塔柱式的塔寺复原，早已有新疆的文物工作者作过研究，他们的依据就是新疆众多的塔寺遗址。❷ 笔者的复原研究则基于壁画中的塔寺外观形象（图9），又融入了些许汉地的建筑元素，是属于敦煌的"塔寺"样式。

❷ 梁涛.交河故城西北佛寺复原研究[J].文博，2009（2）：76–84.

1. 从不同角度观察壁画与石窟

将第257窟壁画中的殿阙形塔与第254窟的中心塔柱及前部人字坡的石窟形制作比较，可以将看到的建筑形式理解为：第257窟壁画中的殿阙形塔表现了塔寺的正立面形象，而内部空间的处理则更为立体。参考第254窟的

图9 莫高窟第257南壁殿阙式塔线描图
（周真如 绘制）

中心塔柱窟空间，绘制了带有汉地两坡屋顶的塔寺立体剖面形象（图10，图11），后面的中心塔柱是塔的象征，为供佛教徒们绕塔礼佛的仪规空间，前部的两坡屋顶下是寺院聚集讲经译经的场所（图12）。

2. 关于复原研究中的外部尺度

建筑的内部空间以第254窟的空间为基础，向外推出墙体厚度。墙厚按照中国传统建筑的筑墙之制，"每墙厚三尺，则高九尺；其上斜收，比厚减半。"[1] 墙体下宽上窄斜收，以高度确定墙体下部厚度，向上斜收一半，即为建筑的外围尺度（图13）。

[1] 梁思成. 梁思成全集·第七卷[M]. 北京：中国建筑工业出版社，2001：47.

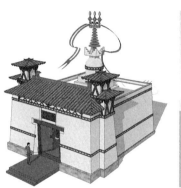

图10 殿阙式塔寺复原设计鸟瞰图
（周真如 绘制）

图11 殿阙式塔寺复原设计剖透视图
（周真如 绘制）

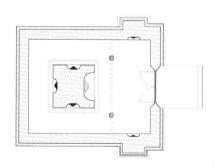

图12 殿阙式塔寺复原设计平面图
（周真如 绘制）

图13 殿阙式塔寺复原设计剖面图
（周真如 绘制）

3. 墙体装饰

参照早期壁画与文献记载，对外围墙体的装饰，就是在粉白的墙壁上增设两圈土红色壁带。增设壁带的做法，一是在敦煌石窟的早期建筑形象绘画里均有表现（图14）；二是文献典籍中关于汉代宫廷奢华的描述多有提到，《汉书·外戚传》（第六十七下）："（孝成赵皇后）居昭阳舍，其中庭彤朱，而殿上髹漆，切皆铜沓黄金涂，白玉阶，壁带往往为黄金釭，函蓝田璧，明珠、翠羽饰之。……师古曰：'壁带，壁之横木露出如带者也'。"❶《后汉书卷四十二·琅邪孝王京传》："京都营，好修宫室，穷极伎巧，殿馆壁带皆饰以金银"。❷这正与壁画中的形象相吻合。见于早期壁画的殿堂形象，在殿身两侧都有厚墙，墙身中部有壁带，其反映的是当时建筑结构的根本性问题。我国北方传统的木结构建筑，当柱架与梁架的联结还没有很好地解决之前，房屋左、右、后三面的厚墙，是稳定房屋柱网的重力墙，而这种墙体又由夯土筑成，所以在墙体中增加壁带，以增加墙体的拉结强度。《汉书》中记载的壁带中间"往往为黄金釭，函蓝田璧，明珠、翠羽饰之"，成为大面积墙体中的装饰构件。墙体中的壁带形式在敦煌宋代的土塔中还可以见到（图15），只是没有了早期的装饰效果，而以墙壁彩绘为装饰。这在莫高窟西崖山顶上的天王堂中可以看到，本复原设计根据墙体高度设置上下两条壁带（图16，图17）。

 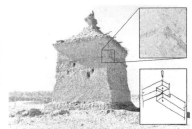

图14 莫高窟第257窟西壁须摩提女因缘品之宅院建筑细部
（孙儒僩，孙毅华.敦煌石窟全集·建筑画卷[M].香港：商务印书馆，2001：23.图9）

图15 敦煌宋代天王堂的壁带
（梁旭澍 摄，2016年6月）

 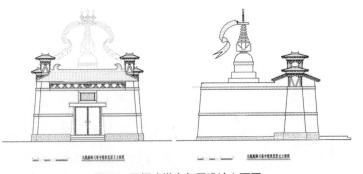

图16 殿阙式塔寺复原设计
主立面透视图
（周真如 绘制）

图17 殿阙式塔寺复原设计立面图
（周真如 绘制）

---

❶ [汉]班固，撰.[唐]颜师古，注.汉书[M].北京：中华书局，1964：3989.
❷ [宋]范晔.后汉书[M].北京：中华书局，1965：1451.

4. 中心塔柱形式

室内部分，直接采用第254窟中心柱的尺度与样式；室外部分，参照第257窟殿阙塔的塔刹样式，将覆钵、平头、受花、刹杆伸出屋顶，于塔刹顶端的三宝珠上悬挂长幡（图18）。其中刹杆上的相轮及三宝珠参照第254窟"舍身饲虎"中舍利塔的形式复原（图19）。原因是第257窟壁画中两座塔上的相轮其形式并非层次分明的相轮，而是一个两边有弧度的下大上小的梯形，像一把未打开的伞。对于这样的塔刹，在没有作深入研究前亦不能贸然使用在复原图像中。敦煌石窟中塔刹的不同形式还有很多种，可能是不同文化、不同画家的不同认识而产生的差异吧。第254窟与第257窟，同为北魏时代，石窟位置也紧相邻，却出现这样的差异，还需要作深入考证才能定论。

图18 殿阙式塔寺复原设计的塔刹细部
（周真如 绘制）

5. 中心塔柱四周内部屋顶形式

根据早期中心塔柱四周均作斗四平棊状，本文复原即采用该形式（图20，图21）。

斗四平棊屋顶形式源自中亚及新疆的广大西域地区。在阿富汗巴米扬石窟里有斗四形象，甚至在现今新疆塔吉克族的民居中仍在使用（图22）。据清人段玉裁《说文解字注》中对"囪"的解释："在墙曰牖。片部曰。牖，穿壁以木为交窗也。在屋曰囪。屋在上者也。象形。此皆以交木为之。故象其交木之形。外域之也。"❶石窟中的斗四平棊形式应是对西域中心塔柱式土塔的屋顶模仿，只可惜而今新疆中心塔柱式土塔的屋顶都已毁坏。"《梁书》记载：'（高昌）其地高燥，筑土为城，架木为屋，土覆其上'。"❷斯坦因在新疆考古发掘中写道："（热瓦克佛塔）很

图19 莫高窟第254窟"舍身饲虎"中的舍利塔形象
（孙儒僴、孙毅华.敦煌石窟全集·建筑画卷[M].香港：商务印书馆，2001：29.图16）

有可能，原来在围墙顶上曾盖有一道廊檐或类似的建筑，以遮蔽塑像，然而即使真有过，那么在沙土填塞了这个佛塔大院之前，就已被人故意地拆掉搬走了，因为在我发掘时只在靠近东南面内侧的一个地方发现了一些大约4英寸厚的碎木头，它们可能是用于这种建筑的，鉴于现今在新疆大城镇附近木料是如此昂贵，因此对这些剩余在荒废寺庙的有用材料早早地被搬走，一点儿也用不着奇怪。"❸从这一段记述中可以了解到：1）在新疆木头比较稀缺昂贵；2）荒废房屋的木料会被再次利用；3）剩余的碎木头有4英寸，合10厘米粗细。关于塔吉克斯坦撒马尔罕，"考古学家在片治肯特发现的越来越大的房子和越来越精密的壁画便是明证。"❹（图23）片治肯特曾是粟特人的故乡，粟特人又是丝绸之路上文化的重要传播者。"直到最近，学者们一致认为斯坦

---

❶ [汉]许慎，撰.[清]段玉裁，注.说文解字注[M].上海：上海古籍出版社，1981：873.
❷ 梁涛.交河故城西北佛寺复原研究[J].文博，2009（2）：80.
❸ (英)马克·奥里尔·斯坦因.沙埋和阗废墟记[M].殷晴，剧世华，张南，等，译.乌鲁木齐：新疆美术摄影出版社，1994：281.
❹ (美)芮乐伟·韩森.丝绸之路新史[M].张湛，译.北京：北京联合出版公司出版；后浪出版公司，2015：161.

图 20　殿阙式塔寺复原设计的室内透视图
（周真如　绘制）

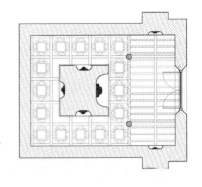

图 21　殿阙式塔寺复原设计
吊顶平面图
（周真如　绘制）

图 22　新疆塔吉克民居内景图
（严大椿. 新疆民居 [M]. 北京：中国建筑工业出版社，1995：305.
图 12-13）

图 23　片治肯特的房屋
[（美）芮乐伟·韩森. 丝绸之路新史 [M]. 张湛，译. 北京：北京联合出版公司出版；后浪出版公司，2015：161.]

因 1907 年在敦煌附近找到的粟特古信札是现存最古老的粟特语材料。……斯坦因找到的八封古信札基本完整，其信息量要大得多，……其中一封是发往撒马尔罕的。……这些信件表明，早在 4 世纪早期，洛阳、长安、武威、酒泉和敦煌就存在粟特部落。"❶敦煌遗书 P2005《沙洲都督府图经残卷》❷记沙洲城有四所杂神庙分别为：土地神庙、风伯神庙、雨师神庙、祆神庙。其中的祆神庙就是粟特人的拜火教神庙，当时的祆神庙是什么样的建筑形式，已经无从知晓，但他们的建筑文化却在敦煌石窟里留下曾经的痕迹。使用斗四平棊形式，所用的木材可以不必用粗大的长木料，很适合西北干旱缺少木材的地域修建房屋。

---

❶（美）芮乐伟·韩森. 丝绸之路新史 [M]. 张湛，译. 北京：北京联合出版公司出版；后浪出版公司，2015：148–151.
❷ 唐耕耦，陆宏基. 敦煌社会经济文献真迹释录 [M]. 北京：书目文献出版社，1986：2.

6. 殿阙外形复原

中心柱窟前的殿阙，由于没有古建筑实物留存，因此参照壁画形式。石窟壁画和窟内阙形龛中雕塑的阙的形象，是在双阙之间连有大门和屋顶，两边高低错落的子母阙高耸而立，中央屋顶低于两侧的母阙屋顶（图24）。这样的阙形龛又有几种变体：1）中央屋顶为四坡顶或人字坡顶；2）两边子母阙的子阙高度略高于或低于中央屋顶正脊高度；3）殿阙形的阙屋在高大的殿室两边配低矮的单阙；4）殿阙形的阙屋单边配两层的高楼，高楼的两层屋檐分别位于殿屋屋檐的上下，形成单阙形式；5）第257窟殿阙塔上四坡顶的殿和子阙高度略高于中央屋顶正脊高度的形式。复原研究的殿阙复原形式就依据上文图4壁画形式而作（图25）。

图24　莫高窟第254窟阙形龛
（孙毅华，孙儒僩. 敦煌石窟全集·石窟建筑卷[M]. 香港：商务印书馆，2003：58. 图30）

图25　殿阙式塔寺复原设计的殿阙细部
（周真如　绘制）

对于殿阙的正面及门窗形式，均参考同时代或相近时代壁画中的建筑样式进行复原。如大门形式参考西魏第248窟的天宫大门（图26）；大门上面有明窗，为第254窟窟形，也是早期唯一完整有明窗保留的窟形，与大同云冈石窟的昙曜五窟形式相似。同在第257窟西壁的一幅坞壁宅院图中，其大门上方绘有明窗，窗内有直棂窗条（参见图14）。莫高窟留存的四座宋代窟檐窗户与明窗都为直棂窗条形式，窗条断面正方，转45°，以90°的棱角向前。因而复原图中亦采用直棂窗条形式。

为强调立面装饰效果，在明窗上增添了一层壁带，壁带之上是一排人字栱，提高了屋檐高度，这样的形式见于北魏时期中原地区出土的墓葬明器及莫高窟北周、隋代壁画（图27）。

图26　西魏第248窟的天宫大门
（孙儒僩,孙毅华.敦煌石窟全集·建筑画卷[M].香港：商务印书馆，2001：26.图15）

图27　山西大同小站村的北魏石雕屋型龛
（罗宗真.魏晋南北朝文化[M].上海：学林出版社，2000：284.图25）

图28　殿阙式塔寺复原内部空间示意图
（周真如　绘制）

7. 窟室前部两坡屋顶的内部空间复原

依据第254窟的两坡屋顶空间，采取汉地建筑形式，使用梁柱斗栱结构形式。1）建筑空间为三开间，依据来自新疆交河故城的一座小佛寺形式。这座小佛寺的中心塔柱上遗留下了重要的建筑痕迹，即在塔柱每面有两个略高出墙体的孔洞，这应该就是搭建了木构的痕迹。敦煌石窟第254、251窟的南北壁两坡屋顶的山墙上插有木斗栱，第251窟在木斗栱下更有绘出的柱子与大斗，两坡下的椽与枋均以浮塑形式表现，两坡屋顶模仿地面佛寺建筑形式。2）梁柱斗栱的尺寸参考第251窟木斗栱尺寸，柱子与大斗亦参考木斗栱下绘画的尺寸。斗栱承托的木枋以浮塑木枋尺寸为依据，形式也依据第251窟山墙上的柱头形式，在山墙一面，有镶嵌在墙壁的半个柱子与一个大斗及丁头栱插入墙壁，在中间的两个柱头顶上安置一个大斗与三个小斗，呈一斗三升形式承托檐枋，在一斗三升斗栱上承托阑额枋，于阑额枋之上再做连续的人字栱承托檐枋（具体参见图28）。

对于塔寺的内部空间分隔，在第257窟内的殿阙塔下悬挂有大幅帷幔，北魏时期的一些殿阙龛下及住宅殿阙的檐下也绘有大幅帷幔，因而在复原图里也在柱子之间绘出帷幔，成为中心柱与前面佛堂的软隔断，各自既分隔又联通，作为绕塔礼仪和佛堂讲经两个空间，成为灵活的空间组合，满足了初期佛寺的各项功能用途，即为塔寺（图28）。

六、塔寺佛寺是西域佛塔向中原佛寺建筑的重要过渡形式

通过对以上各部分的详细分析，本文试图说明魏晋时期敦煌有很多"塔寺"形式，同时也依稀可见源自西域的塔刹样式，更为重要的是得出了敦煌地区的塔寺建筑应当是汉地大型佛教寺院的一个过渡形式这一结论。

敦煌地接西域，是西域胡僧进入中原的生活补给及语言学习之地。最新的考古资料显示，1990—1992年在距敦煌市东60多公里的一个古代遗址——悬泉置邮驿驿站里出土了一枚东汉时的简牍，上面记载了一个地名"小浮屠里"。"浮屠"是佛塔最早的汉译名称，"里"是古代里坊式居住形式的一个区域。"小浮屠里"是当时敦煌的一个里坊名称，说明这个里坊有一个小佛塔。而关于佛教在中国的传播，最初是不允许汉人出家的。东晋时后赵石虎的"中书著作郎王度奏

曰'……佛出西域，外国之神，……往汉明梦感，初传其道。唯听西域人得立寺都邑，以奉其神，其汉人皆不得出家，魏承汉制，亦循前轨。'"❶ 直到"魏黄初中，中国人始依佛戒，剃发为僧"❷。"3世纪后半叶，即有关汉人不准出家的禁令在黄魏初中（220-226年）实际取消后不久，敦煌便出了不少胡汉高僧，表明这里佛教的流传和译经事业迅速地发展起来了。"❸ 随着佛教的发展及统治阶层解除禁令，民间信众在信佛、崇佛的同时，也开始兴修佛寺，佛寺的规模逐渐世俗化，最明显的特征即为"舍宅为寺"。"舍宅为寺"最早见于北魏的《洛阳伽蓝记》，说明至北魏时佛寺已经以宅院的形式存在或者在其中增建佛塔即为佛寺。而对于"舍宅为寺"之前的早期佛寺形制，由于实物稀缺，所以只能

图 29　根据复原图制作的 3D 模型
（作者提供）

依据少量的文献记载而揣测其平面布局，至于立面图形更是无从知晓。对早期佛寺的揣测有："这时禁止汉人出家，立寺主要为满足外来僧人礼拜观佛、举行仪式及研习、译释佛经的需要，而多数外来僧人'常贵游化，不乐专守'，居食无定处，故佛寺中一般只有少量僧人居守，佛寺占地也极为有限。"❹ 回看莫高窟的中心柱窟，既满足了"礼拜观佛"的绕塔仪式，也满足了讲堂的需要，空间分隔简单明了。"占地也极为有限"，对石窟开凿也很方便，一个中型石窟就可以满足需要。故在村坞之间受西域"旧式"影响而多有"塔寺"，可见，敦煌石窟早期的中心塔柱窟在延续了西域的塔寺小佛寺形式之外，又增加了汉地建筑元素，是小型的塔寺小佛寺向中原的宅院型佛寺过渡的一个重要的形式。

此次的复原研究是一次试探性的尝试，由于早期建筑形象缺少实物参考，复原依据主要来源于文献、考古资料、石窟及壁画，笔者力求通过复原设计图将塔寺这样一种位于西域与中原之间的独特且具有重要意义的建筑形式呈现出来，更期待其可以作为一个建筑实体被修建起来，同时作为丝绸之路上的一个历史建筑景观展现于世（图 29）。

参考文献

[1]　萧默. 敦煌建筑研究 [M]. 北京：文物出版社，1989.

[2]　李肖. 交河古城的形制布局 [M]. 北京：文物出版社，2003.

[3]　联合国教科文组织驻中国代表处，新疆文物事业管理局，新疆文物考古研究所. 交河故城——1993、1994 年度考古发掘报告 [M]. 北京：东方出版社，1998.

[4]　张弓. 汉唐佛寺文化史 [M]. 北京：中国社会科学出版社，1997.

[5]　（美）芮乐伟·韩森. 丝绸之路新史 [M]. 张湛，译. 北京：北京联合出版公司；后浪出版公司，2015.

---

❶　[梁] 释慧皎，撰. 汤用彤，校注. 汤一玄，整理. 高僧传 [M]. 北京：中华书局，1992：352.
❷　[唐] 魏徵，令狐德棻. 隋书（全六册）第 4 册 [M]. 北京：中华书局，1973：1097.
❸　胡戟，傅玫. 敦煌史话 [M]. 北京：中华书局，1995：30.
❹　傅熹年. 中国古代建筑史·第二卷 [M]. 两晋南北朝隋唐五代建筑. 北京：中国建筑工业出版社，2001：166.

[6] 孙儒僩，孙毅华. 敦煌石窟全集·建筑画卷 [M]. 香港：商务印书馆，2001.

[7] 孙毅华，孙儒僩. 敦煌石窟全集·石窟建筑卷 [M]. 香港：商务印书馆，2003.

[8] 范祥雍. 洛阳伽蓝记校注 [M]. 上海：古典文学出版社，1958.

[9] 梁涛. 交河故城西北佛寺复原研究 [J]. 文博，2009（2）：76-84.

[10]（德）勒柯克. 高昌 [M]. 赵崇民，译. 乌鲁木齐：新疆人民出版社，1998.

[11] 严大椿. 新疆民居 [M]. 北京：中国建筑工业出版社，1995.

6—11世纪莫高窟净土变建筑图像设计与平面布局研究[1]

张亦驰

（清华大学建筑学院）

摘要：作为敦煌莫高窟中的宗教题材壁画，净土变展现了大量隋唐时期的建筑形象，特别是建筑组群形象。这些组群形象既反映了现实建造的建筑群，如寺院、宫殿等院落的一些布局特征，同时也具有绘画创作自身的特征。本文在分析净土变创作方法的基础上，将已发表的净土变按照图像自身的构图特征分为若干类型，并对每一类型中的建筑画进行平面复原，探讨莫高窟壁画建筑平面的布局与图像的构图设计之间的关系。

关键词：敦煌壁画，莫高窟，净土变，隋唐佛寺建筑，平面布局

Abstract: Pure Land illustrations are one category of religious wall paintings in the Dunhuang Mogao Grottoes that have preserved a large number of illustrations of architecture from the Sui and Tang dynasties, depicting not only single buildings but also clusters of buildings. These illustrations reflect the layout of buildings that actually have existed such as monasteries and palaces. But they also reflect the characteristics of two-dimensional art (painting). Through analysis of the method of creation, the paper classifies these Pure Land illustrations into types according to the elements of composition. The paper then carries out hypothetical restoration of each type and explores the relationship between the layout of building clusters and the composition of the image.

Keywords: Dunhuang mural, Mogao Grottoes, Pure Land painting, Sui-Tang Buddhist monasteries, building layout

"净土"为佛教词汇，为佛所居住之所，也称为"清净佛土"、"极乐世界"；"变"同样为佛教词汇，广义的变，指的是用讲唱、绘画、雕塑等形式，较为通俗地宣扬佛教教义的艺术；狭义的变，又称"经变"、"变相"等，是指依据一部佛经的主要内容，创作出首尾完整、主次分明、构图严谨的绘画作品，常绘制在寺院、石窟的墙壁上或纸帛上。"净土变"，即依据净土经典绘制的经变画。

净土变是敦煌莫高窟在隋唐时期数目众多、最为重要的壁画题材之一。敦煌位于河西走廊西端，塔克拉玛干沙漠的东部边缘。尽管地处偏远，然而其社会文化长期处于中原政权的控制之下，石窟开凿也很大程度上受到中原地区佛教的发展和艺术风格的影响。一般认为，莫高窟所绘净土变的画稿画样来自中原，净土变中出现的大量建筑形象也多反映隋唐时期中原地区的建筑面貌。画面中对建筑群体的表现，是缺乏唐代建筑群体实物、考古发掘又受到一定限制的情况下，了解唐代院落布局最重要的图像资料。

---

[1] 本文受国家自然科学基金项目"晋东南地区古代佛教建筑的地域性研究"（项目批准号：51578301），及"文字与绘画史料中所见唐宋、辽金与元明木构建筑的空间、结构、造型与装饰研究"（项目批准号：51378276）资助。

莫高窟共有经变画 34 种，其中已知的净土变共有 7 种：无量寿经变、阿弥陀经变、观无量寿经变、弥勒经变、药师经变、十方净土变，加上主要在宋、西夏时期出现的绘制较为概括、难以区别的净土变（简略之净土变），总数约 400 铺。在净土变出现的隋至西夏这一时段，从数量上看，唐、五代是净土变最为流行的时期，在西夏时期又重新出现了一次高峰（表1）；从内容上看，根据对建筑画的已有研究，西夏建筑画的画法与隋唐五代时期有明显不同。因此，本文的主要研究对象是隋代至宋代（公元 6 世纪晚期至 11 世纪中期）莫高窟的净土变。

❶ 本表根据敦煌研究院《敦煌研究文集·敦煌石窟经变篇》第 7 页表改绘，将无法辨认具体题材的"简略之净土变"单独作为一种计算。由于对经变壁画题材的研究一直在进行中，本表可能与最新的成果有一定出入。参见：敦煌研究院.敦煌研究文集·敦煌石窟经变篇[M].兰州：甘肃人民出版社，2000。

表 1　敦煌石窟经变画统计 ❶

名称 \ 时代 \ 数量		北周	隋	初唐	盛唐	中唐	晚唐	五代	宋	西夏	元	时代不明	总计	
西方净土变	无量寿经变	1	8	1	2	6	1			13			32	
	阿弥陀经变			6	4	5	5	8	2	8			38	
	观无量寿经变		2	20	34	18	4	6					84	
弥勒经变			5	6	14	24	17	11	10				87	400
药师经变			4	1	3	21	31	21	9	7			97	
十方净土变							1						1	
简略之净土变					1	1			15	43			61	

在此基础上，本文主要关注建筑画中的图像设计对建筑布局的影响。作为宗教题材的绘画，净土变具有传递经文内容的作用；加之受到石窟壁画特有的创作方法和观察视角的约束，其画面对于现实建筑场景的再次加工，体现出有别于传统界画的自身特征。净土变在整体上采取俯视视角，犹如鸟瞰角度的"净土世界效果图"，因此，画面的整体构图，在很大程度上决定了包括水面平台在内的建筑群体的布局。

本文的研究素材来自"数字敦煌"网站（http://e-dunhuang.com/）和石窟壁画相关的出版物 ❷，经过搜集和整理，得到莫高窟中隋至宋出现建筑形象的净土变共 120 铺，约占净土变总数的 1/3 弱，文中所用图片均经过一定的调色处理，以使轮廓更为清晰。

❷ 详见参考文献和附录。所引佛经来源为"（中国台湾）中华电子佛典协会（CBETA）"提供之电子佛典集成：http://www.cbeta.org。

为便于叙述，在正文中以洞窟编号后增添代表方位的字母作为壁画编号，其中，以 N、S、W、E 分别代表北壁、南壁、西壁和东壁，T 代表窟顶，F代表前室；对于在同一面墙壁上绘多铺净土变的，在字母后增加数字，表示壁画自墙壁左起的顺序以示区分，如61N3，表示第61窟北壁左起第三铺净土变。这120铺净土变的时代分布，分别为隋代5铺、初唐14铺、盛唐26铺、中唐32铺、晚唐及宋43铺，正文中所用的指代编号、内容题材及出处见附录。文中线描图片无特殊说明者均为作者自绘。

本文的研究思路为：首先，按照时间和敦煌艺术分期顺序，梳理这120铺净土变的图像内容，分析其构图形式，并按照壁画创作可能的方法对其进行分类归纳。其次，按照上一步中归纳的构图类型对建筑画部分进行平面复原，分析构图与平面布局的关系。最后，对各种构图类型及其中代表性的平面进行梳理，分析各类型之间的演变关系。所采用的方法包括图像分析、平面复原及类型学等研究方法。

一、莫高窟净土变的构图设计方法

净土变画面的主体内容是净土世界中的说法会场景，前景表现佛、菩萨等佛国人物讲经说法，背景表现净土世界的水面、建筑、树木、天空等景象。不同题材的净土变之间的区别，主要是参照经文中的不同描写，在整体构图、场景内容和人物形象上加以区分。

上文提到莫高窟的7种净土变，可以将隋至宋时期整理为主要的三种，即弥勒经变、西方净土变和药师经变。此外，从中唐开始，莫高窟中出现了一部分经变画，其对应的经文中对净土世界没有提及或仅有简略描写，但其画面的主体内容与净土变基本一致。在讨论构图时，这部分借鉴了净土变的经变，也应纳入研究范围之中。

弥勒经变依据《弥勒上生经》和《弥勒下生经》两部经文绘制而成。《弥勒上生经》称弥勒曾是释迦牟尼弟子，上生兜率天宫为菩萨56亿万年，而后下到婆娑世界为佛；《弥勒下生经》主要讲述56亿万年后，婆娑世界已变为净土，地平如镜，遍布名花异草；人寿84000岁，女500岁出嫁，一种七收。弥勒下生此世界，于龙华树下说法，救度众生。莫高窟的弥勒经变，除隋代的几铺仅画出上生部分，其余大多数弥勒经变将上生信仰和下生信仰的内容绘制在同一铺画面中，其中主要的建筑图像是上生信仰中表现的兜率天宫的形象，作为画面中相对独立的部分，多布置在说法会图像的上方。

西方净土变（以下简称"西方变"）是阿弥陀、无量寿和观无量寿三种经变的统称，其所依据的经文分别是《阿弥陀经》《无量寿经》和《观无量寿经》。这三部经文对西方极乐世界景象的描写，简繁详略不同，而内容则基本一致：西方净土世界中有七宝池，其中布满八功德水，地面上有百宝合成的楼阁，与宝树、罗网、宝幢等种种奇妙殊胜共同构成了净土世界的景观。学界对三种西方变的区分，一般认为画面两侧有未生怨、十六观幅画或屏风画的是观无量寿经变，而阿弥陀经变与无量寿经变之间，则主要通过辨认画面中有无莲花化生等细节来区分。作为画面主体的说法会场景，三种经变之间并无明显区别，因此在下文中，除特定的需要，对这三种经变将不再特别区分，统称为"西方变"。

药师经变在三种净土变中最晚流行❶，其经文《药师经》中对净土的描写相对简略，并概况为"如西方极乐世界，功德庄严，等无差别"❷，因此在经变画面的表现中，也以水面平台和建筑景观为主要内容，构图与西方变基本一致。

中唐至宋代出现的模仿净土变的经变，主要包括天请问经变、金光明经变、报恩经变、思益梵天问经变等。其中，天请问经变主要借鉴弥勒经变，在画面上方独立布置一组代表忉利天宫的建筑画，下方画说法会；其他几种经变主要借鉴西方变，表现位于水面平台之上的说法会场景。

根据画史记载，唐代壁画的创作，多由名家高手在墙壁上起草样稿并注明色标，然后由工人弟子布色完成。在敦煌，晚唐五代时期画院中存在着明确的等级制度，以及在石窟壁画中发现的色标，表明这种分步骤的壁画创作方法在莫高窟同样存在。❸隋唐时期绘制壁画的工匠大多身份低微，文化程度较低，只有少数技法高超的画家，能够深入理解佛经并依据其中内容进行创作。❹这些画家的绘画佳作流传开来，即成为后世模仿的对象或固定的样式，也就是说，这些画家就是画稿的创作者。❺

这里讨论的"画稿"一词，是对画家创作时所用参考样式或设计草图的通称，而不拘于绘画作品本身的材料、形式或精细程度，因此可将画史中提到的粉本、白描、起样等概念，以及可能受到广泛模仿的绘画作品本身，都囊入这一概念之中。

学者杨泓、沙武田指出，敦煌净土变画稿可以按照其用途分为两种。❻第一种为说法会结构草图，在画稿中用粗线条把控制画面构图的轮廓线和需要着重表现的结构线勾勒出来，然后用提示性的符号标示出说法会中位于各个方位的佛国人物；另一种则用于展示详细的人物、情节和需要专门交代的内容（图1），两种画稿相结合，共同构成经变画的设计草图。沙武田更进一步指出，敦煌石窟各类经变画的结构布局，大多受到以西方变为主的净土变的影响，形成相对固定的程式，因此在经变创作中，需要详细画稿的只是每铺

❶ 药师变在隋代已有出现，多与弥勒上生经变相对布置，其画面内容较为简单，表现供养药师佛的场景，因此在严格意义上不能认为是表现极乐世界的净土变。

❷ [唐] 玄奘，译. 药师琉璃光如来本愿功德经 [M]. 卷1. CBETA, T14, no. 450.

❸ 关于色标，在敦煌研究院长期从事壁画临摹的李其琼、吴荣鉴等先生，均认为莫高窟中多有存在，沙武田考察后明确指出，隋代第421窟西壁可见8处色标。详见：沙武田. 敦煌画稿研究 [M]. 北京：中央编译出版社，2007：461-465。

❹ 据敦煌史料显示，在莫高窟绘制壁画的工匠包含"画工"、"画匠"、"知绘画手"、"丹青上士"、"画师"等称谓，其中不乏技艺高超者，为简便行文，本文按现代习惯通称为画家。参见：沙武田. 敦煌画稿研究 [M]. 北京：中央编译出版社，2007：584。

❺ 使用画稿在唐代并非罕见，张彦远《历代名画记》卷二《论画体工用拓写》记载："好事家宜置宣纸百幅，用法蜡之，以备摹写。顾恺之有摹拓妙法，古时好拓画，十得七八，不失神采笔踪，亦有御府拓本，谓之'官拓'。国朝内库、翰林集贤秘阁拓写不辍，承平之时，此道甚行，艰难之后，斯事渐废。"参见：张彦远. 历代名画记卷二. 论画体工用拓写 [M]. 明津逮秘书本. 中国基本古籍库。

❻ 沙武田. 敦煌画稿研究 [M]. 北京：中央编译出版社，2007：115-116；杨泓. 意匠惨淡经营中——介绍敦煌卷子中的白描画稿 [J]. 美术，1981(10)：48-51+3。

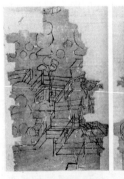

图1 莫高窟净土变的两种画稿

[画稿编号 P.4514（16）-2，定名为《净土变说法会草稿》，现藏于法国国家图书馆，转引自：Sarah E. Fraser. Performing the Visual. Stanford: Stanford University Press, 2003: 56-57]

经变中具有特征性的部分，如舞蹈伎乐一类，位于画面中心、引人注目，在表达上又有一定难度的形象，而对于程式化的平台建筑、呆板的说法人物，则没有必要在结构草图中详细画出。

将说法会的结构草图与净土变的其他画稿组合起来，即可得到不同题材的经变。例如将说法会与未生怨、十六观条幅画的画稿结合，即成为一铺观无量寿经变；而若将条幅画换为十二大愿、九横死，则转变为药师经变。其他经变在借鉴净土变时也使用了类似的方法，即在画面中央表现类似净土世界的说法会场景，在原本表现净土佛国人物的位置，替换为相应经文中的内容。由此，一铺净土变的结构画稿在题材上就有了相对宽泛的使用范围。

这种创作方法意味着，一幅题材确定的经变中建筑画的设计，首先是明确场景的主体（水面平台或是天宫），其次根据结构画稿确定建筑画的布局，程式化的创作过程与宗教题材本身的内容关系较弱（图2）。按照这一思路，下文将按时间顺序，对敦煌艺术中各个分期的净土变进行整理，按照构图相似的原则进行分类，并概括其通用的构图形式。

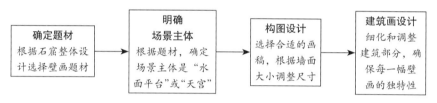

图2　净土变建筑画的设计步骤

二、莫高窟净土变构图与分类

1. 隋代净土变

隋代净土变的题材通常只有弥勒经变和药师经变，且往往一起出现在洞窟的窟顶位置，如第417窟将窟顶后部的平顶分为两段，东段绘弥勒经变，西段绘药师经变，以及第436窟窟顶东批绘药师经变，西批绘弥勒经变。

有建筑图像出现的是弥勒经变，目前可以看到的有5铺，分别为417T、419T、423T、433T和436T❶，均为弥勒上生经变。位于第419窟窟顶的弥勒经变（图3）可以作为这一题材的标准图式：中央一座单层大殿，弥勒与众菩萨端坐殿内，大殿两侧有多层楼阁，阁中众天女手执乐器，歌舞弹唱，渲染出兜率天宫一派歌舞祥和的气氛。其他的几幅弥勒变呈现出基本一致的构图，建筑配置均为一殿双阁。唯一不同的是第433窟窟顶的弥勒上生经变（图4），画面正中为一座殿，两侧各有一座有透视角度、表达出正面和山面的配殿。正殿内画弥勒与众菩萨，而配殿中则是维摩诘经变的题材，表现文殊与维摩诘辩论的场景。建筑之间的组合，使分属于两个不同宗教题材的场景构成一幅完整的图像。

❶ 目前发表的第436窟壁画是窟顶一侧的药师经变，从画面上方可以看到弥勒上生经变位于窟顶的另一侧，并且从局部内容即可以大致判断其整体构图。

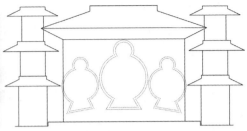

图3　419T和相似壁画使用的构图

图4　第433窟窟顶，弥勒经变与维摩诘经变的组合

2. 初唐净土变

研究范围内的14铺初唐净土变编号包括：71N、71S、205N、215S、220S、321N、329N、329S、331N、331S、335S、338T、341N、341S。

题材方面，这一时期有西方变8铺，弥勒经变5铺，药师经变1铺。西方变不但在数量上占据了大多数，在构图和内容上对弥勒经变和药师经变也产生了强烈的影响，使几乎所有经变中都有水面和平台的出现。

第220窟是初唐最早将通壁经变绘于南北墙壁上的石窟，其南北两壁均画净土变，有诸多画法，如在画面两侧布置楼阁、中央布置水池平台等，在初唐壁画中均具有开创性。南壁西方变，画面正中为一七宝池，中有西方三尊，环绕水池的堤岸上有诸多天人、伎乐、菩萨等人物，左右两侧各有一座二层高阁。画面正中宝树树冠上生有一座三间小殿，两侧虚空中还各有一座开拱券门、遍身彩绘装饰的小殿，由菩萨眉间的云气幻化而成。北壁的药师经变，严格来说表现的仍然是供养药师七佛的场景。但值得注意的是，此画中表现的水面平台，与北壁西方变形成了一种图底反转的对应关系，表明敦煌画家已经有意识地采用灵活的设计手法，结合不同题材的差异，将南北壁设计为对称而不完全相同的图像（图5）。

这一时期石窟中经变的题材安排，更常见的布置是在南北两壁分别画西方变和弥勒经变，并使画面构图和内容保持不完全相同的对称。典型的构图有两种，分别以321N和329N两铺经变为代表。

第321窟开凿的时间稍晚于第220窟，其北壁西方变画面中约有三分之一为虚空，水面上三个大平台一字排开，最前方有一道"凸"字形堤岸。画面两侧，在堤岸与平台之间的水面上布置一对楼阁，其后还有连廊向画面之外延伸。类似的构图还出现在第71窟北壁、第341窟南北两壁、第335窟南壁以及第205窟北壁净土变中，其中楼阁数目和出现的位置均不固定，但多靠近画面两侧。此外，虚空云气中飘浮的建筑，在弥勒经变中可认为是兜率天宫，在西方变中则可理解为是对经文中所描写的云气中有

"楼阁万千"的表现。在这一类型的场景中，与构图有较强关系的是水面和平台的分布，而建筑画的位置和数量不确定性较强，因此可以用较为概括的水面和平台的关系示意这一类型的构图（图6）。

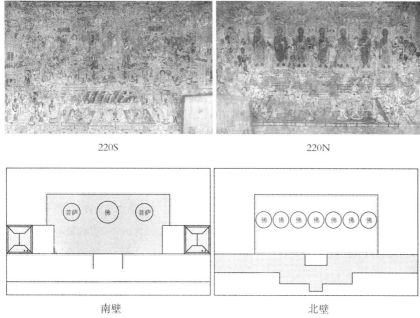

图5　第220窟南北壁壁画及水面平台关系

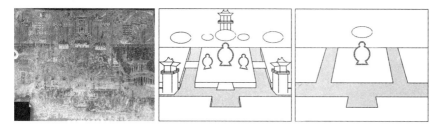

图6　321N、壁画中主要的建筑内容和以321N为代表的壁画构图

在这一类经变中，第205窟北壁西方变与其他几铺经变稍有不同。这一铺壁画在现有出版物中仅发表了图像的上半部分。从发表的部分推测，在横贯画面左右的水面上有五座楼阁，其中两侧楼阁面阔五间，朝向中央主尊；而中部的三座楼阁体量较小，面阔三间，彼此间在上层以飞桥相连；楼阁前方的水面上为一字排开的三个平台。205N保留了321N下部为水面平台的基本处理方法，又产生了一些新的变化，将建筑布置于画面上部、场景中的远景，同时楼阁之间形成一定的组群关系，是盛唐时期净土变中复杂建筑组群出现的先声（图7）。

以329N为代表的另一种构图，出现在第329窟和第331窟共4铺经

图7　205N 已发表的局部

变以及第 71 窟南壁中，其特征为：画面中虚空段所占面积极小，主体被大片水面所占，水上按前后两排布置六个平台，主尊佛像位于前排中央平台，画面两侧和后排中央平台上多布置楼阁。在西方变和弥勒经变的题材区分上，主要差异集中在后排的中央平台，西方变中平台上仅安排一组楼阁，而弥勒经变则还会在楼阁之中安排未成佛的弥勒菩萨的形象。与 321N 构图类似，楼阁的位置和数目均相对灵活，与构图有较为密切关系的是水面与平台之间的关系（图 8）。

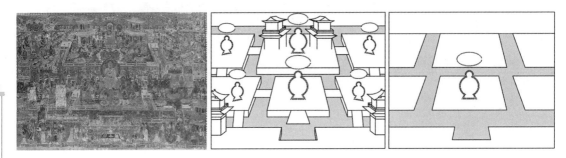

图8　329N、壁画中主要的建筑内容和以 329N 为代表的壁画构图

除了以上两种具有代表性的构图，这时期另有两铺弥勒经变可以认为是构图上的特例。位于第 338 窟窟顶的弥勒经变中没有水面平台，整组建筑群位于云气之中，被安排在画面的上方，画面下方表现下生经变的说法场景。位于第 215 窟南壁的弥勒经变，在出版物中同样仅发表了局部，为表现兜率天宫的建筑画，推测画面的下半部分有水面平台。这两铺经变仍保留了一些隋代建筑画的特征，如将主尊绘于建筑室内，建筑以正立面的平面形象出现等（图 9）。此外，321N 画面上半部分云气中的小型建筑群，也具有类似的特点。

总结初唐净土变构图的特征，可以看到，大多数净土变的画面均由水面平台与虚空两段构成。在初唐早期第 220 窟壁画中，水池与水岸的界定关系清晰明确；而在相对成熟的 321N、329N 等壁画中，无边无际的水面横向布满了整幅画面，平台漂浮于水上，平台之间不同的组合方式成为区分画面构图最重要的特征。在平台之上和虚空中，画家通过安排标志性的关键内容来区分宗教题材，如弥勒经变中的兜率天宫、弥勒菩萨，西方变中表现九品往生的莲花化生等。作为建筑形象，二层楼阁常出现在画面的两侧，但在场景中的空间位置则不固定。

338T

215S

图9　初唐净土变的两铺特例

综合考虑图像保存的完整性和数量上体现的影响力，这时期具有代表性的构图有两种，即以 321N 为代表的构图，虚空约占画面的 1/3，水面上布置三个平台，建筑出现在画

面两侧；和以 329N 为代表的构图，整幅画面几乎全部被水面占据，水面上分前后两排，布置六个平台。

需要注意的是，这一时期的净土变，无论其题材是西方变或弥勒经变，其构图均属于上述两种类型，表现的场景均为水面平台，而题材的区分主要体现在具体内容的不同。这种区分方法，与盛唐以后净土变题材与构图之间明确的对应关系，有明显的不同。

3. 盛唐净土变

盛唐是敦煌艺术蓬勃发展的黄金时代，净土变亦出现了一大批佳作。这一时期，题材与构图的关系基本确定，形成了以弥勒经变和西方变为代表的两种固定构图。

弥勒经变画面分为上下两部分，上半部分为上生经变，表现须弥山和兜率天宫等内容，弥勒菩萨在正中殿堂或庭院中出现；画面下方的下生经变以弥勒成佛说法图为中心，环绕说法会分布《弥勒下生经》中描绘的剃度出家、一种七收、女子 500 岁出嫁、婆罗门拆楼等各品故事。这种构图一直持续到莫高窟开凿的晚期。

西方变中的固定构图，则是将画面自下而上分为水面、殿阁和虚空三段。水面段大多仍有平台，除了绘有主尊的较大平台，在场景前方还会出现一些小平台，其上绘有伎乐、歌舞、菩萨等内容。建筑形象中，出现了殿堂、楼阁、廊庑等多种类型；在组群关系上，建筑之间彼此呼应，常以廊庑连成整体，主次分明，位于中央的建筑体量最大、形象最为突出，而两侧的建筑则居于次要地位。虚空段所占比例减小，内容简化，有时仅弱化为画面上方极窄的一段内容。

此外，与初唐时期类似，也有一小部分净土变的构图较为特殊，无法用上述两种固定形式概括。因此，这里按照弥勒经变类、西方变类和特殊类型三类来叙述。虽然以题材的类型区分命名，但具体到每种类型中所讨论的经变画，则不限于单一信仰本身，而是遵照上文提到的构图相似原则，包括不同题材的作品。

（1）弥勒经变类

盛唐时的弥勒经变有 23T、33S、113N、116N、148S、208N 和 445N，共 7 铺，其中第 445 窟北壁弥勒经变在构图和画法上均比较特殊，将在特殊类型中单独讨论；此外，第 148 窟北壁的天请问经变采用了与南壁弥勒经变相同的构图，因此本部分需要讨论的净土变共有 5 铺。

就天宫建筑的表现而言，这时期与隋代、初唐的最大不同，是脱离了平面化的建筑形象，开始出现有进深感的庭院空间，有的还出现了完整的围合组群。初唐早期的弥勒经变，位于组群中央的建筑多为有连廊的"一正二配"的三座单体，对于围合感的强调，或以水濠环绕四周，如 208N，或在殿堂前方画城墙表现围合感，如 113N（图 10）。可以认为，盛唐早期弥勒经变中表现的庭院虽然多为开敞式，但整体的发展呈现出四面围合的倾向，并一定程度上表达了"宫"或"城"的意向。

盛唐晚期开凿的第 148 窟，在弥勒经变和天请问经变中，最终形成了四面围合的院落形象：天宫建筑为三组并联的院落，院内殿堂、楼阁错落布置，院落之间以廊庑相隔，"凸"字形的外廊环绕整组建筑。两铺经变中建筑布局完全一致，仅单体形式和人物形象稍作调整以示区分：南壁的弥勒经变，兜率天宫的宫门为单层殿堂，其前方榜题标示"兜率地天宫"，庭院内画一组弥勒菩萨说法图；北壁天请问经变的忉利天宫宫门则为二层楼阁，无榜题、庭院内无人物画（图 11）。第 148 窟南北壁这种将弥勒经变与天请问经变相对的模式，此后形成了一种固定的布置，

208N

113N

图10 盛唐早期兜率天宫中表现围合感的两种方式

148N 天请问经变局部

148S 弥勒经变局部

图11 第148窟南北壁的天宫建筑形象

在中晚唐的不少石窟都可见到（图12）。

（2）西方变类

这一类型中，待讨论的净土变共有13铺，其中西方变12铺：45N、

66N、66S、103N、113S、148E2、171N、171S、172N、172S、217N、320N；药师经变 1 铺：148E1。

西方变的构图在盛唐时期同样经历了一定的变化，但与弥勒经变不同的是，这种变化并没有呈现朝同一方向发展的趋势，盛唐出现的两种不同的构图，在此后的时代中均有所延续。

出现较早、并延续了部分初唐特征的构图，其代表为第 217 窟北壁的观经变，水面平台段占据了整个画幅的一半，位于画面前方的是一字排开的三座平台，平台上绘西方三圣及诸多净土人物；水面平台后方为一组十分丰富的建筑画，中央三座楼阁

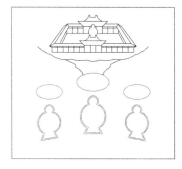

图 12　盛唐弥勒经变构图

并列排开，两侧为相对自由的布局，其后方的廊庑呈反"凹"字形。从整幅画面来看，217N 采用较高的鸟瞰视角，水面平台的平面布局表现清晰，建筑单体以楼阁为主，体量较小，整体退后，距离画面前景较远，楼阁与水面平台间有明确的前后界限，在画面中表现为水平的分界线。45N、66N、66S、103N、113S、171N、171S 这 7 铺观经变也具有相同或相近特征，其中单体建筑以 5 座楼阁最为常见，少则有 3 座，多则如 217N，有 9 座楼阁（图 13）。这种构图中也保留了一些与初唐净土变相似的画法，如在 103N、171N、171S 这三铺经变中，在画面靠下方左右边缘仍绘有面向中央的楼阁。

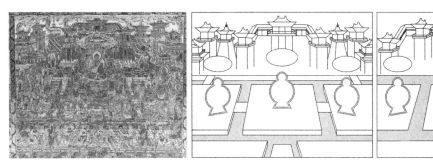

217N　　　　　　　217N 建筑内容　　　　　　以 217N 为代表的壁画构图

图 13　217N 及构图原型

西方变的另一种构图以 172N 为代表，绘有西方三圣的大平台位于画面的中心，其后方为一座体量较大的殿堂，左右两侧各有一座彼此相对的配殿或配楼，廊庑转角处有角楼，前方还有若干三个一组的小平台。这种构图中最突出的特点，是中央大平台的左右两侧和后部均有水面环绕，及建筑部分对水面平台的围合。与 217N 相比，建筑部分整体更靠近场景的前方，围合感较强，整体性和秩序性也较强，给人以更接近真实院落的感受（图 14）。属于这一种构图的净土变有 148E1、148E2、172N、172S 和 320N。

（3）特殊类型

第 194 窟北壁西方变、第 215 窟北壁西方变、第 225 窟南壁西方变、第 445 窟的 2 铺净土变、第 446 窟南壁西方变这 6 铺壁画，难以用以上任何一种类型概况，可以看作盛唐时期净土变的特例。

194N 画面局部残损，但构图与内容均清晰可辨。与同时期以水面平台为场景基础的西方变相反，说法会的场景位于地面之上，场景前方有一扁长形水池，水面中央有一座桥梁，无平台。上

  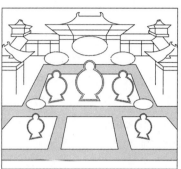

172N　　　　　　　　　172N 建筑内容　　　　　　以 172N 为代表的壁画构图

图 14　172N 及构图原型

图 15　194N

图 16　215N

图 17　225S

部从残存内容判断为中央殿堂、两侧楼阁的并列组合（图 15）。

215N，主尊形象出现在水面中央的大平台之上，平台四周被水面环绕，左右两侧和后方均有建筑。在建筑与水面的围合关系上，215N 与 172N 相似，但在建筑群的秩序上则有明显不同，中央建筑的体量较小，画法也较为简单，两侧楼阁体量大、数量多，且彼此间没有明确的位置或主次关系，在水面前方还有一组没有勾栏的平台。这些特点，以及建筑部分的绘画技法，均与初唐净土变有类似之处（图 16）。

第 225 窟的窟型较为特殊，北、西、南三面墙壁开龛，能够用于经变画绘制的墙壁面积较小，尽管如此，这铺西方变的结构却相当完整：整组净土世界的场景位于云气之中，画面中央为阿弥陀佛说法图，其身后为一座殿堂，殿堂两侧伸出曲形廊庑，与两侧的二层楼阁相连。主尊前方有七宝莲池和八功德水，水面之上以仰视的视角画出三重罗网，代表经文中的七重罗网。这一铺西方变，可以看作画家在条件受限时的特殊创作，也可看作对 172N 中有围合感的建筑的一种概括（图 17）。

第 445 窟的两铺净土变均可看作初唐 321N 构图方法的延续和发展，画面内容根据经文有所调整。南壁的西方变，画面分为虚空与水面平台两段。水面上有三座平台，中央平台上为主尊无量寿佛，其前方两侧各有一座平阁；左右平台上各有一座楼阁，画面下方的宝地左右两侧同样各画一座楼阁。主尊上方华盖中有云气化成的一座三间小殿，两侧云气中各有一座四根花柱支撑的宝幢（图 18）。北壁的弥勒经变同样采用了上下两段的构图，下段的下生经变部分在画面两侧保留了楼阁建筑的形象，但取消了水面平台的布置。比较特殊的是上段天宫的表现，在画面中央上方的须弥山上，画有十数座大致呈圆形的宫城，每座宫城都由环绕的回廊与中央大殿或中央楼阁组成（图19）。

第446窟南壁西方变仅存右上角，从残存部分判断，其构图有可能接近于217N，即场景前方为水面平台，后方建筑体量小、数目多。画面中保存的诸多特殊建筑形象，如平面为圆形的二层楼阁、上下两侧的廊庑，在净土变甚至是敦煌建筑画中都是仅有的一例（图20）。

4. 中唐净土变

中唐时净土变最重要的变化有两点，其一是开始在一面墙壁上绘制多铺经变，净土变从水平展开的横构图转变为竖直构图，西方净土变中水面平台、建筑和虚空三段的比例与关系出现了新的调整，开始出现比较完整的两进院落；其二是随着吐蕃占据沙州地区，一些具有藏传佛教特征的壁画构图和吐蕃风格的建筑形象开始出现。整体而言，中唐净土变在构图上并无创新，主要继承了盛唐时期形成的固定模式，且开始出现程式化的创作趋势。

这一时期仍然按照弥勒经变和西方变两种类型讨论，此外，对受吐蕃风格影响的洞窟和壁画进行单独讨论。

图18　445S

图19　445N

图20　446S

（1）弥勒经变类型

中唐时期纳入讨论的弥勒经变和天请问经变共有7铺，分别为弥勒经变：159S2、202S、231N3、358S；天请问经变：231S2、237N2、360N2。

天宫建筑在这一时期均被绘制为完整围合的院落，大致可分为独院与三院并列两种。独院式画法除了继承盛唐已有的表现形式，还常在院落两侧画出散落的殿堂建筑，或是在院落内左右两侧增加竖向的廊庑，使院落再次被分为三座并列的小庭院。三院并列的画法则画出彼此独立的三座庭院，中央庭院多为廊庑围合，两侧则有时会以水濠环绕单体的亭阁建筑，并对植物和景观也有所表达（图21）。在这些画法中，三院并列的形象是中唐以前未曾出现、在同时期和之后则大量出现的（图22）。

独院（358S）

独院以廊庑划分为三院（202S）

独立三院（231S2）

图21　中唐天宫建筑的三种形象

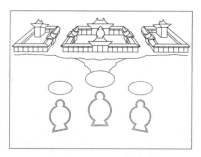

图22　中唐弥勒经变的三院式构图

（2）西方变类

中唐时期的西方变、药师经变以及其他相似经变数目较多，分布如下：

西方变11铺：7N、44S、112S、117S、154N1、159S1、197S、201S、237S、360S、379S；

药师经变4铺：112N、154S1、237N1、360N1；

其他题材经变6铺：112N、150N、154N2、154S2、154E、158E。

西方净土变在这一时期主要的发展变化体现在两点，其一是场景的进一步固化，盛唐时期出现的两种构图逐渐难以互相区分，经变画面千篇一律；其二是较为完整的两进院落的出现。此外，在使用西方变构图的各类题材的经变中，亦不乏横构图水平展开或画幅较大者，但在建筑群的组织上则趋于简化，不再有盛唐建筑画中宏大的场景。

按照建筑群与水面平台前后划分的关系，这时期的西方变仍可按照盛唐时期217N类型——水面平台与建筑前后分离和172N类型——建筑围合在水面平台三面进行区分，但更多的经变构图实际上折中了这两种构图的形态，即建筑整体位于水面平台的后方，同时又有一定的围合感。

与盛唐 217N 构图相似的经变包括 44S、112S、154S2、154N2、154E 和 197S，均为水面平台在前方，建筑在后方，且建筑形象一字展开。相比于盛唐时期，建筑部分的平面布局较为简单，均为一正二配的单体组合，在单体后方画一道直廊，有时廊庑之上还有钟楼和经楼对峙（图 23）。

154N2　　　　　　　　　　　以 154N2 为代表的壁画常见构图

图 23　中唐西方变的第一类构图

第二类包括 117S、158E、159S1、237S 和 360N1，其建筑呈反"凹"字形布置，与盛唐时期第 172 窟构图基本相同，画面左右配殿位于主尊所在的中心大平台的两侧，建筑与大平台之间有较为明确的围合感，可以看到 L 形或 T 形连廊，转角处有角楼，有一部分还有第二进院落（图 24）。

图 24　中唐西方变的第二类构图（158E）

具有折中形态的第三类净土变包括 7N、112N、154S1、154N1、201S、237N1、360S 和 379S，其建筑部分呈反"凹"形，有的也有第二进院落，但建筑与水面平台前后分离，关系并不密切（图 25）。

（3）吐蕃风格类

中唐时期的第 231 窟和第 361 窟，受到吐蕃风格的影响。这两窟中的弥勒经变和天请问经变与同时代相同题材的经变基本相同，但表现水面平台的 5 铺经变——231S1、231N1、361S、361N1 和 361N2，则与同时期、

154N1　　　　　　　　　　　　　以154N1为代表的壁画常见构图

图25　中唐西方变的第三类构图

同题材的经变有较为明显的不同。

从直观的感受来看，吐蕃风格的壁画中，会将净土世界的主要人物（主尊或西方三尊）画在建筑物之中，因此在画面正中有一个体量较大的建筑形象。这座中心建筑多带有明显的吐蕃风格，其斗栱为云纹状，檐下没有椽子，而是以一种雀替状构件支持，檐口饰以火焰宝珠，攒尖屋顶上装有山花蕉叶、相轮、仰月宝珠等，近似于二层楼阁式佛塔。

中心建筑与周围建筑、建筑与水面关系的处理上，则更接近于盛唐172N的画法，建筑单体之间的秩序感较强，建筑与水面有较为紧密的围合关系。此外，在吐蕃风格经变中，在场景的最前方还常画出山门及两侧的廊庑（图26）。

361N1　　　　　　　　　　　　　以361N1为代表的壁画常见构图

图26　中唐吐蕃风格净土变（361N1）及构图

5. 晚唐–宋净土变

敦煌所在的沙州地区自中唐时期被吐蕃占据开始，其政治环境与中原地区逐渐不同。唐大中二年（848年）张议潮率部起义，驱逐吐蕃；大中五年（851年）唐王朝在敦煌设归义军，任命张议潮为归义军节度使，自此敦煌进入汉族地方政权统治时期，直到北宋景祐三年（1036年）为西夏所灭。这一时期沙州地区的政权交接相对平稳，敦煌学者一般将晚唐至宋代的莫高窟艺术看作连续的整体，且对这一时期的石窟艺术也持有整体性的观点。本文沿用这一观点，对包括晚唐、五代和宋三个艺术分期的归义军时期的壁画，仅按照时代先后顺序排列，不再区分讨论。

归义军时期的净土变，其风格基本是中唐时期的延续，其技法则日渐粗糙，细节日渐缺失，程式化严重，千篇一律，这里仅择净土变中出现新变化者给予说明。

弥勒经变和天请问经变共有10铺：9T、12S2、12N2、85T、138N、53T、61S1、61N2、72N、55N3。这些经变在石窟中的位置发生了新的变化，一部分经变被绘制在覆斗型窟顶的斜面上；画幅变为梯形之后，构图中并列的三院可以较为充分地展开，三院均有廊庑围合，规模严整，一些大幅经变如85T、138N还将中院画作城墙围合（图27）。其中较为特殊的是72N，画一正二配三座单层殿堂，后方有连廊，环绕殿堂与连廊之外的是一道方形水濠，正面有五座平桥，侧面各有两座桥，建筑布局与盛唐早期的画法类似（图28）。

图27　归义军时期的大型弥勒经变（85T）

图28　归义军时期弥勒经变的新变化（72N）

表现水面平台的经变中，西方变共有5铺：12S1、85S2、61S2、118S、136N；药师变有9铺：12N1、18N、85N1、100N、61N3、98N1、146N、55N2、400；其他类似经变有9铺：85N2、156S1、196S、61N1、61N4、98N2、55N1、55E、307F。这些经变大多延续前代画法，一部分在中唐出现的具有折中性质的西方变构图的基础上，令建筑画中的单体变小而数量增多，在画面的中上方密集排布。一小部分重新回到了接近横构图的画面，采用了类似于盛唐172N的构图，但建筑组合方式简化，单体变小，廊庑细长，更像是中央法会的景框。吐蕃风格的影响在61N3、307F、85N1、100N四铺壁画中有所体现。在后两者之中，这种影响主要体现在构图中，如将主尊安排在主体建筑室内，在场景最前方布置山面和廊庑等，而位于画面中央的建筑则已经转变为汉地风格。

这一时期的报恩经变和一部分思益经变，从对西方变的借鉴模仿，逐渐转向形成新的构图模式（图29）：画面中央为并列的三座体量较大的单体建筑，主尊多位于中央殿阁之内；建筑前方有一道曲折的水濠，水面上有桥梁。与西方变相比，这种构图在建筑和水面平台的组织上均有所简化，场景的进深感也随之减弱。采用这种构图的经变包括12E、85N2、85S1、138E、144N、156N、61S3、98S、108S、146S。

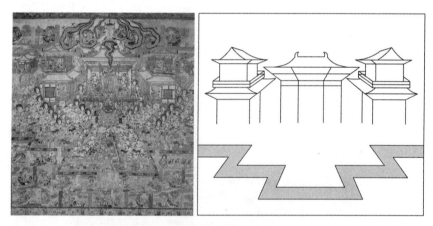

图29　晚唐报恩经变及构图（85N2）

6. 小结：构图类型

经过上文梳理可以看到，净土变从隋代开始出现，在此后的发展演变中，画面内容逐渐增多，构图逐渐复杂。

隋代净土变中，一殿双阁的建筑组合构成了画面中心的主要内容。初唐时期出现了上段为虚空、下段为水面平台的构图，楼阁建筑多在画面左右两侧成组出现。盛唐时期，西方变与弥勒经变分别形成了较为固定的构图形态。西方变在初唐构图的基础上，将水面部分再次分为前后两段，前段保留水面平台，后段则为具有一定组合关系和秩序感的建筑群体，根据前后两段的组合关系，又可进一步细分出两种不同的构图。弥勒经变则在画面上方绘出一组庭院建筑表现兜率天宫，在下方中央位置画说法图，周边为《弥勒下生经》中诸品故事。中唐以后的净土变构图基本没有明显的变化，分别在盛唐西方变与弥勒变构图的基础上，受到壁画尺寸和在石窟中位置的变化、吐蕃政权带来的新的艺术风格以及一些非净土经文的内容调整的影响，在一部分壁画中产生了新的构图形式。

初唐时期出现的有水面平台的弥勒经变，与弥勒净土信仰经文中的描写相去甚远，反而与西方净土信仰中的内容十分相似。这一短暂的现象表明，在初唐时期，尽管壁画题材随石窟的整体设计便被确定下来，但题材的体现则是在确定构图之后，通过具体内容的不同而实现的。在盛唐及之后，净土变的题材与构图之间形成了较强的关联，一旦明确选择某种题材，其构图也随之基本确定。这两种不同的设计顺序，决定了依据构图为经变进行分类时，也会相应地采取两种不同的方法。

针对盛唐之前和一少部分盛唐时期的壁画，主要通过构图中的特征对其进行归类整理，在类型的定名上，暂时以具有代表性的壁画编号，作为一种类型的名称；对盛唐大部分及之后的壁画，则首先按照西方变、弥勒经变和报恩经变这三种构图较为固定的题材进行区分，在每一大类中，再按时代演变或风格不同，细分为若干类别，对类型的命名也遵循类似的原则。❶

各个时期均有少量构图特殊的经变壁画，其形成原因或是沿用了前代的画法，或是对石窟特殊形制做出的适应性调整，大多数仍可归纳在常用的构图类型之中，仅有极少一部分是类型之外的特殊创作。

将各个类型按照出现时代排序，并归纳出其可能的构图原型及所包括的壁画编号，整理出与建筑布局的有关特征，得到图表如下（表2）。

表2 净土变的构图类型

构图类型	图式		壁画编号	特征
	原型	变体		
第419窟类型			隋：417T、419T、423T；初唐：338T、215S局部、321N局部、341N局部	中央为一座大型殿堂，两侧各一座多层楼阁，三者之间紧密相连，人物多绘于建筑之内；初唐变体中，中央殿堂体量变小，两侧楼阁减低至二层，或有廊庑出现
第321窟类型			初唐：205N、71N、321N、335S、341S、341N；盛唐：445S、445N	画面分为水面平台和虚空两段，水面上一字排列三座大平台，中央平台上有主尊。画面两侧多有楼阁成对布置，其位置不固定；根据题材需要，虚空云气中有不同的建筑组合
第329窟类型			初唐：71S、329N、329S、331N、331S	画面分为水面平台和虚空两段，水面上分两排布置六个大平台，前方中央为主尊，其他平台上均可能布置楼阁，楼阁成对出现

❶ 采取两种命名系统的另一方面考虑则是为了理解和记忆上的容易，以及叙述的简便。在唐代中前期，莫高窟建筑画的总数较少，其代表作集中在第217、172、148等几个重点洞窟之中，因此使用石窟的数字编号命名；自中唐开始，净土变数目日增多，而艺术水准趋于平均，很难有某一铺净土变使人印象深刻，因此用特征或题材为类型命名。为统一格式，尽量选取艺术水平较高、保存完整之壁画，作为中唐以后出现的构图类型的代表，并标注其窟号于构图类型之后。

续表

构图类型		图式		壁画编号	特征
		原型	变体		
西方变类型	第217窟类型			盛唐：45N、66N、66S、103N、113S、171S、171N、217N；中唐：44S、112S、154N2、154S1、154S2、154E、197S	画面分为水面、建筑和虚空三段，水面上布置平台，主尊位于中央大平台。建筑位于水面平台后方地面上，单体体量较小，以楼阁廊庑组合为主，横向展开。晚期变体中，主尊位于地面前方，建筑后退，数目减少
	第172窟类型			盛唐：172N、172S、320N、148E1、148E2；中唐：117S、158E、159S1、237S；晚唐：85S2；五代：98N；宋：55N2、136N、400N	画面分为水面、建筑和虚空三段。水面中央有大平台，上绘主尊，前方有若干小平台。建筑部分多为中央殿阁+两侧配楼配阁，以廊庑相连，配楼或配殿位于中央大平台左右两侧，形成反"凹"字围合感。中唐时或有第二进院
	折中类型			中唐：7N、112N、150N、154N1、201S、360N1、360S、237N1、379S；晚唐：12S2、12N1、12E、18N、156S2、196S；五代：61S2、61N1、146N；宋：55E、55N1、55N3、118S	画面分为水面、建筑和虚空三段。建筑与水面平台无明显的围合关系，但建筑部分自身呈"凹"字形，有时会有第二进院落
	吐蕃风格类型			中唐：231S1、231N1、361S、361N2、361N1；晚唐：85N1、100N；五代：61N3；宋：307F	在西方变构图基础上受到吐蕃风格影响的净土变，以中唐第231窟和第361窟为代表，主要建筑体量较大，常为吐蕃式佛塔，主尊绘于建筑室内。画面下方常画出山门，建筑布局具有一定的向心性特征
弥勒经变类型				盛唐：148S、148N、23T、33S、113N、116N、208N；中唐：159S2、202S、231S2、231N2、237N2、358S、360N2；晚唐：9T、12S1、12N2、85T、138N；五代：61N2、61S3、53T；宋：72N	画面下方为弥勒下生说法会，上方为须弥山及兜率天宫。盛唐早期兜率天宫的建筑形态较为多样，至第148窟形成了完整围合的院落。中唐在单院的基础上发展出并列的三院，两侧庭院在中唐时有时会作园林化处理，晚唐以后均画作庭院
报恩经变类型				晚唐：85S1、85N2、138E、144N、156N、156S1；五代：61N4、61S1、85N2、98N2、98S、146S；宋：108S	晚唐开始出现于大部分报恩经变和部分楞伽经变中的构图，画面中央有三座体量较大建筑的完整形象，主尊多画于建筑室内，前方水渠曲折向前
特殊类型		—		433T、220S、194N、215N、225S、446S	无法被归入任一类型的净土变

三、莫高窟净土变中的几类建筑平面布局

下面按照构图类型的顺序，对各铺壁画进行平面复原分析。由于壁画建筑缺少尺度参考，在复原中，将位于画面两侧的楼阁或配殿固定为面阔三间、进深三间、近方形的体量，在此基础上通过分析壁画中其他建筑的体量和位置关系来确定建筑的整体布局，并绘制出复原平面示意图。

大多数经变中的建筑布局，均可将壁画场景还原成唯一的平面布局；但少数经变中的建筑布局，则存在多种解读、还原平面不唯一的情况，主要问题集中在中央殿堂和两侧廊庑的前后关系上。在盛唐和中唐时期，壁画的细节信息表达足够充分，可以明确判断廊庑是位于殿堂后方还是在殿堂两侧；而在早期技法不成熟或晚期粗略的壁画中，则需参照同类构图的其他作品和建筑组合的一般习惯进行综合判断。此外，在晚期一些绘制相对草率的净土变中，出现个别二层飞桥无法在空间中还原的情况，则取消飞桥，以单体建筑间的位置关系为主要参考来进行画面的复原。

1. 第419窟类型

隋代这一类型的建筑表现为：中央一座大殿，两侧三层或四层楼阁。萧默先生认为楼阁在大殿两侧，而宿白先生、王贵祥教授则从屋顶遮挡的情况判断，双阁位于主殿后方，在佛殿之后可能还有一座重要的建筑。❶ 各铺壁画中建筑台基普遍紧密相连，则可看作是并列布置；从屋檐的情况来看，417T楼阁屋檐遮挡了一部分中央殿堂的角柱，表明楼阁在殿堂前方，而419T、423T则是楼阁在后方。考虑到这一时期建筑画中常见的平面化的表达习惯，本文倾向于认为，这三座建筑并无显著的前后关系，而是并列地位于同一条横轴线上。初唐时期的建筑形象与隋代稍有不同，中央建筑或为楼阁，两侧楼阁则不超过二层，三座单体间或有廊庑相连（图30，表3）。

❶ 参见：宿白.隋代佛寺布局[J].考古与文物，1997（2）；王贵祥.隋唐时期佛教寺院与建筑概览[M]//王贵祥，贺从容.中国建筑史论汇刊·第捌辑.北京：中国建筑工业出版社，2013。

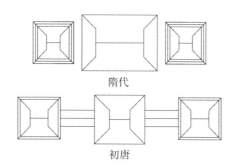

图30　第419窟类型构图建筑典型平面布局图

表3 第419窟类型壁画与平面复原图

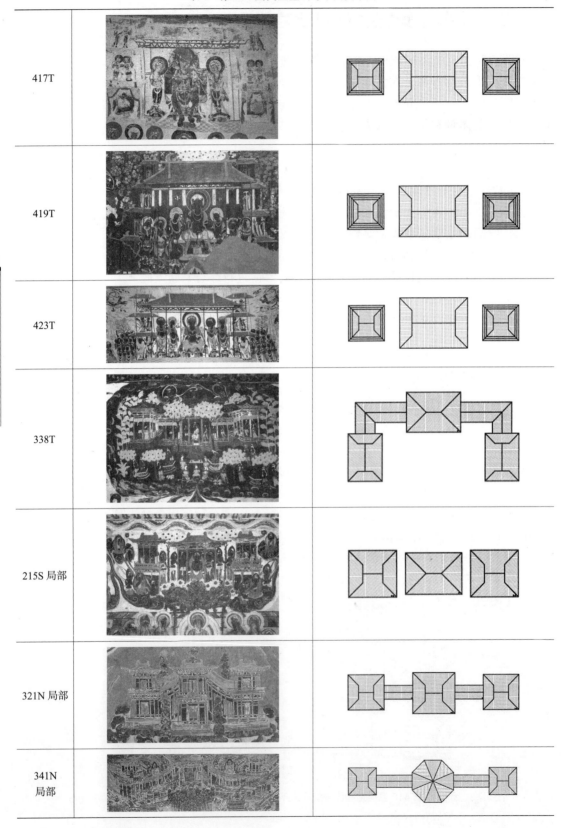

2. 第 321 窟类型

这一类构图中,建筑多对称出现在画面两侧靠近边缘的下方,但在复原平面中,楼阁的位置、形式和数目均不固定,可能位于堤岸上或两侧平台上,也有可能在水面上,应当是画家可以自行灵活布局的内容,因此在典型平面的复原中,暂不绘出楼阁(图31)。所有建筑均朝向画面中轴线。单体形式或为楼、阁,或为顶层有平台的平阁或楼橹,平台上多绘歌舞伎乐。

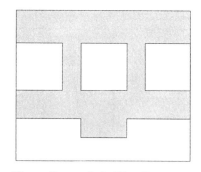

图 31　第 321 窟类型构图典型平面图

画面上半部分的虚空段中,多有与题材相关的建筑处理,如第 341 窟南壁的弥勒经变,虚空中的殿堂与楼阁横贯了整个画面,这一部分建筑图像已在前一种类型中有所讨论,在此不再赘述。

从复原平面列表(表 4)中可以看到几铺处理方法较为特殊的经变,例如前文已经提到的 205N,以及将楼阁布置在中央平台两侧的 71N 等。

表 4　第 321 窟类型壁画与平面复原图

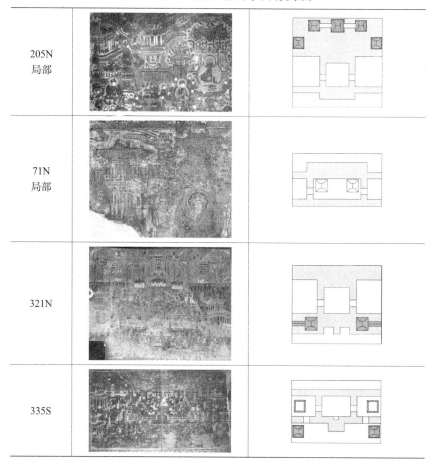

续表

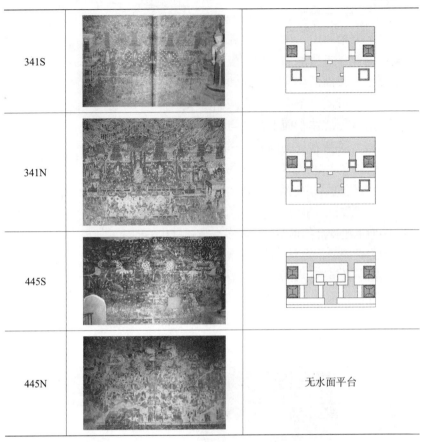

341S		
341N		
445S		
445N		无水面平台

3. 第 329 窟类型

与前一种情况类似，这种构图中建筑同样常在画面两侧成对出现，单体以二层的楼或阁为主，但在场景中的位置则不固定，在场景前方的"凹"形堤岸、前方两侧平台和后方两侧平台上均有可能出现，因此在典型平面中也暂不绘出（图 32）。

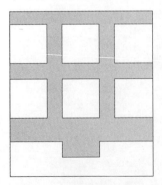

图 32　第 329 窟类型构图典型平面图

楼阁相对集中出现的位置是场景后方中央的平台，其组合方式比较灵活，根据题材的需求，有时以两座为一组出现，有时以三座为一组呈"品"字形出现。71S 是此类图像中较为特殊的一例，画面两侧的楼阁体量大于其他四铺经变，主尊上方的树冠之上有一座二层楼阁，遮挡住后排中央平台，虚空云气中还有几座小型的建筑，这些内容和表现方式与 321N、220S 均有相似之处（表 5）。

表5 第329窟类型壁画与平面复原图

71S		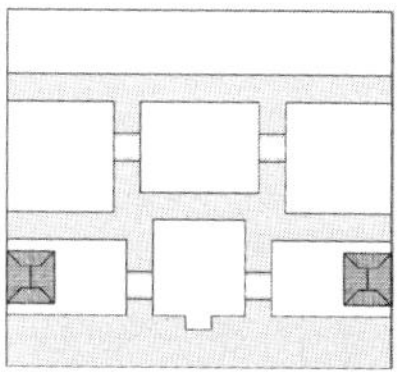
329N		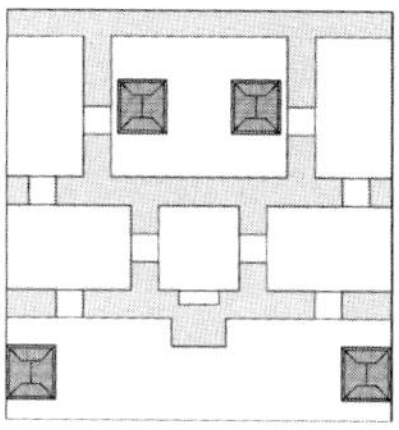
329S		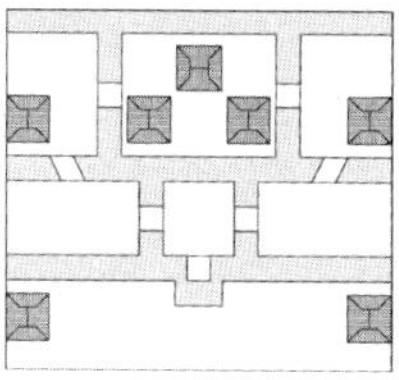
331N		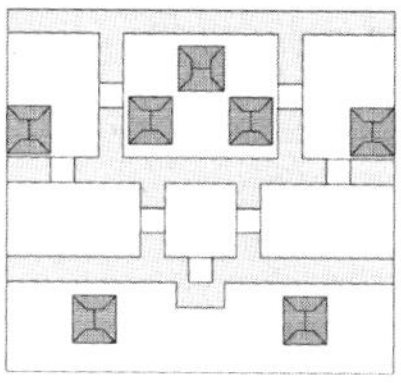
331S		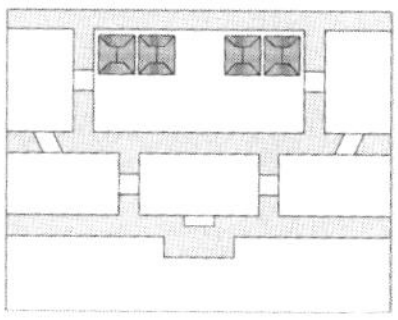

4. 西方变–第217窟类型

盛唐时期，水面段多绘大型平台，约占据整幅画面的一半；建筑位于水面后方的平地上，多数有一道反"凹"字形廊庑贯穿左右，廊庑两端常有单体建筑。其他单体楼阁多布置在廊庑前方，亦有少量在其后方，数目少者如45N、113S，只有三座；多者如217N有9座。单体有三种类型：有腰檐的楼、无腰檐的阁和下层为实体的台。建筑组合的灵活性较强，如第171窟的两铺西方变，以及第66窟南壁净土变中的建筑形象，均为单体较小而排布密集、组合多样。中唐以后，画面下方平台在高度上所占的比例进一步增加，但在复原平面图中，平台的面积反而缩小；建筑固化为

"一正二配"三座体量，单体或为单层殿堂，或二层楼，其组合方式不一，廊庑几乎全部画作直线，在连廊的上方或后方有时会出现朵楼或二层楼阁（图33）。

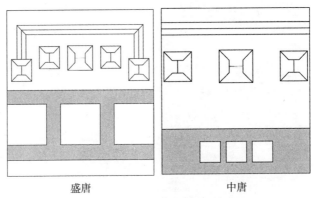

图33　第217窟类型构图典型平面图

在平面复原后可以看到，66S场景前方有三座较大的水面平台，后方有四座楼阁两两相对，其场景更接近于初唐时期321N的画法。第171窟南北两壁的净土变，其建筑布局完全一致，水面和平台的关系错综复杂，数目众多的单体建筑集中在场景远端，是一种较为特殊的画法（表6）。

表6　第217窟类型壁画与平面复原图

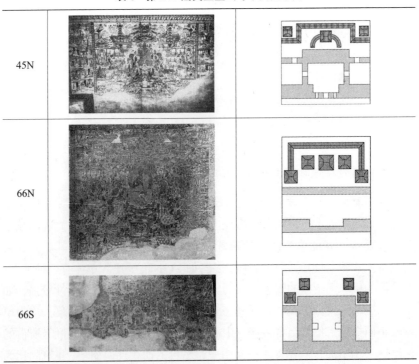

续表

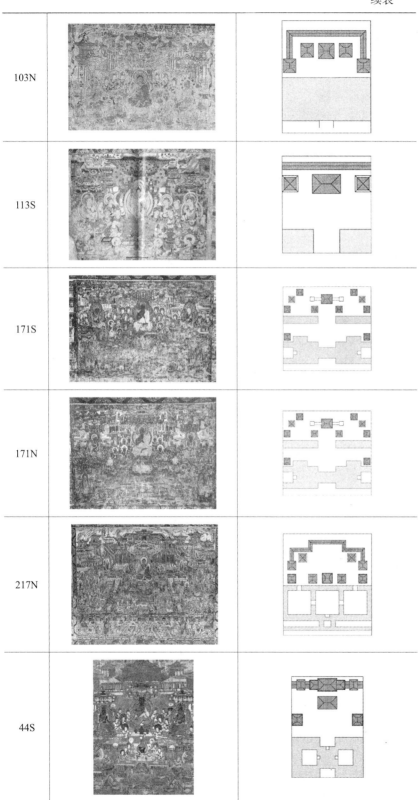

续表

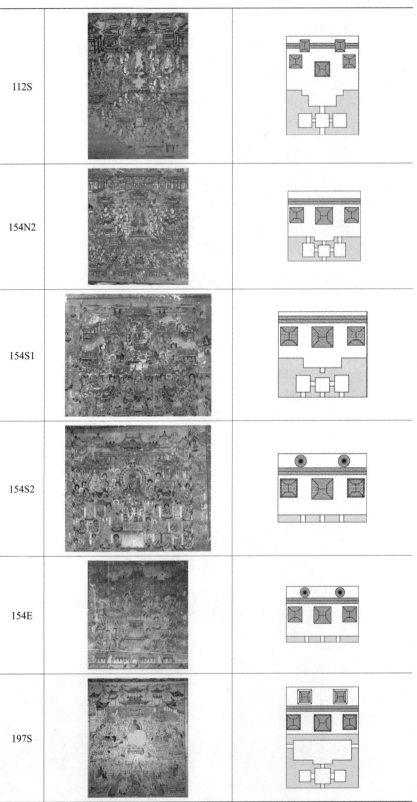

112S		
154N2		
154S1		
154S2		
154E		
197S		

5. 西方变－第172窟类型

第172窟类型在盛唐、中唐及晚唐之后的各个分期中，构图的基本形式未发生较大变化，相应地，建筑的平面布局也较为一致，中央为一座体量较大的殿堂或楼阁，左右两侧向前伸出"L"形廊庑，廊庑另一端连接配殿或配楼。早期（盛唐和一部分中唐）壁画中常见的变化是在中央殿堂前方再画一座殿堂，或是在原本应为中央殿堂或配殿的位置，出现三座建筑的组合，从而形成更为复杂的建筑群体。盛唐晚期和中唐时期常出现前后两进院落；晚唐之后，构图重新回到横向，建筑群的画法则趋于简化，单体建筑体量变小，廊庑的形象突出（图34，表7）。

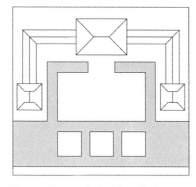

图34　第172窟类型构图典型平面图

表7　第172窟类型壁画与平面复原图

172N		
172S		
320N		

续表

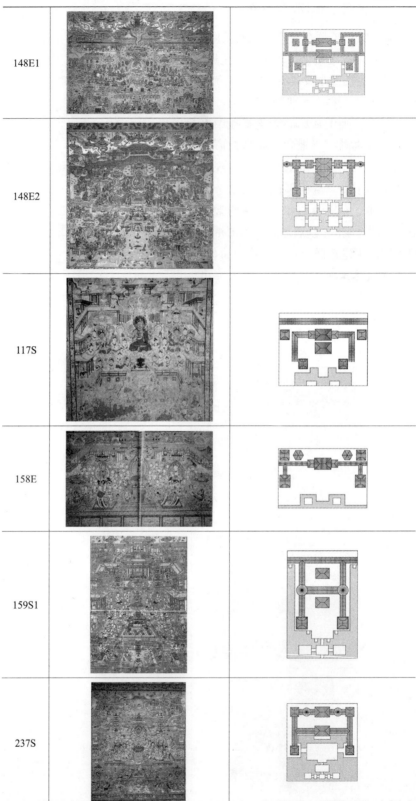

续表

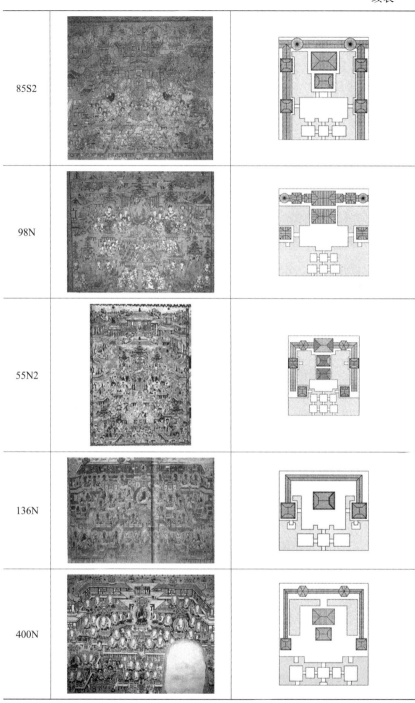

6. 西方变 – 折中类型

采用折中型构图的经变，其建筑布局一般综合了217N与172N各自一部分的特点。具体而言，建筑群整体位于画面的上方、场景远处，而殿

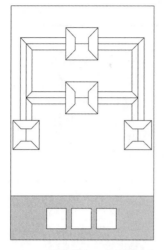

图35 折中类型构图典型平面图

阁廊庑的组合多少带有一定的围合感。

这种构图大量出现在中唐竖向画幅的净土变中,其建筑组合方式与172N十分接近,只在竖向廊庑的长度上稍作压缩,有时也会出现仅有横向廊庑的情况。除了在中央殿堂之前另外布置一座独立的殿堂,完整的第二进院落也较为常见。晚唐以后,壁画中的场景又回到单进院落的布局,且单体建筑的体量减小,数目增多,密集布置于画面上方;连廊之上朵楼的数目增多,并且出现了圆形、方形、八边形等多种平面形式。至五代、宋时期,建筑布局进一步向217N类型靠近,廊庑多为直线,仅通过左右两侧配楼的透视角度来表现围合感,场景前方的平台消失,水系也进一步简化(图35,表8)。

表8 折中类型壁画与平面复原图

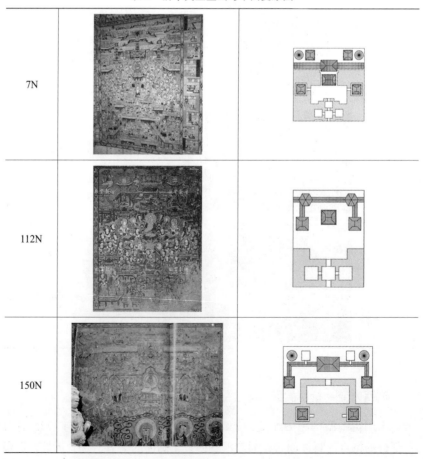

续表

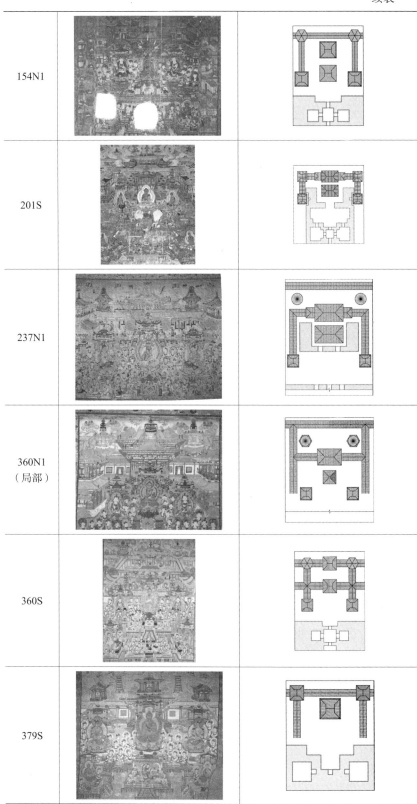

续表

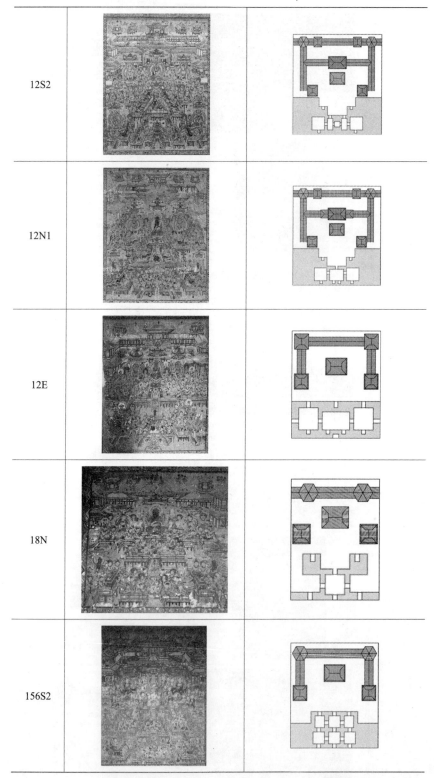

12S2	
12N1	
12E	
18N	
156S2	

续表

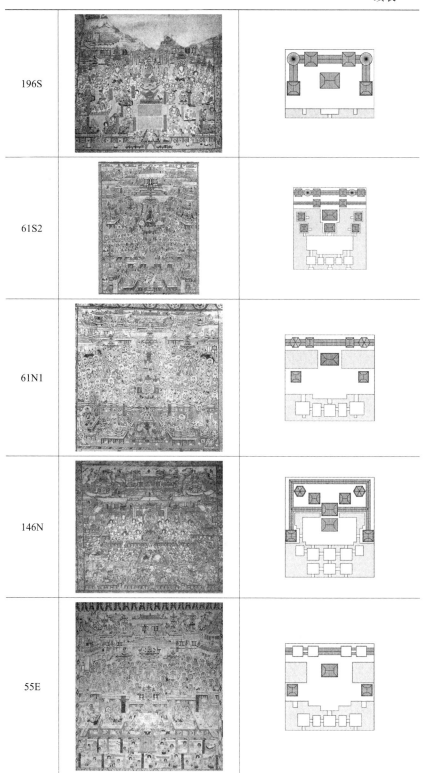

续表

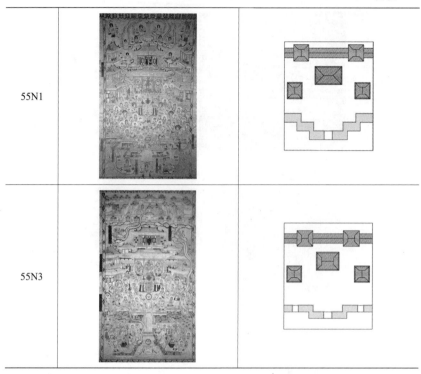

在这一类构图和中唐时期的第172窟类型构图中，常出现两进院落的画法。实际上在盛唐时期已经有少量净土变尝试表现多进院落，如172S中画出了两进廊庑，148E1也在廊庑之后布置了一些单体建筑，但总体而言，第二进院的表达都不十分充分。中唐净土变出现竖向构图后，画家有更多空间表达两进院落，这时期对第二进院的画法主要有两种，一种是采取较高的视角，在画面中表现出第二进院的部分地面，前院和后院大殿分别有相对完整的轮廓线，如159S1、237S、360S；另一种则是在前院回廊上方再画出一道回廊，前后殿大殿在画面上的位置基本重合，仅通过轮廓线或是层数不同区分两座建筑，如7N、117S、154N1、360N1。

7. 西方变－吐蕃风格类型（代表：第231窟、第361窟）

中唐吐蕃风格的经变，从图面来看与第172窟类型的建筑布局比较接近，但在平面复原后可以看到，此类院落布局中有较强的中心感，常在场景中部出现大面积的水面，并且常出现完整的院落围合，且水面和建筑呈现相互环绕的形态，其院门是典型的寺院山门的形象（图36，表9）。

在晚唐之后的经变中，此类构图的建筑布局进一步复杂化，水面上布满小平台，场景前方和后方的单体建筑数目进一步增多，复原平面中的中心感也进一步增强，仅在宋代净土变整体的简化趋势下，其建筑布局才随之简化。

8. 弥勒经变类型（代表：第148窟）

正如上文所概况的情况，弥勒经变中的建筑群具有从开放到围合、从单院到三院的整体趋势。

在盛唐早期的图像中，兜率天宫的形象以三座殿阁和廊庑组合为主，与同时期的第217窟类型有一定的相似性，仅仅是环绕的景观从水面平台变为须弥山和云气等。一部分图像，如23T和113N，在殿阁前方还画出城门与城墙，表达"宫"或"城"的意向。

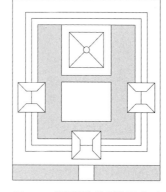

图36 吐蕃风格类型构图典型平面图

四面均为廊庑的完整院落从盛唐晚期第148窟开始。在中唐时期，除了独立的方形院落，经变构图中还出现了若干将院落横向展开或是在院落两侧布置单体殿堂的画法，并进一步演变出三院并列的布局。这一时期单院或是三院中的中央院落，在建筑群体的处理上手法相对丰富，院内殿阁的组合方法灵活，有一座、两座或三座多种组合，廊庑多三面开门，其上

表9 吐蕃风格类型壁画与平面复原图

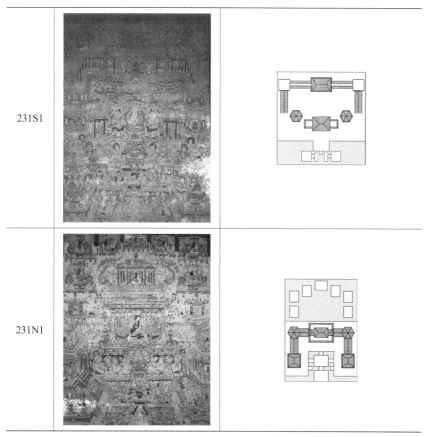

续表

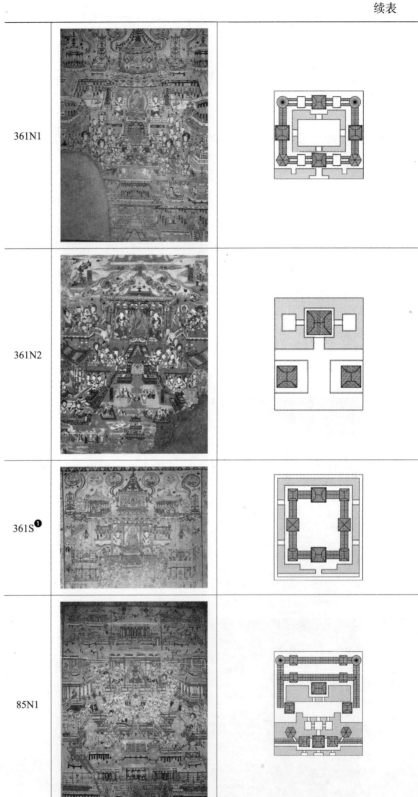

❶ 这一铺图像在商务印书馆《敦煌石窟全集：建筑画卷》中仅发表了上半部分，平面示意图为根据萧默《敦煌建筑研究》第58页线描图复原。参见：段文杰，孙儒僩，孙毅华. 敦煌石窟全集 21. 建筑画卷[M]. 香港：商务印书馆（香港）有限公司，2001；萧默. 敦煌建筑研究[M]. 北京：机械工业出版社，2003。

续表

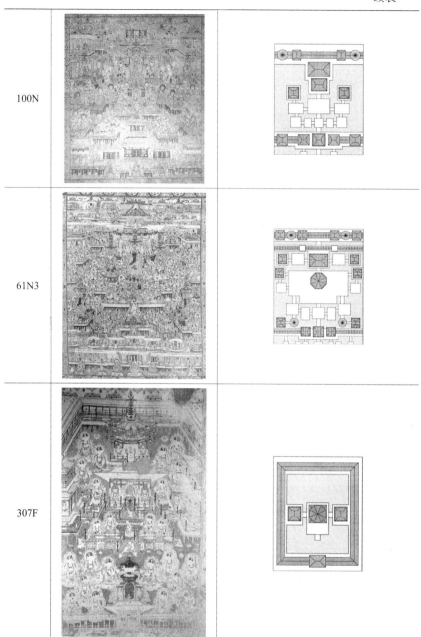

也常出现角楼、飞桥等富有装饰意味的建筑。三院构图的左右两院，常见亭阁、树木、水濠组成的园林化处理手法。

晚唐以后，三院式的布局进一步固化和程式化，三院均为有廊庑环绕的院落，其规模有所增加，而建筑单体趋于简化，三院均多在廊庑四角设角楼，院内一座单体楼阁或殿堂；中院有时会将环绕的部分处理为城墙，并增设城垛、城门等单体（图37，表10）。

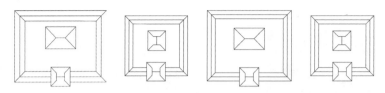

图 37 弥勒经变类型构图单院式及三院式典型平面图

表 10 弥勒经变类型壁画与平面复原图

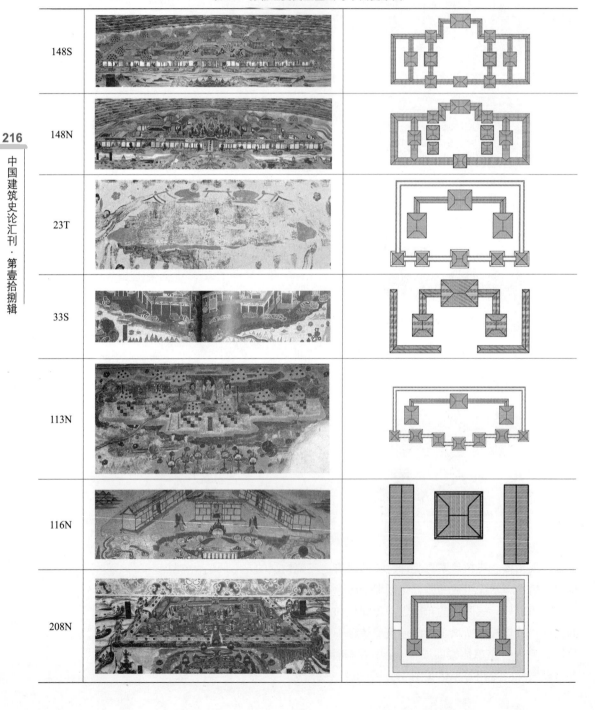

续表

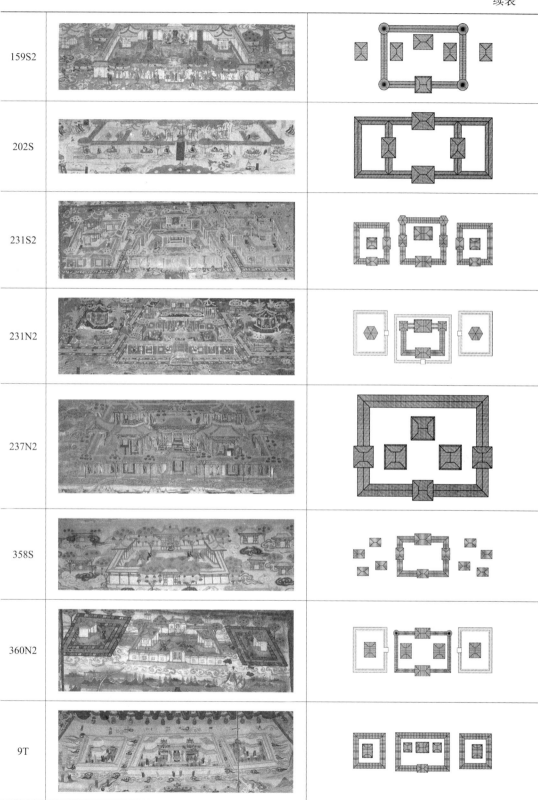

续表

12S1		
12N2		
85T		
138N		
61N2		
61S3		
53T		
72N		

9. 报恩经变类型（代表：第61窟）

在这一类型的构图中，建筑多为水平展开的"一正二配"，三座单体在场景中的前后位置一致，没有围合感。单体类型包括殿堂和楼阁两种，由于彼此间距离很小，有时以飞桥相连。稍有不同的是138E和144N，其中央建筑为带有挟屋的殿堂形象。

场景中有时会有体量较小的廊庑、城墙和朵楼出现在主要建筑的后方。其水系画法也较为简单，没有水面平台的布置，仅画出曲折向前的水濠，其上多有桥梁（图38，表11）。

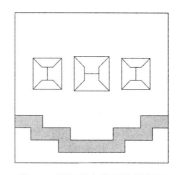

图38 报恩经变类型构图典型平面图

表11 报恩经变类型壁画与平面复原图

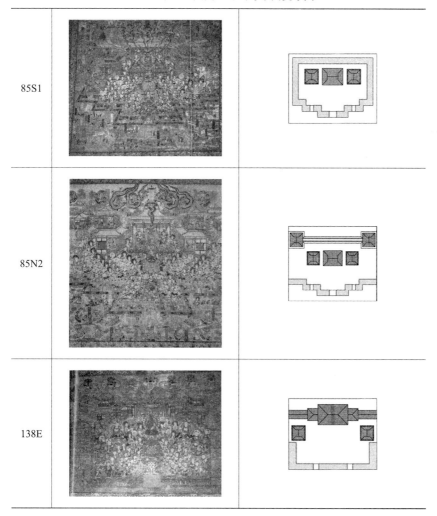

续表

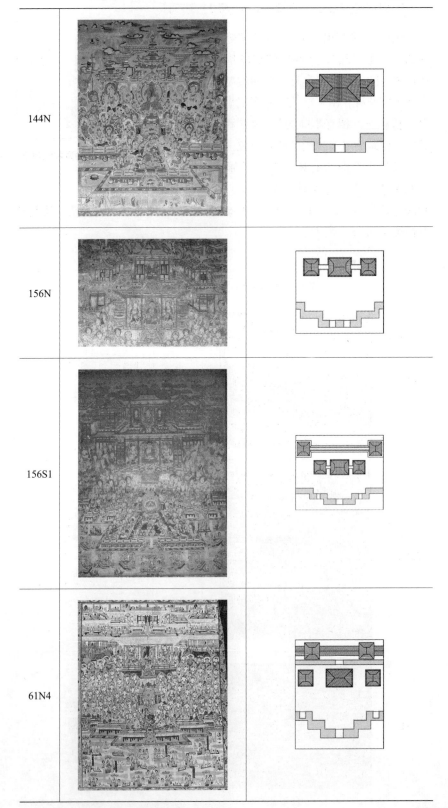

续表

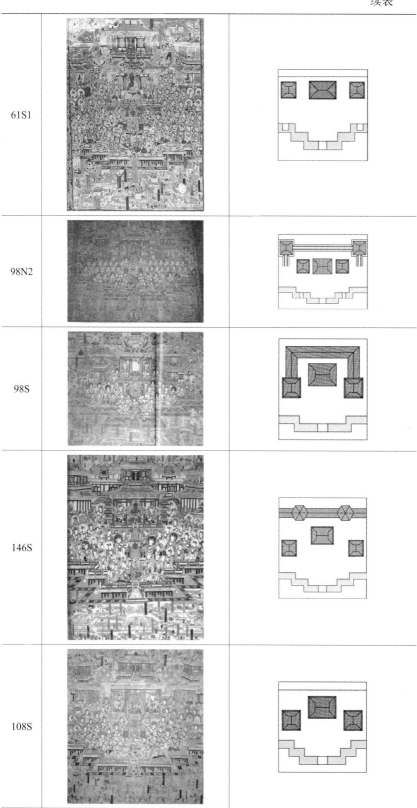

10. 小结

上文的梳理回应并证实了本文开篇提出的假设，即在净土变中，建筑布局与画面的整体构图之间存在紧密的联系。

在隋代和初唐经变中以立面出现的建筑形象（第419窟类型构图），建筑本身即为构图最重要的组成部分，所对应的平面布局也基本以一字排开为主；以321类型、329类型为代表的初唐经变，画面构图确定了水面平台的布局方法，建筑的布局则相对灵活。从盛唐开始，西方变类型中均出现了水面平台和建筑组群的组合，上文所细分的四种类型，其主要区别体现在水面和建筑群的关系上，而建筑群自身包括单体配置和空间关系的布局方式，也随构图有一定的调整：第217窟类型中，水面和建筑前后区分，楼阁和廊庑主要呈"一"字水平展开；第172窟类型中，正殿、配殿等组成的建筑群，以反"凹"字形的布局实现对水面的三面环绕；介于这两种类型之间的折中类型，基本沿用了反"凹"字形布局，并对三面环绕的庭院的进深比例进行了一定的调整以适应构图；吐蕃风格类型中，则出现了吐蕃式样的单体以及水面与建筑互相环绕的庭院。这四种类型的西方变，虽然首次出现的时间有先后的不同，但基本可以认为是独立且稳定的四种构图类型，相互间没有发展和演变关系。

与西方变类型有所不同，弥勒经变类型中的建筑布局则处于持续不断的演变之中，其平面在早期，是与西方变相似的反"凹"字形布局；在中期为四面围合的单院，到晚期逐渐演变为并列的三院。晚唐出现的报恩经变类型，是净土变与其他经变内容组合后，形成的一种新的构图形式，其中的建筑布局则与隋代、初唐时期的"一殿双阁"基本相同。由此也可以看到，经变构图与建筑平面布局的对应关系并非唯一，不同构图类型中也有可能出现相似的平面布局。

选取各个构图类型中具有代表性壁画的建筑平面复原图，将其按照时间顺序排列，即可看到各构图类型自身以及相互之间的影响及发展演变过程（表12）。

四、结语

根据学者对敦煌画稿的研究，净土变的画面设计可以分为构图设计和内容设计两部分。画面的整体构图由结构草图决定，而具体内容则由画工在创作时，根据宗教经典的描写进行灵活的安排。按照这一思路，本文整理了已发表的、包括净土变和相似经变在内的120铺莫高窟壁画，并按照构图相似的原则，将其分为9种类型，通过平面复原，提出并证明了如下观点，即经变构图与建筑画部分的平面布局有密切的对应关系。具体而言，每一种构图类型的净土变，其建筑的平面布局在大多数情况下具有一定的

表12 各构图类型平面布局发展演变

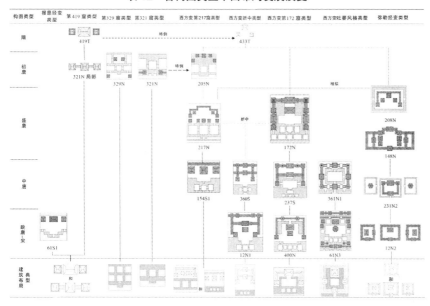

共同特征。这种相关性意味着经变中的建筑布局，不仅体现了隋唐时期实际建成的院落格局，也是根据构图需要重新设计的产物。

另一方面，应当注意到这种相关性并非绝对的和可逆的。具有相似构图的两铺净土变，其复原后的建筑布局有可能完全不同；具有相似的复原平面的建筑布局，也有可能出现在完全不同的构图类型中。

此外，这种相关性并非一成不变，而是随着时代的演变在不断变化。一种构图类型在不同的艺术分期中可能保持基本不变、可能产生局部的变化，也可能逐渐消失。一部分壁画有时会兼具两种构图类型的特征，体现出处于前后两个分期之间的过渡性。相应地，在每种构图类型所对应的典型建筑布局之外，也多会随时代变化出现一些明显的变体或细微的变化，以及或多或少地存在一部分具有多种类型特征、无法被原型所归纳的平面布局。

最后应当注意的是，这种相关性——即建筑画与结构草图之间的关系的强弱，也会随时代的改变而改变。以有水面平台内容的净土变为例，在唐代早期，决定画面构图的是水面上平台的布置，而单体楼阁则是根据题材需要，被安排在平台上的内容。这些楼阁受到结构草图的限制微乎其微，几乎可以出现在画面中任何位置，如场景的中心或两侧、远端或近端、水面上或地面上。在唐代中期，则可以通过结构草图预期建筑和水面平台出现的位置，即场景中的远近景、画面中的上下部分等；参照同一种结构草图绘制的经变，建筑的配置和组合变化仍然较为多样。而在唐代晚期，楼阁图、说法会、水面平台的三段式构图逐渐固化，绝大多数建筑画均集中位于图像的上半部分；随着构图的确定，建筑的组合方式也随之确定，体现出较强的程式化倾向。

参考文献

[1] 段文杰主编《敦煌石窟全集》各分册：

段文杰，施萍婷．敦煌石窟全集 5 阿弥陀经画卷 [M]．香港：商务印书馆（香港）有限公司，2002．

段文杰，王惠民．敦煌石窟全集 6 弥勒经画卷 [M]．香港：商务印书馆（香港）有限公司，2002．

段文杰，贺世哲．敦煌石窟全集 7 法华经画卷 [M]．香港：商务印书馆（香港）有限公司，1999．

段文杰，殷光明．敦煌石窟全集 9 报恩经画卷 [M]．香港：商务印书馆（香港）有限公司，2000．

段文杰，贺世哲．敦煌石窟全集 11 楞伽经画卷 [M]．香港：商务印书馆（香港）有限公司，2003．

段文杰，郑汝中．敦煌石窟全集 16 音乐画卷 [M]．香港：商务印书馆（香港）有限公司，2002．

段文杰，孙儒僩，孙毅华．敦煌石窟全集 21 建筑画卷 [M]．香港：商务印书馆（香港）有限公司，2001．

段文杰，孙毅华，孙儒僩．敦煌石窟全集 22 石窟建筑卷 [M]．香港：商务印书馆（香港）有限公司，2003．

[2] 段文杰主编《中国敦煌壁画全集》各卷：

段文杰．中国敦煌壁画全集 5 初唐 [M]．天津：天津人民美术出版社，2010．

段文杰．中国敦煌壁画全集 6 盛唐 [M]．天津：天津人民美术出版社，2010．

段文杰．中国敦煌壁画全集 7 中唐 [M]．天津：天津人民美术出版社，2010．

[3] 敦煌文物研究所主编《中国石窟敦煌莫高窟》全集：

敦煌文物研究所．中国石窟 敦煌莫高窟 第一卷 [M]．北京：文物出版社，1982．

敦煌文物研究所．中国石窟 敦煌莫高窟 第二卷 [M]．北京：文物出版社，1984．

敦煌文物研究所．中国石窟 敦煌莫高窟 第三卷 [M]．北京：文物出版社，1987．

敦煌文物研究所．中国石窟 敦煌莫高窟 第四卷 [M]．北京：文物出版社，1987．

敦煌文物研究所．中国石窟 敦煌莫高窟 第五卷 [M]．北京：文物出版社，1987．

[4] 段文杰主编《敦煌石窟艺术》各分册：

杨雄，宋利良，段文杰．莫高窟第四二〇窟、第四一九窟（隋）[M]．南京：江苏美术出版社，1996．

梁尉英，吴健，段文杰．莫高窟第三二一、三二九、三三五窟（初唐）[M]．南京：江苏美术出版社，1996．

杨雄，吴健，段文杰．莫高窟第四五窟 附第四六窟（盛唐）[M]．南京：江苏美术出版社，1994．

胡同庆，孙志军，段文杰．莫高窟第一五四窟 附第二三一窟（中唐）[M]．南京：江苏美术出版社，1994．

敦煌研究院. 敦煌石窟艺术 莫高窟第一一二窟（中唐）[M]. 南京：江苏美术出版社, 1998.

敦煌研究院. 敦煌石窟艺术 莫高窟第一五八窟（中唐）[M]. 南京：江苏美术出版社, 1998.

梁尉英, 宋利良, 段文杰. 莫高窟第九窟、第一二窟（晚唐）[M]. 南京：江苏美术出版社, 1994.

敦煌研究院. 敦煌石窟艺术 莫高窟第八五窟附第一九六窟（晚唐）[M]. 南京：江苏美术出版社, 1998.

李月伯, 孙志军, 段文杰. 莫高窟第一五六窟 附第一六一窟（晚唐）[M]. 南京：江苏美术出版社, 1995.

赵声良, 宋利良, 段文杰. 莫高窟第六一窟（五代）[M]. 南京：江苏美术出版社, 1995.

附录 研究所用净土变编号、题材及出处

分期	壁画编号	内容题材	出处
隋	417T	药师经变	文献 [1] 弥勒经画卷：160
	419T	弥勒上生经变	文献 [1] 弥勒经画卷：40
	423T	弥勒上生经变	文献 [1] 弥勒经画卷：34
	433T	弥勒经变	文献 [1] 弥勒经画卷：39
	436T	药师经变	文献 [1] 弥勒经画卷：167
初唐	71S	阿弥陀经变	文献 [1] 阿弥陀经画卷：76
	71N	弥勒经变（局部）	文献 [1] 建筑画卷：84
	205N	无量寿经变（局部）	文献 [1] 阿弥陀经画卷：76
	215S	弥勒经变（局部）	文献 [1] 建筑画卷：78
	220S	无量寿经变	数字敦煌
	321N	无量寿经变	数字敦煌
	329S	弥勒经变	数字敦煌
	329N	阿弥陀经变	数字敦煌
	331S	弥勒经变	文献 [1] 弥勒经画卷：49
	331N	无量寿经变	文献 [1] 阿弥陀经画卷：44
	335S	阿弥陀经变	文献 [4] 莫高窟第三二二窟：190
	338T	弥勒上生经变	文献 [1] 建筑画卷：74
	341S	无量寿经变	文献 [1] 阿弥陀经画卷：48
	341N	弥勒经变	文献 [1] 建筑画卷：76
盛唐	23T	弥勒经变	数字敦煌
	33S	弥勒经变	文献 [1] 弥勒经画卷：56
	45N	观无量寿经变	文献 [1] 建筑画卷：120
	66S	观无量寿经变	数字敦煌
	66N	观无量寿经变	数字敦煌
	103N	观无量寿经变	数字敦煌
	113S	观无量寿经变	文献 [1] 阿弥陀经画卷：159

续表

分期	壁画编号	内容题材	出处
盛唐	113N	弥勒经变	文献 [1] 建筑画卷：159
	116N	弥勒经变	文献 [1] 弥勒经画卷：60
	148S	天请问经变	文献 [1] 建筑画卷：134
	148N	弥勒上生下生经变	文献 [1] 弥勒经画卷：61
	148E1	药师经变	文献 [1] 弥勒经画卷：190
	148E2	观无量寿经变	文献 [1] 阿弥陀经画卷：188
	171S	观无量寿经变	文献 [1] 阿弥陀经画卷：143
	171N	观无量寿经变	文献 [1] 阿弥陀经画卷：137
	172N	观无量寿经变	数字敦煌
	172S	观无量寿经变	数字敦煌
	194N	观无量寿经变	数字敦煌
	208N	弥勒经变	文献 [1] 弥勒经画卷：55
	215N	观无量寿经变	文献 [1] 阿弥陀经画卷：154
	217N	观无量寿经变	数字敦煌
	225S	阿弥陀经变	文献 [1] 阿弥陀经画卷：80
	320N	观无量寿经变	数字敦煌
	445S	无量寿经变	文献 [2] 5 初唐：92
	445N	弥勒经变	文献 [1] 弥勒经画卷：14
	446S	观无量寿经变（局部）	文献 [1] 建筑画卷：124
中唐（吐蕃时期）	7N	观无量寿经变	文献 [1] 阿弥陀经画卷：224
	44S	观无量寿经变	文献 [1] 阿弥陀经画卷：204
	112S	观无量寿经变	数字敦煌
	112N	药师经变	文献 [3] 第四卷：图 105
	117S	观无量寿经变	文献 [1] 阿弥陀经画卷：200
	150N	密严经变	文献 [1] 楞伽经画卷：188
	154S1	药师经变	文献 [2] 7 中唐：124
	154S2	金光明经变	文献 [2] 7 中唐：126
	154N1	观无量寿经变	文献 [4] 莫高窟第一五四窟：81
	154N2	报恩经变	文献 [2] 中唐：129
	154E	金光明经变	文献 [4] 莫高窟第一五四窟：121
	158E	思益梵天问经变	文献 [1] 楞伽经画卷：160
	159S1	观无量寿经变	文献 [1] 阿弥陀经画卷：218
	159S2	弥勒经变	文献 [1] 弥勒经画卷：64
	197S	观无量寿经变	文献 [1] 阿弥陀经画卷：202
	201S	观无量寿经变	文献 [1] 建筑画卷：188

续表

分期	壁画编号	内容题材	出处
中唐（吐蕃时期）	202S	弥勒经变	文献[1]弥勒经画卷：63
	231S1	观无量寿经变	文献[1]建筑画卷：192
	231S2	天请问经变	文献[1]建筑画卷：192
	231N1	药师经变	文献[1]弥勒经画卷：192
	231N2	弥勒经变	文献[1]弥勒经画卷：66
	237S	观无量寿经变	文献[1]阿弥陀经画卷：222
	237N1	药师经变	文献[3]第四卷：图105
	237N2	天请问经变	文献[1]建筑画卷：193
	358S	弥勒经变	文献[1]弥勒经画卷：67
	360S	观无量寿经变	文献[1]阿弥陀经画卷：220
	360N1	药师经变	文献[3]第四卷：图123
	360N2	天请问经变	文献[2]7 中唐：154
	361S	阿弥陀经变	文献[1]建筑画卷：191
	361N1	药师经变	文献[2]7 中唐：158
	361N2	弥勒经变	文献[1]弥勒经画卷：203
	379S	观无量寿经变	文献[1]阿弥陀经画卷：199
晚唐-宋（归义军时期）	9T	弥勒经变	文献[4]莫高窟第九窟 莫高窟第十二窟：56
	12S1	观无量寿经变	数字敦煌
	12S2	弥勒经变	数字敦煌
	12N1	药师经变	数字敦煌
	12N2	天请问经变	数字敦煌
	12E	报恩经变	数字敦煌
	18N	药师经变	文献[1]弥勒经画卷：206
	85S1	报恩经变	文献[3]第四卷：图147
	85S2	无量寿经变	文献[1]阿弥陀经画卷：59
	85N1	药师经变	文献[3]第四卷：图150
	85N2	思益梵天问经变	文献[1]楞伽经画卷：171
	85T	弥勒经变	文献[4]莫高窟第八五窟 莫高窟第一九六窟：36
	100N	药师经变	文献[1]建筑画卷：245
	138N	弥勒经变	文献[1]建筑画卷：194
	138E	报恩经变	文献[1]楞伽经画卷：145
	144N	报恩经变	图集1：报恩经画卷：102
	156S1	思益梵天问经变	文献[4]莫高窟第一五六窟：120
	156S2	无量寿经变	文献[1]阿弥陀经画卷：58

续表

分期	壁画编号	内容题材	出处
晚唐–宋（归义军时期）	156N	报恩经变	文献 [1] 建筑画卷：195
	196S	金光明经变（残）	文献 [3] 第四卷：图 188
	53T	天请问经变	文献 [1] 楞伽经画卷：226
	61S1	弥勒经变	数字敦煌
	61S2	阿弥陀经变	数字敦煌
	61S3	报恩经变	数字敦煌
	61N1	密严经变	数字敦煌
	61N2	天请问经变	数字敦煌
	61N3	药师经变	数字敦煌
	61N4	思益梵天问经变	数字敦煌
	72N	弥勒经变	文献 [1] 建筑画卷：246
	98S	报恩经变	文献 [1] 报恩经画卷：149
	98N1	药师经变	文献 [1] 弥勒经画卷：208
	98N2	思益梵天问经变	文献 [3] 第五卷：图 9
	108S	报恩经变	文献 [1] 报恩经画卷：158
	146S	报恩经变	文献 [1] 报恩经画卷：103
	146N	药师经变	文献 [3] 第五卷：图 49
	55N1	思益梵天问经变	文献 [1] 楞伽经画卷：182
	55N2	药师经变	文献 [1] 弥勒经画卷：210
	55N3	天请问经变	文献 [1] 楞伽经画卷：233
	55E	密严经变	文献 [1] 楞伽经画卷：196
	118S	观无量寿经变	文献 [1] 阿弥陀经画卷：238
	136N	无量寿经变	文献 [1] 阿弥陀经画卷：60
	307F	净土变	文献 [1] 建筑画卷：246
	400N	药师经变	文献 [1] 弥勒经画卷：212

建筑史学史研究

中国营造学社学术活动年表考略

卢 倩　刘梦雨

（清华大学建筑学院）

摘要：中国营造学社于其成立的1930年至1946年间，完成了大量的学术工作，对中国建筑史学界影响深远。因此，探讨营造学社的学术活动轨迹，对于今日理解广义的中国建筑史，乃至中国建筑教育史而言，具有相当的现实意义。本文基于《中国营造学社汇刊》等一手资料，对营造学社的历年活动与学术成果进行了系统性的梳理和还原。文章内容包括两部分，第一部分是对中国营造学社的成立时间、办公地点等若干关键问题加以考辨，试图厘清这些学界一直未能形成清晰共识的问题；第二部分则是按照编年体例，将营造学社历年的学术活动和社内要事依时间顺序排列，整理出一份相对全面可靠的学术年表，方便研究者参考利用。

关键词：中国营造学社，年表，朱启钤，梁思成，刘敦桢

Abstract: From 1930 to 1946, the Society for the Study of Chinese Architecture (Zhongguo Yingzao Xueshe) made many contributions to the study of Chinese architecture, which had a profound influence on the field. It will prove helpful to clarify the chronology of academic events of the Society to further the understanding of architectural history as well as architectural education in China. Based on a large body of primary data including the Bulletin of the Society for Research in Chinese Architecture, the paper systematically analyzes the events organized by the Society and its academic achievements. The paper consists of two parts. The first part provides new insight into key issues hitherto unsolved, such as the date of establishment and the workplace of the Society. The second part presents a comparatively comprehensive chronology of academic events and significant issues of the Society, and can serve as a reference for more studies in the future.

Keywords: Society for the Study of Chinese Architecture (Zhongguo Yingzao Xueshe), chronology, Zhu Qiqian, Liang Sicheng, Liu Dunzhen

中国营造学社是我国历史上第一个以中国古代建筑为研究对象的学术机构，虽然历史只有短短十余年，其间取得的学术成就却蔚然可观。详细回顾营造学社的学术活动，并非只是出于对历史琐屑的好奇，也不仅仅是出于对先贤的纪念，这一工作对今日的建筑史研究具有相当的现实意义。

林洙《中国营造学社史略》[1]一书出版以来，已成为一般读者乃至研究者心目中有关营造学社历史的权威著作。此书的贡献与价值无疑是值得肯定的，不过由于它并非严格意义上的学术著作，因而对营造学社工作的记述并非是完整而全面的。例如，对法式部的调查测绘工作记叙翔实，篇幅长达50多页，而关于文献部的工作记叙篇幅仅有4页。实际上，营造学社的文献部和法式部始终并驾齐驱，即使在1932年后投入了大量精力开展实地调查，营造学社也从未偏废文献工作。从《中国营造学社汇刊》发表的学术成果来看，据笔者粗略统计，文献研究类的论

---

[1] 林洙. 叩开鲁班的大门：中国营造学社史略[M]. 北京：中国建筑工业出版社，1995.

文约70篇，数量占到《中国营造学社汇刊》篇目总数的六成以上。可以说，学社的文献工作成果斐然，无论数量还是质量，都绝不亚于调查实测工作。倘若忽视了这部分工作，则不仅对前辈学人有欠尊重，而且忽略了这些本应得到继承的学术遗产，对于今日的研究工作而言，也是相当遗憾的损失。王其亨先生就曾指出营造学社在文献学工作上作出的重要贡献❶，而这恰恰是今日建筑史研究的薄弱环节。

因此，对营造学社曾经的学术活动详为梳理，旨在引起研究者的注意，从这些学术遗产中汲取养分，启发思路，弥补今日研究方法之不足，乃至将其未竟的工作继续完成，是为这项工作最大的现实意义。

营造学社的学术活动因时局被迫中断，许多工作或未能最终完成，或因故未能刊行成果，渐至湮没无闻。但是这些未竟的工作毕竟留下了许多资料和线索，借此仍然能够看出营造学社学术研究的大致轮廓与脉络。

研究的选题与思路，最能体现一个学术研究团体的水准和潜力。朱启钤作为学社的领导者，具有相当的学术眼光。创社之始即指出"纵断之法以究时代之升降"和"横断之法以究地域之交通"两个研究方向，并且高屋建瓴地提出建筑史研究不可专限于建筑本身，而必须推及"一切考工之事"乃至"一切无形之思想背景"，以彰显建筑"于全部文化之关系"。早期的选题就基于这一宏大的学术图景而拟定，如《营造词汇》、《营造大事年表》、《营造丛刊》等，都是对建筑史研究价值深远的题目。从这些体量庞大的选题，也可看出朱启钤和营造学社远大的学术志向和高度的学术热情。

这些未完成的研究项目，曾有部分内容在《中国营造学社汇刊》上零星发表，涉及研究计划、研究方法和阶段性成果。此外，也有许多手稿等资料保存至今，对于有志于此的研究者，仍然是有益的参考。

营造学社早期的研究是以文献工作为重心的。朱启钤在建社之初就意识到，从浩如烟海的古籍中搜求营造相关材料，加以整理，是这项学术研究最重要的基础工作。"须先为中国营造史辟一较可循寻之途径，使漫无归束之零星材料，得一整比之方，否则终无下手处也。"❷1949年后，由于从事建筑史研究者大多仅受工科教育，文献学素养不足，这一领域的研究相对薄弱。而当年以朱启钤为首的第一代、第二代建筑史研究人员都具有良好的文献学和传统史学功底，他们十余年的辛勤工作，无疑为后人留下了一笔相当宝贵的学术财富。

遗憾的是，学社当时整理刊行的图籍大都没有再版，现在已经不易搜求。许多有价值的文献虽经学社发掘整理，却重又湮没无闻，今日已少有研究者注意。如果对学社这一方面的工作有所了解，对当年学社前辈整理的书目索引善加利用，当可为今日之建筑史研究提供有益帮助。

早期的文献工作并未局限于爬梳古籍，同时还进行了大量译介工作。

❶ 刘江峰,王其亨."辨章学术、考镜源流"——中国营造学社的文献学贡献[J].哈尔滨工业大学学报（社会科学版),2006(5):15-19.

❷ 朱启钤.中国营造学社开会演词[J].中国营造学社汇刊,第一卷第一册.1930:1.

朱启钤素来抱有汇通东西学说的理想，因此自建社伊始便注意招纳翻译人才，社内专门设有"英文译述"和"日文译述"的职位。学社先后翻译刊行了《乾隆西洋画师王致诚述圆明园事》、《法隆寺与汉六朝建筑式样之关系》、《琉璃釉之化学分析》等许多与中国建筑有关的国外研究论文，涉及英、法、德、日诸语种，论题相当广泛。同时，学社也将不少国外学者吸纳为社员，时有交流，从而保证了这一研究团体广阔的学术视野。这也是值得今日研究者反思和继承的良好学术传统。

另外，营造学社在抗战期间的工作，从前多为人忽视，认为1942年后已经停止活动，"暂时维持局面而已"❶，这与实际情况并不相符。1940年南迁到四川南溪县李庄后，尽管条件极度困难，但学社同仁仍旧多方努力，在有限的条件下继续研究工作，并撰写正式工作报告，日常工作依旧维持在正规状态。只不过"1942年以后工作站之工作报告散佚各处"❷，始终没有集中整理，今日已经难见全貌。

令人惋惜的是，这一阶段的许多研究成果未及刊行便遗失散佚，如陈明达的"彭山崖墓发掘报告"、莫宗江的"四川前蜀永陵研究手稿"、刘致平的"四川广汉建筑调查报告"、刘敦桢主持绘制的"中国古建筑模型图"、卢绳绘制的"清工部工程做法图"，等等。但即使只从今日残存的部分手稿、图纸和照片来看，也不难判断，这一时期学社仍然完成了数量惊人且卓有成效的工作。

同样不应忽略的是，在学术研究之外，营造学社也投入大量精力，积极履行社会责任。学社始终广泛参与当地各种文物建筑修缮和复建工程，或担当顾问，或参与设计。为了在民众中建立文物建筑保护意识，学社自成立伊始，即不断组织各种展览会，展出古建筑模型、照片、实测图纸、古籍等，向社会大众宣传文物建筑的价值，并为各高校建筑系制作建筑模型多种，供教学使用。这项工作一直坚持到抗战期间。尤为可贵的是，1944年，营造学社还利用历年调查测绘成果，在李庄张家祠举办了中国建筑图像展览。此时刘敦桢已经离开学社，学社工作人员仅余四五人。但在如此困难的境遇中，学社仍然坚持不放弃公众教育，足见其对于古建筑研究与保护事业的坚定信念。

编制一份营造学社的学术活动年表，可以为查考学术事件的具体日期与来龙去脉提供许多方便。过去曾有前辈学人对此做过初步整理，例如崔勇《中国营造学社研究》一书中整理了《中国营造学社学术活动大事记一览》。从其中内容来看，基本上是转引林洙《中国营造学社史略》一书中的文字，恐未核查一手资料。此外，网上可搜索到一份题为"中国营造学社历史"的编年表格，编者不详，择要罗列了1930年以前至1945年间的学社大事，但内容很简略，个别史实也欠查考。其后的论文和著作则多以上述资料为引用来源。因此，本文拟从一手资料出发，将营造学社的学术活动作一全面整理。所有事件、人物、时间，均以原始文献核实，且在可

❶ 单士元. 中国营造学社的回忆[J]. 中国科技史料, 1980（2）: 83-87.

❷ 朱海北. 中国营造学社简史[J]. 古建园林技术, 1999（4）: 10-14.

能的情况下尽量搜求多种信源交叉核对，力图为研究者提供一份可靠的基础资料。

整理年表的过程中，不可避免地牵涉社史上若干关键问题，如学社成立时间、办公地点等，前人的叙述中或语焉不详，或说法不一。因此，本文必须先对这些问题逐一考辨，形成较为明晰的判断，以作为年表编制的依据。

一、营造学社社史若干关键问题考辨

1. 关于中国营造学社的成立时间

中国营造学社的成立时间，始终存在不同说法。单士元、陶宗震、陈从周认为是1929年，刘致平认为是1930年，林洙认为是1930年2月，朱海北认为是1930年3月。其中影响较大的说法是1930年3月，在各种学术著作、论文和传记中是最为常见的一说。但也有一些学者持不同看法。

崔勇《中国营造学社研究》中，引述比较各家说法，专门讨论了这个问题，结论是营造学社成立于1930年3月16日，即朱启钤发表《中国营造学社开会演词》的日期。崔勇认为这篇演讲词是"朱启钤在中国营造学社成立大会上所做的演讲"。此外，崔勇还提出另外两则文献旁证，一是朱启钤自撰年谱中，写有民国十九年（1930年）"居北平，组建中国营造学社，得中华教育基金会之补助，纠集同志进行研究"；二是民国十八年（1929年）11月19日中华教育文化基金会给朱启钤的复函，其中有如下内容："台函称拟自十九年一月起开始研究中国营造学，同时依照所编预算按季支用补助，拟请准由本年度补助费内开支，移居及设备等项费用并附。"

但这一结论仍有值得商榷之处。实际上，中华教育文化基金会复函这则材料中提到的日期——民国十九年一月（1930年1月）——已与崔勇的结论矛盾。如果学社1930年3月才成立，为什么又说"拟自十九年一月起开始研究中国营造学"呢？如果解释为朱启钤此信中只是谈及初拟计划，其后未必据此实施，则此信便对证明营造学社成立时间不具意义。

再来看"1930年3月16日"的说法。查《中国营造学社汇刊》第一卷第一期，朱启钤的《中国营造学社开会演词》文末落款为"中华民国十九年二月十六日"，即1930年2月16日。这期汇刊的出版时间则是1930年7月。"3月16日"的说法不知从何而来。

其次，这篇演讲词是不是"中国营造学社成立大会上的演讲"呢？崔勇没有解释这一说法的来由。如果此次会议并非成立大会，则此日期也就与学社成立日期无关。实际上，笔者未能发现任何文献记载证明1930年2月的这次会议就是"中国营造学社成立大会"；仔细阅读这篇演讲词的内容，通篇都未提及"于今成立"之类说法。作为成立大会的演讲，通篇不加一语点明题旨，似乎也不合常理。

实际上，这篇演讲词透露了与"成立大会"相悖的信息。演讲词开篇第一段，大致说明了当时会议的状况：

"今日本社，假初春胜日，与同志诸君，一相晤聚。荷蒙聊袂偕临，宠幸何极。溯本社成立以前及经过情形，与今后从事旨趣，有应举为诸君告者。请得以自由之形式，略抒胸次所怀，惟诸君察焉。"❶

从"溯本社成立以前及经过情形"一句，可以看出，"本社成立"是已经发生过的事。在演讲词的后半段，朱启钤回顾了学社的成立经过："嗣是以来，承中华文化基金委员会之赞助，拨给专款，俾得立社北平，粗成一私人研究机关。草创之际，端绪甚纷，布置经月，始有眉目。"❷ 最后几句话说得很清楚：学社此时已经成立至少月余，经过一段时间的组织工作，初步走上正轨。可见，这次会议并不是学社的"成立大会"，其日期也不应视为学社成立的日期。

那么，营造学社到底成立于何时？要厘清这一问题，必须完整回顾学社成立的经过。

早在1925年，朱启钤已经集合同仁，致力营造学研究。"民国十四年乙丑创立营造学会，与阚霍初、瞿兑之搜集营造散佚书生，始辑《哲匠录》。"❸ 而这个名为"营造学会"的私人研究机构，就是中国营造学社的前身。阚铎（霍初）和瞿兑之后来也成为营造学社的元老成员。

营造学社的经费，最初是以私人营造学会名义申请的。《中国营造学社汇刊》第一卷第二期的《社事纪要》中，附录了朱启钤1937年7月致文化基金会的函件：

敬启者：鄙人研究中国营造学，本期联合同志，组织中国营造学社，合力进行，曾经发表宣言一通，并于一八年六月三日致贵会附计画大概内，郑重声明。嗣经贵会议决，属鄙人先以个人研究所名义，接受补助，移平组织。造端以来，承中外学者参加研究，日益增多，在事实上，已成为学术团体，所有对外一切，皆以学社名义行之。兹当年度更始之际，所有个人研究所名义，应即改为中国营造学社。嗣后关于款项及一应事务，均适用之。至鄙人仍担任学社主任，对于贵会，完全负责。将来组织，如果有变更，届时再为通知。

朱启钤向中华教育文化基金会申请经费的往来函件，刊于《中国营造学社汇刊》第一卷第一期。细读这些函件，其中从未出现"营造学社"字样。朱启钤信中申请的是"鄙人研究中国营造学费用"，基金会复函用语则是"台端研究中国营造学费用"、"执事研究中国营造学费用"。也就是说，当时朱启钤是以个人名义向文化基金会申请研究资助并获批的。在《中国营造学社开会演词》中，朱启钤也明确说过当时的状况是"俾得立社北平，粗成一私人研究机关"。

❶ 朱启钤.中国营造学社开会演词[J].中国营造学社汇刊，第一卷第一册.1930：1.

❷ 朱启钤.中国营造学社开会演词[J].中国营造学社汇刊，第一卷第一册.1930：5.

❸ 朱启钤.朱启钤自撰年谱[M]//蠖公纪事——朱启钤先生生平纪实.北京：中国文史出版社，1991：6.

随着同仁不断加入，朱启钤意识到，有必要将个人研究所改组为一正式学术团体，即中国营造学社。朱启钤本人执笔的《十九年度中国营造学社事业进展实况报告》中说："民国十八年春，由启钤在津埠发起组织本社。"可见营造学社的组织筹备工作，是从1929年春天开始进行的，当时朱启钤还在天津。

在《中国营造学社汇刊》第一卷第一期的《社事纪要》中，朱启钤清晰地叙述了学社成立的前后经过。作为当事人在第一时间发布的报告，这段文字相当重要，明确了学社从发起、申请经费、选择社址到开始工作的多个时间节点，是有关学社创建经过的最重要证据。因篇幅较长，择要节录于此：

民国十八年春，中美文化方面，时以完成中国营造学社之研究，来相劝勉。尔时为环境所限。恐未能专心致力。却不敢承。顾以平生志学所存，内外知交属望之切，亟应及时组织团体，自励互助。乃发表中国营造学社缘起一通，并于三月下旬，在北平中山公园董事会展览图籍及营造学之参考品。……六月初，始以继续研究中国营造学计划之大概，提出于中华教育文化基金董事会。至六月之杪，经该会第五次年会议决补助费用，并订明将来研究所得结果。……七月五日具函件见告。适因旅游辽宁，未克即时到平。迭次函商，迄于年岁杪，始租定北平宝珠子胡同七号一屋，由津移往。于十九年一月一日，开始工作。……

从这段文字中可知，组建营造学社的动议始自1929年春，是年6月初正式申请经费，7月获批，年底朱启钤移居北平。营造学社的实际工作从1930年1月1日正式开始。

那么，"营造学会"的名义是何时正式变更为"中国营造学社"的呢？

《中国营造学社汇刊》第一卷第二期的《社事纪要》中，有一条"本社名义之确定"："本年七月，年度更始，本社致函文化基金会，正式宣布：以后适用'中国营造学社'名义，仍由朱先生担任，对于文化基金会，完全负责。"这期《中国营造学社汇刊》出版于1930年12月，也就是说，"中国营造学社"名义的正式启用，是在1930年7月。这里说的"年度更始"，指的是财政年度。美国的财政年度在1976年以前是自7月1日起至次年6月30日止。中华教育文化基金会由中美双方共组，管理美国退还的庚子赔款，其财年制度依从美制。这也是学社选择在7月这个时间正式变更名义的原因。

综合以上分析，可以梳理出营造学社成立前后的经过：

1929年3月，在天津发起组织；

1929年6月，申请研究经费；

1929年7月初，确认经费获批；

1929年底，确定北平社址；

1930年1月1日，正式开始工作；

1930年7月，正式启用"营造学社"名义。

由此得出结论：认为营造学社成立于1929年，或1930年1月，这两种说法都是合理的。在"正式启用名义"的意义上，取1930年7月为成立时间，也有道理。但是"1930年2月"和"1930年3月"两个日期似乎并无意义，其由来令人费解。

如果一定要确立一个具有官方权威性质的日期，或许可以参考朱启钤本人的意见。刊登于《中国营造学社汇刊》第二卷第三期的《本社二十年度之变更组织及预算》一函中，曾经有"本社自十九年一月创立以来……"的说法。这是致中美文化基金会的公函，向来由朱启钤执笔。即使由他人代笔，也是以朱启钤和学社官方名义发出的。可见至少在1931年时，朱启钤本人是愿意将学社创立时间计为"十九年一月"（即1930年1月）的。朱启钤在自撰年谱中，也将"组建营造学社……纠集同志进行研究"列于"民国十九年"条目之下。

需要指出的是，从历史研究的角度来讲，未必一定要将某个具体年月日确定为营造学社的成立日期。实际上，学社历史上并没有存在过这样明确的成立日期。这是当时的具体情况决定的。营造学社作为一个民间团体，不存在官方注册日期，也没有举办过正式的成立仪式。现存的文献中，无论是朱启钤本人，还是学社早期成员，都没有明确提到学社"正式成立"于某个日期。我们只要充分了解学社成立时的实际情形、前后经过，也就实现了对历史的尊重。

2. 关于中国营造学社的成立与办公地点

关于营造学社在北平的成立与办公地点，在不同文献中也有种种相互矛盾的叙述。

刘致平说营造学社"于1930年在北京天安门里西朝房成立，即今中山公园内，'来今雨轩'傍"；朱海北认为"1930年3月，中国营造学社在北京宝珠子胡同七号正式成立"；林洙《中国营造学社史略》认为"1930年2月，中国营造学社正式成立，地址就设在朱启钤宅内（北平宝珠子胡同7号）。……至1932年，社址始由朱宅迁到中央公园内的东朝房。"张驭寰认为营造学社旧址在"宝珠子胡同6号"❶；也有人认为是在"社稷街门以南的七间西朝房"❷；崔勇在《中国营造学社研究》一书中，认为"最早在朱启钤故居赵堂子胡同"、"后迁往珠宝子胡同7号"❸；但又说"1930年3月16日正式成立，办公地点临时设在北平珠宝子胡同七号"❹，前后矛盾。

因此，以下需要探讨、澄清的问题是：学社在什么地点成立，成立后社址是否曾经搬迁，以及迁往何处。

学社的成立地点，可以在朱启钤筹办学社期间的信函中找到线索。

在1929年11月10日致中华教育文化基金董事会函中，朱启钤谈及

❶ 中国科学院自然科学史研究所张驭寰教授专访[M]//崔勇.中国营造学社研究.南京：东南大学出版社，2004：245.

❷ 姜振鹏.朱启钤·北京中山公园·中国营造学社[J].古建园林技术，1999(4)：24–25.

❸ 崔勇.中国营造学社研究[M].南京：东南大学出版社，2004：338.

❹ 崔勇.中国营造学社研究[M].南京：东南大学出版社，2004：64.

组织营造学社的计划，说自己计划移居北平，"安定身心，集合同志，专致力于工作"❶，但因时局及家事影响，且不易寻得合适住所，因此迁延未定。"初拟在北平觅屋，须近故宫三海，且与相类之文化机关往还便利，而设备较省，租价较廉为宜。迭经托人寻觅，久未合式，而住居未定，一切组织皆难着手。……鄙人久居津门，图籍器物一旦移平，劳费甚巨，愿得永久之住居，为安全之处置。"❷直至1929年年底，朱启钤才终于在北平宝珠子胡同7号找到了一处合适的房屋，租赁下来，并从天津迁居此地（"迄于年岁杪，始租定北平宝珠子胡同七号一屋，由津移住。"❸）。

宝珠子胡同在今北京市东城区朝阳门南小街东侧。朱启钤迁入宝珠子胡同7号之后，这里也就成为学社的第一个正式办公地址。因为学社成立之初，工作人员不过寥寥数人，暂时无须另设办公场所。且初期研究所需图书资料均有赖于朱启钤的私人收藏，在朱宅工作也有很大便利。

《中国营造学社汇刊》第一卷第一册没有登载社址信息，但从第一卷第二册起，即在封面标明："社址北平市东城宝珠子胡同七号"。此后各期，均在封面或版权页注明这一地址。因此，无论在名义上还是事实上，这都是学社早期的正式办公地址。

"珠宝子胡同七号"这一说法，最早见于崔勇《中国营造学社研究》一书。但查北京市地图，并无一处胡同名为"珠宝子胡同"。查《京师坊巷志》《京师五城坊巷胡同集》，均不见此地名，可知明清两代京城内都不存在这样一条胡同，也排除了名称变迁的可能性。"珠宝子"与"宝珠子"相差不远，这一名称恐怕只是作者误记。但因《中国营造学社研究》一书影响较大，这一名称流布甚广，恐有澄清之必要。至于张驭寰先生所称"宝珠子胡同6号"，则是今昔门牌编号之别。今天的宝珠子胡同6号是一座楼房，营造学社旧址已经不存，此处仅指今日之6号系其故址而已。

1932年，由于学社规模扩大，办公空间不足，学社决定另迁新址。《中国营造学社汇刊》第三卷第二期《本社纪事》载"本社社址之浅易"一条，言及由于社务扩充，"社所狭隘不敷支配"，决定另迁新址："为便利工作计，爰于本年仲夏承商中山公园董事会，租借该园行健会东侧旧朝房十一间，即皇城天安门内社稷街门南首之千步廊为新社所，地点适居市区中央，且为旧日紫禁城之一部……本社以俟新社所修葺完竣，即于下月内迁入办公云。"其中所言"下月"当为本期汇刊出版之次月，即1932年7月。也就是说，学社在北平宝珠子胡同7号的地址用至1932年7月，此后则改为新址。

朱海北在《中国营造学社简史》中对这次迁徙也有记述："1932年7月，因社址不敷应用，商得中山公园董事会同意，迁至天安门内西朝房为社址。"❹崔勇《中国营造学社研究》一书中认为"中国营造学社由于经济拮据，由珠宝子胡同迁往原中央公园的办公地点"❺，这一说法恐怕也与事实不符。营造学社此时远谈不上经济拮据，迁址的原因只是原场所不敷应用。

那么，学社的新址为何选在中山公园呢？这需要对当时的中山公园和

❶ 社事纪要[J]. 中国营造学社汇刊，第一卷第一册．1930：6.
❷ 社事纪要[J]. 中国营造学社汇刊，第一卷第一册．1930：7.
❸ 社事纪要[J]. 中国营造学社汇刊，第一卷第一册．1930：1.

❹ 朱海北．中国营造学社简史[J]．古建园林技术，1999（4）：10-14.
❺ 崔勇．中国营造学社研究[M]．南京：东南大学出版社，2004：338.

"中山公园董事会"略作介绍。中山公园原为明清皇家祭祀天地的社稷坛，清亡后一度荒芜废弃，无人问津。朱启钤遂产生了将其改造为公益性公园的想法。经朱启钤与清室积极交涉，社稷坛交由国民政府管辖。朱启钤借鉴此前建设北戴河为避暑胜地的经验，组建董事会，通过募捐形式筹集资金，对荒废的社稷坛进行清理改造，增修亭榭花木，"于民国三年十月十日开放为公园"❶，即1914年10月10日，时称中央公园（1928年为纪念孙中山先生，改名中山公园。因此将学社的地址描述为"中央公园"，不如"中山公园"更为准确）。

1915年3月21日，中央公园召开第一届董事会，推举朱启钤为会长。❷ 此后连任五届，直至1937年。❸ 朱启钤开辟中山公园之始，就希望将其建设为北平的一处文化活动中心。公园开放后，举办过种种文化活动，其中也包括营造学社的若干次展览会。因此，朱启钤利用自己在中山公园董事会的影响力，为学社争取一处地理位置便利的办公场所，为公园新添一处文化机构，不失为对两方面都有益处的做法。

对于营造学社这次迁址的地点，之所以出现种种矛盾叙述，主要是对此具体地点的理解不清所致。实际上《中国营造学社汇刊》第三卷第二期《本社纪事》中的表述已经十分清楚，即"皇城天安门内社稷街门南首之千步廊"。这里的"千步廊"并不是指天安门外的千步廊（天安门外的千步廊已于1915年拆除），只是对较长廊房的一种统称，实际指的就是天安门和午门之间的西庑，也称西朝房。"社稷街门"是在这一带西朝房正中开辟的大门，与东庑的"太庙街门"相对。

朱启钤亲自为中央公园撰写刻石的《中央公园记》，记载了董事会和行健会的办公地址："更划端门外西庑朝房八楹，略事修葺，增建厅事，榜曰中央公园董事会，为董事治事之所。设行健会于外坛东门内驰道之南，为公共讲习体育之地。"❹ 这里说的"外坛"是社稷坛的外坛墙，其东面从天安门内至阙右门墙为西庑朝房。"端门外西庑朝房"指的就是这里。社稷街门将西庑朝房分为南北两段，营造学社迁入的是"天安门内社稷街门南首之千步廊"，也就是南半段的西庑朝房，而北半段则是董事会的办公室（图1）。

有人认为学社此次迁入的地址是"端门内西朝房"❺，此说日后为媒体引用，流布最广，实则不确。"端门内西朝房"指的是端门之北、端门与午门之间的西庑，实为另一处所（参见图1）。营造学社这一处办公地址，可以描述为"端门外西朝房"，或者"天安门内西朝房"。由于此处房屋归中山公园管辖，也不妨简单称为"中山公园内"。学社后来即以"北平中央公园内"作为地址。

有人认为营造学社此次迁址后，"不久，又迁至赵堂子胡同3号朱宅"❻，这一说法也被不少著作沿袭，并认为该宅"前半部为中国营造学社办公，后半部为朱启钤先生眷属居住"❼。此说是否可靠，需要加以辩证。

❶ 朱启钤.中央公园记[M]// 中国人民政治协商会议北京市委员会文史资料研究委员会.文史资料选编（第27辑）.北京：北京出版社，1986：202-204.

❷ 中山公园管理处.中山公园志[M].北京：中国林业出版社，2002：14.

❸ 此职务自1930年第二届起改称主席。

❹ 朱启钤.中国营造学社开会演词[J].中国营造学社汇刊，第一卷第一册.1930：1.

❺ 朱文极，朱文楷.缅怀先祖朱启钤[C]// 营造论：暨朱启钤纪念文选.天津：天津大学出版社，2009：168.

❻ 杨永生，刘叙杰，林洙.建筑五师[M].天津：百花文艺出版社，2005.

❼ 李路珂，等.北京古建筑地图（上）[M].北京：清华大学出版社，2009：372.

图 1 营造学社中山公园旧址位置示意图
（作者自绘❶）

赵堂子胡同 3 号位于东城区建国门街道，原为北洋政府前财政次长贺德霖之房产，兴建于 1926 年 3—4 月，尚未完工时出售。1930 年，朱启钤和五女婿朱光沐共同出资 4 万元❷购置，并由朱启钤自己重新设计督造。❸ 1949 年后，朱启钤将这座大宅上交政府，自己全家迁入东四八条 111 号。赵堂子胡同这座宅院保存至今，1984 年公布为东城区文物保护单位。今天在有关资料中仍可见到这座宅院的平面图（图 2）。

那么，这里是不是营造学社的旧址之一呢？笔者认为这一说法恐怕不能成立。

就笔者掌握的史料，并未发现任何一手资料提及学社曾在赵堂子 3 号办公，也未在相关人士的回忆或访谈中发现任何线索，不知这一说法出自何处。单就这一说法本身而言，其合理性即存疑，因为很难解释，为什么学社在刚刚搬迁后不久又要再次迁址。从人员数量来看，营造学社从 1932

❶ 参考图片见：中山公园管理处.中山公园志[M].北京：中国林业出版社，2002：77.中山公园 1913 年平面图；贾珺.旧苑新公园，城市胜林壑——从《中央公园廿五周年纪念刊》析读北京中央公园[M]//张复合.中国近代建筑研究与保护（5）.北京：清华大学出版社，2006.中山公园 1939 年平面图。

❷ 参考文献中未见对"元"的货币概念解释。依常识判断，此处"元"应为大洋，即银元；1935 年 11 月南京政府通过新的货币法案，发行"法币"，法币 1 元等于原银元 1 元，此后的"元"则多指法币。

❸ 刘宗汉.有关朱启钤先生史料的几点补正[M]//北京市政协文史资料委员会.北京文史资料（第六十五辑）.北京：北京出版社，2002.

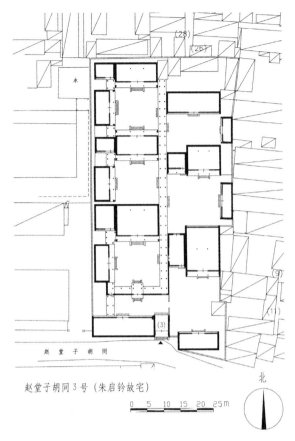

图2　赵堂子胡同3号朱启钤故居平面图
（段柄仁.北京四合院志（上）[M].北京：北京出版社，2016：425.）

年到1937年，职员数量基本稳定，仅从16人增加到17人，因此难以用社务扩张来解释。那么是否因为中山公园的办公场所因拆改或征收，不能再租给学社使用？从中山公园的档案来看，公园的基础设施建设与改造集中发生在1914—1931年，至1932年，已经告一段落，各处建筑功能都稳定下来。1932—1935年间，除了个别小修小补之外，并无任何建筑施工。❶ 另一方面，前文已提到，朱启钤在这段时间内一直担任中山公园董事会主席，也没有发生人事变动。无论内部还是外部环境都没有什么变化，很难解释为何刚租下不久的场所突然又无法使用。

　　实际上，有关此问题最关键的证据，仍然应当是《中国营造学社汇刊》中的相关信息。地址变更对学社来说是一件大事。在当时，社会各界人士与学社联络、寄送邮件、邮购学社出版物等，均需依靠这一地址。如果确实二次迁址，至少应当在此时期内稳定发行的《中国营造学社汇刊》上有所通告。如前文所述，学社1932年的那次迁址，即在《中国营造学社汇刊》第三卷第二期发布迁址启事。《中国营造学社汇刊》从第三卷第二期开始，版权页的地址即改署"北平中央公园内中国营造学社"。这一地址一直沿

❶ 大事记[M]//中山公园管理处.中山公园志.中国林业出版社，2002：19-21.

用到第六卷第四期，即学社在北平出版的最后一期《中国营造学社汇刊》。到1940年出版第七卷第一、二期时，地址才改为"四川南溪县李庄营造学社"。学社地址是相当重要的信息，如果有所变更，即使因为种种原因未能发布启事，那么至少要相应变更版权页的地址信息，以免他人联络错误地址。《中国营造学社汇刊》的编辑向来严谨认真，文中一字之差也要专门勘误，不可能在这样的关键处出现重大疏忽。即使偶尔一期有误，也不可能期期有误，五年间都未能订正。

另一方面，赵堂子胡同3号的实际情况也与这一说法存在矛盾。刘宗汉先生在对朱家后人的采访和回忆中，对赵堂子胡同3号这处住宅的功能和布局有过描述。文中说，这座大宅坐北朝南，"中间一条长廊纵贯南北，长廊左右各有4个院落。右边的院落较大，为朱先生和朱光沐先生的住宅；左边的第一个院落为一座小花园，并有一个可以开舞会的大客厅。其余为群房。"❶ 从图2中的宅院平面看来，其布局与刘宗汉先生文中所述完全吻合。可见此后数十年宅院未经大规模改造，大体保留了朱启钤居住时的布局。那么，这座院落"前半部为中国营造学社办公，后半部为朱启钤先生眷属居住"的说法就显得很费解，因为如果要作功能分区，这个平面显然只宜分为东西两半，而很难作出"前半部"与"后半部"的划分。刘宗汉先生与朱家晚辈过从甚密，他的文章里也完全没有提及营造学社曾在此宅办公。在地理位置上，赵堂子胡同和宝珠子胡同实为相连的两条胡同，从赵堂子胡同的朱宅，到宝珠子胡同7号的学社办公地点，步行距离仅200米左右。朱启钤之所以选择这一处居所，恐怕与其便于往来的位置优势不无关系。

因此，学社曾经迁入赵堂子胡同3号的说法，恐怕不足取信。当然，朱启钤本人确实于1930年之后迁入赵堂子胡同新宅，学社成员过访此宅相当便利，也不排除偶尔在此议事或工作的可能性。但是，这与"办公地点"毕竟不是同一概念。

综上，1937年南迁以前，营造学社在北平先后有过两处社址。第一处社址，也即成立地点，是北平宝珠子胡同7号，使用时间为1929年底至1932年7月；第二处社址，则是当时归属中山公园管辖的端门外西庑社稷街南首旧朝房11间，使用时间为1932年7月至1937年7月。由于后一地址叙述起来较繁冗，所以学社在这一时期的官方地址仅署"北平中山公园内"。

3. 关于梁思成、刘敦桢加入营造学社的时间

营造学社成立之初的活动由朱启钤亲自主持，研究内容以文献工作为主，主要是整理古代文献中营造学相关内容，编辑《营造词汇》及翻译国外相关论著等。早期研究成员也多具有良好的文献学和历史学功底，而拥有建筑学和工程学背景的人员占比例很少。嗣后梁思成和刘敦桢的加入，

❶ 崔勇. 中国营造学社研究[M]. 南京：东南大学出版社，2004：338.

使营造学社的局面大为转变，转而注重实地考察和测绘，并引入了西方建筑学的研究方法。以至于朱启钤后来说："得梁思成、刘士能两教授加入学社研究，从事论著，吾道始行。"❶因此二人加入的时间，对学社社史而言是具有重要意义的节点。

《中国营造学社史略》中说梁思成"1930年加入学社，1931年到学社担任法式部主任"，刘敦桢"1931年加入学社，1932年离开中大，到学社任文献部主任"。这里的叙述较为简略，导致许多人对于梁思成、刘敦桢进入学社的时间有所误会，例如认为"1931年梁思成、刘敦祯等先生加入学社，分任法式主任和文献主任。"❷因此，有必要厘清梁刘二人加入学社和开始工作的时间。

这里首先需要说明，营造学社的成员编制，分为"职员"和"社员"两种。职员为实际到社工作者，在学社任职，从学社支取工资；社员为社会各界人士，以各种形式（包括顾问、捐资等）参与和支持学社工作，但不以之为本职工作。因学社不断发展，人员时有增减变动，《中国营造学社汇刊》几乎每期都在版权页上刊登当前职员和社员名录，从这些名录看来，社员数量要远多于职员。

值得一提的是，所谓职员和社员，只是编制区别，并不是实际工作和挂名的区别。很多社员也为学社的工作作出了实际贡献。例如林徽因，从学社创立到解散一直都是社员，多年来参与了学社的大量工作，包括考察、测绘、资料整理和学术研究。又如周贻春，虽然其本人不从事建筑方面的工作，但作为朱启钤的至交好友，以多种形式支援过学社活动，后期还曾代理社长职务。这些贡献都是不应被忽略的。

另外，社员和职员的身份也有可能发生转化。例如陶洙和刘南策，起先都是学社的职员，后来不再担任学社日常工作，但也没有退出学社，只是身份变为社员。同样也有人先成为学社社员，之后变为职员。因此，"加入学社"这一说法就存在两种不同意义，一是成为学社社员，二是成为学社职员。理解了这一点，才不致对前引《中国营造学社史略》中的文字感到困惑。

从第一种"成为社员"的意义上说，梁思成从学社甫一创立，就是社员。在《中国营造学社汇刊》第一卷第一期刊登的首批社员名录中，就有梁思成和林徽因的名字，二人均担任参校。

从第二种"成为职员"的意义上说，梁思成则是1931年9月正式到社工作的。学社曾在《中国营造学社汇刊》第三卷第一期的《本社纪事》中发布改组通告："本年度七月依照改组计划，分为文献法式两组，聘定社员梁思成君为法式主任，于九月一日开始工作。"❸这期《中国营造学社汇刊》出版于1932年3月，这里的"本年度七月"，当指前一年，即1931年的7月。也就是说，梁思成1931年7月受聘为法式部主任，9月1日正式开始工作。至于这其中间隔两月，是因为1931年7月梁思成还

❶ 朱启钤.朱启钤自撰年谱[M]//蠖公纪事——朱启钤先生生平纪实.北京：中国文史出版社，1990：7.

❷ 陶宗震.继往开来，温故知新——纪念中国营造学社成立60周年[J].华中建筑，1990(2).

❸ 本社纪事[J].中国营造学社汇刊，第三卷第一期.1932：183.

在东北大学执教，聘任事宜决定后，1931年8月，梁思成才回到北平。安顿之后，9月1日开始工作。

1931年11月出版的《中国营造学社汇刊》第二卷第三期的职员名录中，第一次出现梁思成的名字，职务为"法式部"主任。1931年9月出版的《中国营造学社汇刊》第二卷第二期的职员名录中还没有梁思成，因为《中国营造学社汇刊》的撰稿时间必定早于出版时间，当时梁思成尚未开始正式工作（可能还未回到北平），所以撰稿者没有将其列入。

刘敦桢作为社员加入学社的时间也很早，《中国营造学社汇刊》第一卷第二期的社员名单中，就有刘敦桢，担任校理。这一期《中国营造学社汇刊》出版于1930年12月，也就是说，刘敦桢是在1930年下半年加入营造学社，成为社员的。之后才受聘为"文献部"主任，变成学社职员。

虽然梁思成和刘敦桢分别就任法式部主任和文献部主任，但二人并非同时到任，前后相差将近一年。朱启钤1932年3月的《请中华教育文化基金董事会继续补助本社经费函》中提及此时法式部主任梁思成已经入职8个月（"梁君到社八月，成绩昭然，所编各书，正在印行"❶），而刘敦桢尚未到学社就职，只有聘任意向（"文献一部，则拟聘中央大学建筑系教授刘敦桢君兼领"❷）。此时文献部主任一职还是朱启钤本人兼任。

陈从周先生也曾经记录过刘敦桢先生对入社经过的回忆："刘士能师敦桢尝告我其参加营造学社之经过。初，紫江朱先生办社于北京，梁公思成于一九三一年入学社。其时刘尚任教于南京中央大学建筑系。……朱过南京，刘往谒，邀往北京入学社，遂脱离中大。"❸

刘敦桢的名字第一次出现在《中国营造学社汇刊》的职员名录里，是在1932年6月出版的《中国营造学社汇刊》第三卷第二期，职务为"文献主任"。此前一期《中国营造学社汇刊》，也就是1932年3月出版的第三卷第一期中，还没有将刘敦桢列为职员，说明其正式受聘时间在1932年3—6月之间。《中国营造学社汇刊》第三卷第一期还发表了刘敦桢的一封讨论城墙角楼的信，题为"社员通讯"，落款是"廿年十二月十六日草于南京中央大学"，可见直到1931年底刘敦桢仍在南京，与学社依靠通信进行学术交流。

受聘于学社之初，刘敦桢尚在中央大学任教。朱启钤起初的设想是请他"兼领"文献部主任，因此他也并未立刻离开南京。可能经过一段时间的考虑，才决定离开中央大学，正式到学社工作。在《北平智化寺如来殿调查记》中，刘敦桢曾经提及自己北上的时间："今秋北来，从事整比，发现脱误不少，乃重行订正补缀而成此文。"这一期《中国营造学社汇刊》出版于1933年9月，时方入秋。这篇论文篇幅很长，从动笔订正到完稿，再到编辑、出版、印刷，必然需要花费一段时间。如果"今秋"指的是1933年秋天，就不可能赶上9月出版。因此合理的解释是，"今秋"指的

❶ 本社纪事[J]. 中国营造学社汇刊，第三卷第二期.1932: 161.
❷ 杨永生，刘叙杰，林洙.建筑五宗师[M].天津：百花文艺出版社，2005.
❸ 陈从周.朱启钤与营造学社[M]// 陈从周.梓室余墨：陈从周随笔.北京：三联书店，1999: 204.

是 1932 年秋天。也就是说，刘敦桢正式到学社就职的时间是 1932 年秋。

综上，梁刘二人加入学社的过程与时间节点可以总结如下：

1930 年 1 月（或 1929 年底），梁思成作为社员加入学社，任参校；

1930 年下半年，刘敦桢作为社员加入学社，任校理；

1931 年 7 月，梁思成受聘为法式部主任；

1931 年 9 月，梁思成作为职员正式到社工作；

1932 年 3—6 月间，刘敦桢受聘为文献部主任；

1932 年秋，刘敦桢作为职员正式到社工作。

二、中国营造学社学术活动年表

以下年表，将营造学社历年学术活动和社内重要事务，按时间顺序详细排列。

1929—1937 年，学社在北平期间的学术活动，除特别注明出处外，均据《中国营造学社汇刊》相关信息整理。《中国营造学社汇刊》发表的论文，往往会在文中叙述此项考察或研究的前因后果；此外，每期《中国营造学社汇刊》之末，往往附有《社事纪要》或《本社纪事》；学社所出版著作、图录等，亦于《中国营造学社汇刊》发布启事，这些都是编写年表时的主要线索。

需要特别注意的是，上半年所出版之《中国营造学社汇刊》中，总结近期社务，所言未必本年度事，而可能是前一年的工作，或是跨越本年与前一年的一段时间内的工作；因此对于原文中"本年"、"本期"、"去岁"、"今春"等时间用语，均须结合前后语境及其他文献材料，审慎判断。

1937 年后学社在西南期间的活动情况，则散见于各种零星史料（详见文末参考文献）。此期间《中国营造学社汇刊》仅出版两期，没有《本社纪事》。因此，年表 1937 年之后部分，系综合尾注中各种史料整理汇编。对于较重要者，单独注明出处。

关于历次测绘的详细路线、地点及考察对象，林洙《中国营造学社史略》中已有详细介绍。限于篇幅，本文对这部分内容只作扼要叙述，希望了解详情的读者可参阅《中国营造学社史略》一书。

对于各事件的参与人员，凡有据可查者，尽量列出姓名。

1929 年

3 月

3 月 24 日，朱启钤发表《中国营造学社缘起》，详细阐述营造学社的成立目的、性质、任务及长期工作计划。

3 月下旬，于北平中山公园董事会举办展览，"展览图籍及营造学之参考品"❶。

---

❶ 社事纪要 [J]. 中国营造学社汇刊，第一卷第一期. 1930: 1.

6月

朱启钤向中华教育文化基金董事会提交《继续研究中国营造学计划之大概》，并获该会资助。

12月

朱启钤租下北平宝珠子胡同7号，自天津迁入，同时这里也成为学社的办公地址。

1930年

1月

1月1日，学社正式开始工作。

2月

2月17日，朱启钤发表《中国营造学社开会演词》，申明营造学社治学宗旨和学术图景。

3月

3月21日，举行李明仲八百二十周年诞辰纪念会，并刊行《李明仲之纪念》。

4月

阚铎以四库本和丁本重校陶本《营造法式》[1]，并在《中国营造学社汇刊》第一卷第一期发表《仿宋重刊营造法式校记》。

5月

雷氏后人雷献春等求售样式房旧存宫苑陵墓之模型图样。朱启钤恐其流失国外或零星散佚，致函中华教育文化基金会，建议设法筹款购存，觅一妥善安置，以供学社研究。旋由北平图书馆购存。

6月

与日本建筑史学者伊东忠太作学术交流。伊东忠太在中山公园发表演讲，题目为"支那建筑之研究"。

7月

正式启用"中国营造学社"名义。

《中国营造学社汇刊》创刊，出版第一卷第一期。

朱启钤、阚铎整理研究《辍耕录》所述元代宫阙制度，并由宋麟徵绘制复原图，著成《元大都宫苑图考》。

12月

出版《中国营造学社汇刊》第一卷第二期。

是年其他工作：

改编《营造法式》为读本

计划将陶本《营造法式》重新校勘，并加标点，以各作为纲，功限、料例、图样为目，改编成易于查考的体例，并对生僻名词加以训示图解。本年正

---

[1] 1919年，朱启钤于南京江南图书馆发现丁氏抄本《营造法式》，是为"丁本"；1925年，陶湘校勘印行《营造法式》，是为"陶本"。

在工作中。

增补《工部工程做法》图式并编校则例

招募匠师为《工部工程做法》补图，并整理则例原本，以备刊行。图样已绘成600余张，本年内正在审定。

整理《园冶》

此书在国内已失传，朱启钤从日本觅得钞本，加以整理，准备刊行。

编辑《营造词汇》

《营造词汇》是朱启钤计划编纂的一部营造术语专门辞典。意在通过广泛查考古籍、访问匠师，将一切涉及营造的名词术语纂辑汇释，"定其音训，考其源流"❶，再以制图摄影辅助说明，并与日本出版的建筑术语辞书对照编成比较表，"冀与世界学者，不相隔阂"❷。按照传统学术研究的思路，此为营造学研究之基础。编纂《营造词汇》，是学社初建时最主要的工作。

编订《营造丛刊目录》

编订《营造丛刊》是学社早期的另一重要项目，就社内收藏的图籍整理目录，编订目录，撰写提要，辑录刊行，为研究者提供一部方便查考的文献集成。此项工作由文献学家谢国桢担任。

采辑《营造四千年大事表》

综合归纳历代营造大事，分年列表。

编辑《哲匠录》

辑录历代建筑及工艺美术匠师之有姓名可记者，汇编成书。

协助北平图书馆收购样式雷模型

继5月中收购第一批图样模型后，本年冬，雷氏另一别支雷耀亭又出售一批模型，仍经学社介绍，归北平图书馆购存。

1931年

2月

成立琉璃瓦料研究会，组织调查团，前赴宛平县门头沟琉璃渠村旧琉璃官窑实地踏查，取得数百件琉璃样品，在中山公园陈列，并与其他窑厂出品进行比较研究。

3月

3月21日，与北平图书馆联合，在中山公园水榭举行圆明园遗物与文献展。应观众要求，展期延长一日，两天的观众达万人以上。实物类展品，包括圆明园遗存的石刻、砖石构件及样式雷圆明园烫样14件；文献类展品，包括样式雷圆明园图样数十张，乾隆铜版谐奇趣西洋楼水法图20页，清代匠作则例数十种，以及具有建筑史资料价值的绘画、书籍、外文文献若干种。

4月

出版《中国营造学社汇刊》第二卷第一期。

❶ 朱启钤.中国营造学社开会演词[J].中国营造学社汇刊，第一卷第一期.1930：5.

❷ 本社纪事[J].中国营造学社汇刊，第二卷第一期.1931：8.

7月

学社改组，按创社之初的设想，正式设立法式部和文献部，聘梁思成为法式部主任，9月1日正式开始工作。邵力工、宋麟徵任测绘助理。阚铎任文献部主任。

9月

东北大学建筑系学生因"九一八事变"流亡至北平，学社酌量收容高级生中成绩较优者数人，在梁思成指导下从事辅助绘图工作。

出版《中国营造学社汇刊》第二卷第二期。

10月

阚铎辞职，文献部主任由朱启钤兼任。

11月

出版《中国营造学社汇刊》第二卷第三期。

是年其他工作：

继续编纂《哲匠录》

仍对上年度之稿件继续增补，增出"制墨"一门，约数百人。

继续编订《营造词汇》

此项工作自上年9月起，每周二举行编辑会议，为加快进度，本年2月起增加为每周三次。与会者有阚铎、荒木清三、刘南策、宋麟徵、陈大松。朱启钤也常常列席。

搜集整理《园冶》各版本

继从日本觅得钞本并整理之后，又得知日本内阁文库藏有明刊本，及内藤湖南曾在某丛书中重刻此书，已设法觅取。同时，又在北平图书馆发现明刊残本。计划征齐诸本后印行。

继续编订《营造四千年大事表》

继续搜集资料的同时，将已有资料整理汇总。计划编辑30册，已整理完成各册目录。

搜辑《礼经》宫室考据家专著

收集历代学者考据《礼经》中宫室制度的论著，先编目录，进而收集图书，得140余种，并附目录。

考据燕京故城建置沿革

日本学者那波利贞以实地踏查方法，著成《辽金南京燕京故城疆域考》一书，而中国学者奉宽❶以文献研究方法著成《燕京故城考》，两书同时问世。为促进双方交流，阚铎一方面将那波利贞的著作译成中文，另一方面将奉宽的著作及学社的意见寄给那波利贞，拟待其回复后汇总发表。❷那波利贞著作的节译已经发表在《内藤博士还历祝贺支那学论丛》。

整理营造相关古籍

是年整理古籍包括：

《惠陵工程备要》6卷

---

❶ 奉宽（1876—1943年），蒙古旗人，姓博尔济吉特，汉姓鲍，字仲严，又名鲍汴，别署小莲池居士。语言学家，文献学家，民俗学家。曾服务于国立北平研究院史学研究会、北平故宫博物院文献馆等机构。

❷ 但此事无下文，不知何故。1941年，那波利贞此书由刘德明译为中文，发表在北平《中和月刊》。阚铎的译本下落不明。

清《内庭工程档案》1 册
《正阳门箭楼工程表》1 册
《万年桥志》8 卷
《京师坊巷志稿》2 卷
《如梦录》1 卷
《长安客话》8 卷
《山西大同武州山石窟寺》1 册

为智化寺藻井摄影

智化寺正殿藻井保存尚完好,学社为之拍摄侧面和仰视照片各一张。

参与紫禁城角楼修缮

修缮工程由朱启钤发起,经各方人士及机构捐款,会同故宫博物院、历史博物馆、古物陈列所及有关方面人员,组织修理城楼委员会,由古物陈列所勘估兴修。营造学社委派专家负责审查方案和工程验收。

翻译出版欧美国家有关中国营造的论著

具体书目:

(英)叶慈(W. Perceval Yetts)《营造法式之评论》(2 篇)

《论中国建筑》

《中国屋瓦考》

(美)卡罗尔·马隆(Carroll B. Malone)《建筑中国式宫殿之则例》

(美)福开森(John C. Ferguson)《著中国屋瓦考书后》

(美)爱迪京(Joseph Edkins)《中国建筑》

(法)德密那维尔(P. Demiéville)《评李明仲营造法式》

(德)鲍希曼(Ernst Boerschmann)《隋代及唐初之塔》

为太平洋会议准备北平建筑之论文

学社受陈衡哲之邀,预备在太平洋会议发表论文《从燕京之沿革观察中国建筑之进化》。论文约 2 万字,由瞿兑之执笔,叶公超英译。

审定北平图书馆新馆建筑室内外彩画图案

北平图书馆新馆建筑委员会聘朱启钤为顾问,委托审查内外檐彩画图案,并派匠师来学社绘制实样。

整理德国穆麟德氏遗书

穆氏为天津德国领事,生前精研东方语文。朱启钤购其遗书 22 箱,暂存北平图书馆,正在整理查对其书籍细目。

发起"古瓦研究会"

本年,朱启钤、阚铎联合关野贞、伊东忠太等中外学者,发起了"古瓦研究会",并发表《古瓦研究会缘起及约言》,刊登于《中国营造学社汇刊》第二卷第二期。

为中央大学建筑系代制模型图样

中央大学建筑系教授刘敦桢带领本系学生于暑期（1931年7—8月）赴北平参观营造学社工作，委托学社制作古建筑模型四种，彩画作图案一百余幅，作为教学资料。模型及图样于12月完工并寄至中央大学。

审定北平图书馆外檐彩画图案

审定新建北平图书馆外檐彩画设计及书库外部油饰彩画重修设计。工作于1931年9月下旬结束。施工过程亦由朱启钤指导，工程负责人为画匠祖鹤洲。

为《工部工程做法》补图

由法式组承担，将《工部工程做法》书中所说明各建筑物，以现代工程制图法作其平、立、剖面图。

1932年

2月

梁思成、邵力工、梁思达赴蓟县调查独乐寺。归来写成《蓟县独乐寺观音阁山门考》，引起巨大反响。

3月

出版《中国营造学社汇刊》第三卷第一期。

朱启钤致函中华教育文化基金董事会，请求继续补助本社经费。

5月

在中山公园举办公开展览，展品包括明岐阳王世家文物等。

6月

法式组梁思成、王先泽等人调查宝坻广济寺三大士殿。

出版《中国营造学社汇刊》第三卷第二期。

7月

由于人员扩充，旧址不敷使用，学社向中山公园董事会租借天安门内社稷街南首千步廊旧朝房11间，将社址迁入。学社正式地址改为"北平中山公园内"。

8月

8月23日，朱启钤致函教育部，呈请立案，"拟由私人研究团体，改为永久学术机关"❶。

9月

出版《中国营造学社汇刊》第三卷第三期。

10月

受故宫博物院委托，朱启钤、刘敦桢、梁思成前往故宫勘察文渊阁楼面凹陷现状，并由蔡方荫、刘敦桢、梁思成拟成《文渊阁楼面修理计划》，发表于《中国营造学社汇刊》第三卷第四期。

12月

出版《中国营造学社汇刊》第三卷第四期。

---

❶ 本社纪事[J]. 中国营造学社汇刊，第三卷第三期.1932：178.

是年其他工作：
调查北平智化寺
1931年夏天，刘敦桢受中央大学建筑系之命赴北平调查古建筑，由营造学社同仁处得知城东有明代遗构智化寺，遂往调查。参与测绘和绘图的人员包括营造学社的梁思成、刘南策、邵力工、宋麟徵、王先泽、莫宗江，及中央大学的濮齐材、张至刚、戴志昂。次年，刘敦桢整理调查结果与文献史料，写成《北平智化寺如来殿调查记》一文，是为学社系统调查北平建筑之起点。

调查平郊建筑
是年，梁思成、林徽因调查北平郊区卧佛寺、法海寺门等古迹，撰成《平郊建筑杂录》，分两部分刊登于《中国营造学社汇刊》第三卷第四期和第五卷第四期。

编订《营造算例》
《营造算例》原为匠师抄本，现由梁思成编订，分出章节，加以标点，重新刊行。

《清式营造则例》脱稿
梁思成将《工程做法则例》及《营造算例》二书，按照现代科学观念重新整理，"首重名词之解释，然后用准确之图，任'做法''则例'解释之责"❶，写成《清式营造则例》一书，为清式建筑研究初辟途径。

完成《圆明园复旧图》
共两张，一张平面图，由绘图员金勋❷制图，"图方盈丈，绘制经年"❸；一张透视鸟瞰图，由梁思敬绘制。这套复原图集中反映了这一时期营造学社有关圆明园建筑的研究成果。

发现并刊行《梓人遗制》
原书久佚，仅余存目，是年英伦博物院❹东方图书部主任Dr.L.Giles在英伦访得《永乐大典》本，经北平图书馆馆长向伦敦英伦博物院摄取原书影片，寄回国内，经朱启钤、刘敦桢整理校注后刊行。

翻译国外学术著作
具体篇目包括：叶慈《屋瓦考》；喜瑞仁《北京城墙城门考》；鲍希曼《中国宝塔》；滨田耕作《玉虫厨子之建筑价值》；伊东忠太《支那建筑史》；石井吉次郎、一户清方《实用漆工学》等。

购存《乾隆御制铜板平番图》
北平旧家所藏乾隆制《平定西域·两金川·安南·苗疆战图》铜版图四大帙，是乾隆颁赏大学士阿桂之物。其中《平定西域战图》❺一套16幅，为内廷西洋画师郎世宁、王致诚等人作品，画成后送至巴黎，由法兰西皇家艺术学院制版，艺术价值尤高，代表了清代宫廷铜版画制作的最高水平。藏家求售，经社员马竹铭❻介绍，朱启钤见到这批珍品，深知其价值不容失之交臂，但因索价太昂，力不能逮，因此和北平图书馆馆长袁守和（袁

❶ 本社纪事[J]. 中国营造学社汇刊，第三卷第一期.1932：184。

❷ 金勋（1883-1976年），满族人，出身营造世家。精于绘事。曾在北平图书馆工作，绘制、整理、编辑了大量有关圆明园和样式雷的文献资料。

❸ 本社纪事[J]. 中国营造学社汇刊，第三卷第一期.1932：185。

❹ 即大英博物馆。

❺ 《平定西域战图》，全称为《乾隆御笔平定西域战图十六咏并图》，参见：李德龙. 乾隆御笔《平定西域战图》考[J]. 中央民族大学学报，2005（3）：66-74. 亦有称《乾隆平定准部回部战图》《乾隆平定西域得胜图》等，参见：聂崇正. 清朝宫廷铜版画《乾隆平定准部回部战图》[J]. 故宫博物院院刊，1989（4）：55-64。

❻ 马竹铭，名世杰，字竹铭，满洲镶黄旗人。精鉴藏。解放初曾任故宫博物院鉴定专家。

同礼）商量，由北平图书馆购存，终使名物有归。

整理影印岐阳王世家文物

朱启钤发现明岐阳王李文忠家文献、画像等传世文物数十件，公开展览后反响强烈。经研究整理，撰成《岐阳世家文物考述》一书。并托故宫印刷所摄影制版，汇成《岐阳世家文物图像册》，于本年内出版发行。

编订《营造书目提要》

由谢刚主（谢国桢）负责，整理学社中图籍目录，编订提要，分门别类，逐一标识内容特点。整理好的书目提要陆续发表于《中国营造学社汇刊》，并计划告竣后择其精华，刊印为《营造丛刊》，为研究者提供一部方便查阅的文献集成。

刊行《营造法原》

苏州姚承祖根据祖传秘册编成《营造法原》一书，因营造学社向社会征集通俗建筑稿本，故将书稿交给营造学社。朱启钤对原书进行校阅整理，改订图绘，计划刊行。

筹设干事会

由于学社组织扩大，筹设"干事会"，将学社发起人和对学社有较大贡献的成员聘为干事。第一届干事为周寄梅（周贻春）、叶玉甫（叶恭绰）、陶兰泉（陶湘）、陈援庵（陈垣）、孟玉双（孟锡珏）、华通斋（华南圭）、袁守和（袁同礼）、钱新之（钱永铭）、周作民、徐新六、裘子元（裘善元）。

1933年

3月

陶湘在故宫图书馆发现抄本《营造法式》，为诸抄本中最善者。本年内，学社组织刘敦桢、谢国桢、单士元、林炽田四人，将故宫本与北平图书馆所藏文津阁本《营造法式》详加校勘，订正了丁本和陶本的多处文字。

4月

梁思成、莫宗江第一次调查正定古建筑。

7月

出版《中国营造学社汇刊》第四卷第一期。

9月

9月6日，梁思成、刘敦桢、林徽因、莫宗江第一次赴山西，调查大同古建筑及云冈石窟。

9月17日，梁思成、刘敦桢、莫宗江调查应县佛宫寺释迦塔。刘敦桢先期返回北平，梁思成、莫宗江对木塔进行了为期一周的详细测绘。

出版《中国营造学社汇刊》第四卷第二期。

11月

梁思成、林徽因、莫宗江第二次调查正定古建筑，详测隆兴寺、阳和楼等。

梁思成、莫宗江调查赵州桥等赵县古建筑。

是年其他工作：

编著《样式雷世家考》

1933年春，朱启钤从雷氏家族后人雷献瑞、雷献华处得到雷氏族谱及有关营造之信札文件，旋将这批档案整理编著为《样式雷世家考》，本年内脱稿。

整理圆明园史料

刘敦桢整理北平图书馆、中法大学所藏圆明园文件图样及故宫文献馆所藏内务府档案，著成《同治重修圆明园史料》一文，发表于《中国营造学社汇刊》第四卷第二期。此文开创了利用样式雷图档研究建筑史之先河。

继续编纂《哲匠录》

本年内完成"营造类"，由梁启雄❶编纂，发表于《中国营造学社汇刊》第四卷第一期和第二期。同时，朱启钤还在继续搜集编纂"河工类"。

编纂《明代营造史料》

由单士元进行的专项文献整理汇编工作。成果陆续发表于《中国营造学社汇刊》第四卷、第五卷。

1934年

2月

受故宫博物院委托，为故宫景山万春、辑芳、周赏、观妙、富览五亭作修缮设计。由邵力工、麦俨曾❷负责测绘，梁思成、刘敦桢负责拟定修葺计划大纲。

4月

4月13日，致函中华教育文化基金董事会，请求继续补助本社经费。

5月

5月1日，致函管理中英庚款董事会，请求补助本社经费。函中提及"敝社经费，年支约四万元，数年来除受中华教育文化基金会每年补助一万五千元外，余数概归自筹"❸，当此百业凋零之际，筹款不易，因此请求庚款董事会"每年酌量给予补助"❹。

6月

6月底，《清式营造则例》出版，为"国内外介绍清代官式建筑唯一之著作"❺。

出版《中国营造学社汇刊》第四卷第三、四期合刊。

7月

国立中央博物院筹备处聘请梁思成为建筑委员会专门委员，计划建筑事项。

---

❶ 梁启雄（1900—1965年），字述任。古典文学家，哲学史家。曾任教于燕京大学、北京大学等校。

❷ 麦俨曾的名字，一些著作中误写作"麦俨增"。麦俨曾之父麦仲华（1876—1956年），与康有为长女康同薇成婚，育有子女十一人，用"亻"旁及曾字为行辈，取名为麦健曾、麦倩曾、麦僖曾、麦俨曾、麦俸曾等。

❸ 本社纪事[J].中国营造学社汇刊，第五卷第二期.1934：129.

❹ 本社纪事[J].中国营造学社汇刊，第五卷第二期.1934：131.

❺ 本社纪事[J].中国营造学社汇刊，第五卷第二期.1934：127.

8月

梁思成、林徽因与费正清夫妇一道赴晋汾地区,初步调查赵城上下广胜寺、明应王殿、晋祠等,归来写成《晋汾古建筑预查纪略》一文。

9月

受北平市工务局之邀,参与北平鼓楼平坐及上层西南隅角梁修缮设计。刘敦桢、邵力工勘察并绘图。刘敦桢率陈明达、莫宗江第一次赴河北省西部调查。先赴定兴测绘北齐石柱及慈云阁,又赴易县、涞水县、涿水县,调查测绘清西陵、易县开元寺、涞水县唐代石塔等古建筑。详细行程见于刘敦桢次年所撰《河北省西部古建筑调查纪略》❶。

出版《中国营造学社汇刊》第五卷第一期。

10月

梁思成、林徽因受浙江省建设厅之邀,为杭州六和塔制定修复计划。梁思成所拟《杭州六和塔复原状计划》,发表于《中国营造学社汇刊》第五卷第三期,主张将清代光绪年间增修的木檐拆除,恢复其宋代原貌。梁思成、林徽因赴浙南考察,发现宣平县陶村延福寺大殿及金华天宁寺大殿两座元代遗构。归途中,调查甪直保圣寺大殿、南京栖霞寺石塔及沿途民居建筑。

12月

出版《中国营造学社汇刊》第五卷第二期。

是年其他工作:

继续编纂《哲匠录》

本年内完成"叠山类",由梁启雄编纂,发表于《中国营造学社汇刊》第四卷第三、四期合刊。刘儒林继续编辑"攻守具类",并为"营造类"补遗。

继续编纂《明代营造史料》

仍由单士元继续进行。

编辑《清代建筑年表》

利用《清实录》、《东华录》、《会典工部则例》及方志、内务府档案、私人笔记等,编制有清一代营建活动年表。

古建筑资料照片编目

为学社历年调查各处古建筑的数千张资料照片编制目录。

校勘"三几图"❷并仿制实物

《燕几图》、《蝶几谱》、《匡几图》均为组合家具的设计图样,是古代家具史研究的重要图籍资料。朱启钤据图仿制实物,进而校勘诸本,著成考证一篇,并新印《燕几蝶几匡几》❸合刻本。

测绘北平故宫建筑

本年内,营造学社得到中央研究院拨专款委托,对故宫建筑进行全面测绘,留存资料,以防战乱或灾害损毁。测绘工作由梁思成负责,邵力工

❶ 刘敦桢.河北省西部古建筑调查纪略[J].中国营造学社汇刊,第五卷第四期.1935.

❷ 《中国营造学社史略》书后附录《中国营造学社出版物目录》中,将此书误著录为"三兒图(燕兒蝶兒匡兒)"。

❸ 《中国营造学社史略》中说"校订编辑出版了……《燕幾蝶幾匡幾图考》",亦误。参见:林洙.叩开鲁班的大门:中国营造学社史略[M].北京:中国建筑工业出版社,1995:55.

协助。当时有一批东北大学建筑系学生因"九一八事变"流亡到北平,梁思成设法安排他们在学社工作维持生计,其中一些学生也参与了故宫测绘。自1934年始,至1937年,营造学社陆续测绘了天安门、端门、午门、太和门、太和殿、中和殿、保和殿、角楼等共计60余处建筑。

为教育文化机构提供建筑参考资料

本年内,先后接受国立北洋工学院、国立交通大学、唐山工学院、天津中国工程司、丹麦加尔斯堡研究院等处委托,监制中国建筑模型多种,供教学和研究参考。又为上海华盖建筑事务所监制清式彩画小样多种。

继续《工部工程做法》补图及注释

本年内完成大木作部分补图,并由梁思成为原书作注释。

1935年

2月

梁思成应内政部和教育部之邀,赴曲阜孔庙勘察,并作修复设计。归来后撰成《曲阜孔庙重修计划》,发表于《中国营造学社汇刊》第五卷第四期。

2月14日,朱启钤致函中华文化基金委员会,请求继续补助本社经费。

3月

出版《中国营造学社汇刊》第五卷第三期。

4月

梁思成以中央博物院建筑委员会专门委员身份,参与审查中央博物院建筑方案,并与入选方案作者徐敬直一道修改方案、监督工程。

5月

5月3日,刘敦桢、陈明达、赵法参第二次赴河北省西部调查,至保定市、高阳县、蠡县、安平县、定县、曲阳县等。详细行程见刘敦桢《河北省西部古建筑调查纪略》。

梁思成赴河南安阳县调查,发现城内天宁寺金代大殿。

6月

出版《中国营造学社汇刊》第五卷第四期。

8月

刘敦桢借暑期休假之便赴苏州旅行,对罗汉院双塔等古建筑作初步调查。

9月

刘敦桢、梁思成、卢树森❶、夏昌世❷赴苏州,对苏州古建筑作详细调查,包括虎丘二山门、文庙大成殿、开元寺无梁殿及留园、怡园等多处园林建筑。

梁思成率麦俨曾等测绘故宫外朝东部建筑,包括文华殿、文渊阁、传心殿、内阁大库。

出版《中国营造学社汇刊》第六卷第一期。

❶ 卢树森(1900—1955年),建筑师。毕业于宾夕法尼亚大学建筑系。曾任教于中央大学建筑系。1931年加入营造学社。

❷ 夏昌世(1903—1996年),建筑师。毕业于德国卡尔斯鲁厄工业大学。曾在中央大学、重庆大学、中山大学、华南工学院等校任教。1934年加入营造学社。

10 月

中央古物保管委员会根据梁思成的修缮计划，拨款3000元，委托学社修理河北蓟县辽独乐寺观音阁。

12 月

协助故宫博物院修理景山五亭工程竣工，汪申伯、刘南策二人担任兼修。

朱启钤致函中英庚款董事会，请求继续提供经费补助。

出版《中国营造学社汇刊》第六卷第二期。

是年其他工作：

编制《营造法式》校勘表

1925年，陶湘校勘印行《营造法式》，世称"陶本"。数年后，又发现故宫本和《永乐大典》残本，进一步弥补了此前版本的不足。因此，学社结合新发现的版本及近年实物调查所得，为陶本编造校勘表，定其正误。计划本年内出版。

制作蓟县独乐寺观音阁及辽金斗栱模型

学社计划制作多种古建筑模型，供展览及研究之用。本年内先将独乐寺观音阁以1：20比例制作木模型一座，并制其他辽金斗栱模型数种。

编制《中国建筑设计参考图集》

由梁思成和刘致平主编，内容以学社历年搜集的古建筑实物照片和实测图纸为主，并配简略文字说明。计划每年出版四集。《斗栱》《台基》《栏杆》《店面》与《琉璃瓦》，已于本年内编竣付印。

参加修理北平古建筑

学社受北平市文物整理实施事务处之聘，为技术顾问，参加市内古建筑修葺工作。

出版古建筑调查报告专刊

学社近年古建筑调查报告超出《中国营造学社汇刊》篇幅容量者，由梁思成、刘敦桢编为专刊，单独刊行。本年内出版两集，内容如次：

第一集《塔》，包括山西应县佛宫寺释迦塔、杭州宋六和塔、闸口及灵隐寺宋石塔、河北涞水县唐先天石塔、定县宋开元寺塔、苏州双塔寺塔及其他辽宋塔等。

第二集《元代建筑》，包括正定关帝庙、山西赵城县广胜寺、河北安平县圣姑庙、定兴县慈云阁、曲阳县北岳庙德宁殿、浙江宣平县延福寺六处。

调查测绘北平喇嘛塔

刘敦桢率陈明达调查北平喇嘛塔多处，包括元代的妙应寺白塔、护国寺二舍利塔；明代的三河桥白塔庵白塔、清代的北海永安寺白塔、西黄寺班禅喇嘛清净化城塔等。调查报告拟于《古建筑调查报告》第一集中发表。

1936 年

2 月

朱启钤致函中华教育文化基金会，请求自下年度起继续提供三年经费补助，每年 2 万元。

4 月

梁思成率助理邵力工等测绘北平故宫四座角楼、南海新华门。

参加上海市博物馆举行的中国建筑展览会。参展展品包括独乐寺观音阁及历代斗栱模型十余座、古建筑相片 300 余幅、实测图 60 余张；并由梁思成出席演讲《我国历代木建筑之变迁》。

5 月

中华教育文化基金董事会复函，言财力所限，议决本年度补助国币 5000 元。

林徽因率助理刘致平、研究生麦俨曾等测绘北海静心斋。

5 月 14 日，刘敦桢率研究生陈明达、赵法参调查河南省古建筑，测绘少林寺初祖庵等木建筑 9 处，嵩岳寺塔等砖石建筑 16 处，唐净藏禅师塔等墓塔 30 余座。同时还调查了北魏石窟寺，并与梁思成、林徽因一起调查了洛阳龙门石窟。调查历时月余，至 6 月 29 日结束。❶

6 月

6 月 1 日，梁思成、林徽因踏查龙门石窟后，即与研究生麦俨曾一道赴山东调查古建筑。调查之重要建筑包括历城县神通寺四门塔等。

6 月 16 日，刘敦桢调查登封告成周公庙，对测景台、观星台作了详细调查测绘，撰成《告成周公庙调查记》一文，发表于 1939 年 5 月的《国立中央研究院专刊》。❷

7 月

中英庚款董事会回复去年年底之申请函，决议补助学社 54000 元，分三年拨给。

9 月

青岛市工务局委托营造学社对湛山寺拟建佛塔方案❸给予建议。学社计划由梁思成指导刘致平另行设计，方案寄还备用。

致函中英庚款董事会，请求拨款修葺庚子事变中受损的正定隆兴寺佛香阁宋代壁塑。

出版《中国营造学社汇刊》第六卷第三期。

10 月

梁思成率莫宗江和麦俨曾再赴晋汾地区，对两年前曾经调查的晋祠、赵城广胜寺等重要建筑进行详细测绘。

10 月 19 日，刘敦桢率陈明达、赵法参、王璧文赴河南、河北、山东调查。调查范围包括涿州县、新城县等，重要建筑包括新城开善寺大殿等。

❶ 刘敦桢.河南古建筑调查笔记[M]//刘敦桢.刘敦桢文集.北京：中国建筑工业出版社，1987：24-87.

❷ 刘敦桢.告成周公庙调查记[M]//刘敦桢.刘敦桢文集.北京：中国建筑工业出版社，1987：214-225.

❸ 卢树森与赵深合作设计。

至 11 月 24 日结束调查，返回北平[1]。

11 月

梁思成、莫宗江和麦俨曾赴陕西调查古建筑，测绘慈恩寺大雁塔、霍去病墓等。

是年其他工作：

继续编制《中国建筑设计参考图集》

梁思成、刘致平主编，本年内编竣付印者为《柱础》《槅扇》《雀替》三集。

《明代建筑大事年表》出版

单士元主编，已完稿。正在编制索引，计划本年内出版。

增编《元大都宫苑图考》

原书为朱启钤、阚铎 1930 年编著，曾发表在《中国营造学社汇刊》第一卷第二期，并有单行本。本年内由研究生王璧文重新校订，并增补新近发现的资料，本年内付印。

继续参与北平古建筑修理

本年度学社继续担任北平市文物整理实施事务处技术顾问。

计划修理赵县大石桥（安济桥）

1935 年学社得中央古物保管委员会拨款 3000 元，以修理独乐寺观音阁。但因款额不足彻底修缮，学社曾缄商北平市文物整理委员会，加拨 3 万元，以作彻底修葺，但因时局变迁未获实现。本年拟将此 3000 元移为修理河北赵县大石桥之用。

1937 年

2 月

在北平万国美术会陈列室举行中国建筑展览。展览内容包括汉魏到清代的古建筑照片 200 幅，并简明说明，模型十余件，实测图、复原图和《工部工程做法》补图共十余幅，以及学社全部出版物。展览为期一周，观众达数千人。

致函中华教育文化基金董事会，请求继续补助经费。

3 月

梁思成率邵力工等继续测绘北平故宫，本年测绘对象包括文华殿、武英殿、东华门、西华门等处建筑。

中英庚款董事会复函，准由保存国内固有文化史迹古物委员会拨款 4000 元，以修理正定隆兴寺佛香阁宋代壁塑。由刘致平携同工匠一名，再度勘察，以便制定修复方案。

4 月

单士元《明代建筑大事年表》印竣发行。

---

[1] 刘敦桢.河北、河南、山东古建筑调查日记[M]//刘敦桢.刘敦桢文集.北京：中国建筑工业出版社，1987：88-128.

5月

中华教育文化基金董事会复函，同意本年度补助5000元。

5月19日，刘敦桢率赵法参、麦俨曾再次赴河南、陕西二省调查。陈明达因病未能参与。此行先至登封，是应中央研究院之邀，为登封汉室三阙及告成周公庙做修缮设计。在登封调查附近汉墓。之后赴陕西，调查临潼、西安、宝鸡等地区古建筑。调查为期一月有余，6月30日结束。❶

5月30日，梁思成、林徽因应顾祝同之邀，赴陕西西安作小雁塔维修计划、碑林工程设计，并考察西安建筑。麦俨曾、赵法参测绘了小雁塔。此外，对附近的长安、临潼、户县及北部地区也作了调查。测绘陕西耀县药王庙石窟。原计划继续西行赴敦煌考察，但因时局紧张，未果。

6月

出版《中国营造学社汇刊》第六卷第四期。

7月

梁思成、林徽因、莫宗江、纪玉堂赴山西调查，途中发现宋代木构榆次雨花宫并测绘。7月初，一行人至五台山豆村佛光寺，发现唐代木构佛光寺东大殿。佛光寺测绘完毕，又至台怀诸寺、代县调查。

7月7日，卢沟桥事变，北平沦陷。

8月

营造学社经费来源断绝，暂时解散。为保存贵重资料，将重要图籍、文物、仪器及历年工作成果运存天津英资麦加利银行。❷梁思成、林徽因一家离开北平。

9月

接教育部关于战区文化机构集中长沙的通令。学社决定梁思成、刘敦桢二主任赴长沙，相机恢复工作。朱启钤仍留北京。

10月

梁思成、刘敦桢抵达长沙，组建临时工作站，召集留京研究生赴长沙继续调查工作。但不久梁家住所被炸毁，无法继续工作，只能暂住朋友家中，等待政府安置。

11月

营造学社在北京设保管处，以东城宏通观❸6号为地址。开始整理社产，清理未了社务，收回以前寄顿各处文物，指派专员保管。保管处经费由朱启钤私人资助。

12月

湘中形势严重，不能工作。12月8日，梁思成携眷随西南联大赴滇。刘敦桢暂留长沙工作站。学社理事周贻春到湘视察，深感社事涣散，提议嗣后工作人员暂定集中贵州，中华教育文化基金董事会三四期补助款径汇南方，由梁思成负责保管。朱启钤在北京闻讯表示赞同，并正式具函，邀周贻春代行社长职权，主持南迁工作。

❶ 刘敦桢.河南、陕西两省古建筑调查笔记[M]//刘敦桢.刘敦桢文集.北京：中国建筑工业出版社，1987：140-156.

❷ Standard Chartered Bank，今称渣打银行。

❸ 宏通观在今北京东城区东总布胡同东口。陈宗蕃《燕都丛考》："东总布胡同之东有南北胡同，曰城隍庙大街，又东曰宏通观，又东曰大牌坊胡同。"参见：陈宗蕃.燕都丛考[M].北京：北京古籍出版社，1991：222.

是年其他工作：
刊印《江南园林志》
社员童寯调查江浙一带园林，著成《江南园林志》一书，附有插图、照片多种。由营造学社刊行。
整理《营造法原》
姚承祖（补云）所著《营造法原》是记述南方建筑做法的唯一一部专著。1936年，营造学社委托张志刚绘测实物，补充图样，重行编订。计划于本年内出版。
重修河北赵县大石桥（安济桥）
学社得中央古物保管委员会与冀察政委会拨款，修理赵县安济桥。梁思成负责与河北建设厅接洽。详细修理计划由清华大学王裕光❶教授设计。
协助修理河南登封测景台
由于刘敦桢在调查中发现登封测景台的重要价值，行政院指令中央古物保管委员会与中央研究院负责修理，由刘敦桢设计。
继续参与北平古建筑修理
本年度学社继续担任旧都文物整理实施事务处❷第二次工程技术顾问。

1938年
2月
学社工作地址迁往昆明。

考察昆明市及近郊古建筑，包括唐南诏国建西寺塔、安宁县曹溪寺宋构大雄宝殿等。
4月
研究生莫宗江、陈明达先后到滇。经与中美庚款基金会联系，组建营造学社西南小分队。此时工作人员包括梁思成、刘敦桢、莫宗江、陈明达、刘致平。

刘敦桢、莫宗江调查并测绘了云南大理国地藏庵经幢。
8月
学社随中央研究院历史语言研究所迁至昆明东北郊的龙泉镇，租下麦地村的兴国庵作为工作室，距离史语所所在的龙泉村不远。

西南联大聘请梁思成、林徽因为校舍基建顾问，探讨用当地廉价材料建设校舍。

是年，林徽因为云南大学设计女生宿舍映秋院。
10月
刘敦桢得到昆明市政府许可，自10月10日始，带领陈明达、莫宗江、刘致平，陆续调查昆明市区内古建筑。调查对象包括圆通寺大殿、土主庙、真庆观、文庙、大德寺双塔等。测绘明代遗构真庆观。昆明市政府派科员尹维新陪同。❸

---

❶ 王裕光（1899—1975年，一说1898—1978年），毕业于美国康奈尔大学，1930年受聘至清华大学土木系任教授。历任西南联大工程处主任、北京市建设局局长。

❷ 即前文所说"北平市文物整理实施事务处"。因该事务处属旧都文物整理委员会管辖，故称。

❸ 刘敦桢. 昆明及附近古建筑调查日记 [M]// 刘敦桢. 刘敦桢文集. 北京：中国建筑工业出版社，1987：157-176.

11月

11月24日起,刘敦桢率陈明达、莫宗江调查云南西北部古建筑,范围包括大理、丽江、密镇、洱源等多地。重要建筑有大理崇圣寺三塔、丽江皈依堂等。此次调查时间长达两月,至1939年1月25日结束。

1939年

4月

刘敦桢对昆明市区古建筑进行补充性质调查。❶

8月

天津水患,营造学社存放在天津英资麦加利银行地下室的资料全部遭水淹。

8月27日起❷,梁思成、刘敦桢带领两位助手莫宗江、陈明达,进行了为期五个多月的川康地区古建筑调查。这是一次大规模考察,为期半年有余,持续到1940年2月中旬,共踏访35个县的730余处古迹,包括木构建筑、崖墓、石刻、造像、汉阙等。

10月

天津水退。朱启钤将学社寄存在麦加利银行的资料运回北京,组织当时仍然在京的学社成员乔家铎、纪玉堂等协同整理。所有图籍、照片、仪器泡在水中长达两月,损坏严重。他们对图籍重行揭裱,加以补正或重新绘制,照片重新冲晒翻版,原稿抄件则分别缮补重录。但整理所得,不及原先十之二三。仪器已全部毁坏,无一堪用。

朱启钤从抢救出的资料中挑出最重要的一部分,复制两套寄给梁思成和刘敦桢,成为二人日后研究工作的重要基础。

是年,学社得中华教育基金委员会13000元资助。❸

1940年

7月

学社受中央博物院委托,调查整理川、康、滇三省的古建筑与附属艺术,供中央博物院制造模型与陈列展览之用。经费由中央博物院提供。计划调查时间自1940年7月至1941年2月,其间因学社迁至李庄,延误数月。

这项工作由刘敦桢负责。调查范围涉及云南省13个县、四川省29个县和西康省2个县,调查建筑180余单位。❹后得实测图40余幅,照片500余幅,并文字说明。❺

11月

昆明遭轰炸,学社随中央研究院历史语言研究所迁往四川南溪县李庄,租下李庄上坝的张家大院作为工作室。

---

❶ 刘敦桢.云南古建筑调查记[M]//刘敦桢.刘敦桢文集.北京:中国建筑工业出版社,1987:380.

❷ 刘敦桢.川、康古建调查日记[M]//刘敦桢.刘敦桢文集.北京:中国建筑工业出版社,1987:226-319.

❸ 陈雁兵,王俊明.中国营造学社及其学术活动[J].民国档案,2002(2):107-109.

❹ 刘敦桢.西南古建筑调查概况[M]//刘敦桢.刘敦桢文集.北京:中国建筑工业出版社,1987:320-358.

❺ 龚良.刘敦桢先生与南京博物院[C]//东南大学建筑学院.刘敦桢先生诞辰110周年纪念暨中国建筑史学史研讨会论文集.南京:东南大学出版社,2009.前注刘敦桢文中提及此次调查所得照片"共六百二十余帧",不知龚文统计的"500余幅"是否为现存图片数量。

是年其他工作：
参与四川永陵考古发掘工作
当时负责永陵发掘的联合工作团由中央博物院筹备处、中央研究院历史语言研究所和四川博物馆联合组建，由四川古物保存委员会主持。营造学社派莫宗江、陈明达二人参与这项工作。根据现存的图纸档案看来，当时他们详细测绘了陵寝和地宫建筑，并围绕发掘成果开展了深入研究。莫宗江不仅完成了墓葬建筑复原研究，还对墓室石刻的艺术风格、源流乃至乐器形象作了大量考证，最终写成十万余字的长篇论文《前蜀永陵研究》，遗憾的是，这篇学术价值可观的论文未及发表，即在战乱中遗失。
招考练习生
是年冬天，学社招考练习生，16岁的罗哲文考入营造学社。
在中央大学作中国建筑系列讲座
是年，梁思成在重庆中央大学作"中国传统建筑的发展及特点"系列讲座。
编修《丽江县志》
学社受丽江县政府之邀，为《丽江县志》撰写建筑志部分。❶ 是年2月，刘敦桢在结束川康地区考察后，撰写了《丽江县志稿》。

1941年

3—4月

梁思成为向教育部申请营造学社经费来到重庆，孔祥熙借此机会委托营造学社进行重庆文庙的修复设计。因梁思成无法在重庆久留，故委托基泰工程司测绘文庙现状，作为修复设计依据。

4月

在傅斯年、李济的斡旋下，中央博物院筹备处设立中国建筑史料编纂委员会，聘请中国营造学社成员开展工作，梁思成、刘敦桢、刘致平任编纂委员，莫宗江、陈明达任编纂助理员。这一举措解决了营造学社的人员工资和科研经费问题，营造学社成员进入中央博物院编制，从中央博物院支薪，基本生活得以保障。

10月

《重庆文庙修葺计划》完成并寄呈孔祥熙，包括一份12页的修葺计划与两张蓝图。惜因种种原因未能实施。❷

是年其他工作：
编修《广汉县志》
是年，戴季陶倡议编修《广汉县志》，延聘国立编译馆郑鹤声、康清柱等人组成调查团，于6月下旬到达广汉，成立调查委员会，并按自然、政治、党务、军警、经济等分设调查组。❸

---

❶ 木仕华. 丽江木氏土司与滇川藏交角区域历史文化研讨会论文集[C]. 北京：中国藏学出版社，2008：246-252.

❷ 1942年春，陪都建设计划委员会突然奉令裁撤，修复工作遂告停止。至1950年代，岌岌可危的文庙被拆除。

❸ 广汉市志编纂委员会. 广汉县志[M]. 成都：四川人民出版社，1992：626.

刘致平负责《广汉县志·建筑卷》的编修，对广汉的城市规划布局、城垣、重要公共建筑、民居等作了系统调查，绘制了成套图卷。❶ 这是一项具有开创性质的工作，首次将现代建筑制图应用于方志编修。遗憾的是，这部县志虽于次年大部分编修完成，但因编译馆由四川迁回南京，未能出版，书稿佚失，日后多方查找不获。❷ 吴良镛1945年曾在重庆中央研究院见到过刘致平绘制的图卷，惜此后下落不明。❸

撰写《云南古建筑调查记》

刘敦桢根据学社在西南期间调查资料及大量历史文献，着手撰写《云南古建筑调查记》。这是一部体例完整、篇幅可观的著作。全书导言部分，详细叙述了云南当地自周代以始的政治、历史、文化状况。正文部分按照地域和年代顺序分述各地古建筑。第一篇为昆明市和昆明县，第二篇为其他各县。惜全书未能完稿，止于昆明市部分。

1942 年

4 月

刘敦桢整理1940—1941年间川、康、滇三省调查资料，写成《西南古建筑调查概况》。

7 月

国立中央大学建筑系派助教叶仲玑来学社，在学社指导下编制中国建筑史挂图。

卢绳从中央大学建筑系毕业，进入营造学社，任研究助理，并在国立中央博物院筹备处任助理编纂委员。

是年其他工作：

设立"桂辛奖学金"

学社以朱启钤名义设立奖学金，计划逐年举行，每年设论文和图案奖项各一，旨在"引起国内各大学建筑系学生对于本国建筑之兴趣，增进其认识，俾在创作之时，能充分发扬我民族精神"。是年举办第一届"桂辛奖学金"设计竞赛。

为中央博物院制作古建筑模型图

这是学社与中央博物院筹备处的合作项目，计划制作一批古建筑模型，为将来陈列之用。据罗哲文回忆，仅卢绳绘制的《清工部工程做法图》就有上百张之多。❹ 此外，还由莫宗江、陈明达绘制了应县木塔模型图等。

1943 年

4 月

刘致平调查四川广汉县建筑及其他艺术品数十处，整理撰述报告30余万字，附图版80帧，照片180余张。

---

❶ 刘致平，刘进.忆"中国营造学社"[J].华中建筑，1993（4）：66-70.

❷ 广汉县志办.戴季陶在广汉的二三事[C]//政协德阳市文史资料研究委员会.德阳市文史资料选辑.第六集.内部资料，1987：263-264.

❸ 吴良镛.刘致平教授学术成就及中国住宅研究（代序）[M]//刘致平.中国居住建筑简史.北京：中国建筑工业出版社，1990：7.

❹ 抗战胜利后营造学社北上，资料图纸也携至北平，因此这批图纸最终未能按照最初的构想制作成模型。部分图纸至今仍存清华大学建筑学院。

6月

刘敦桢完成川、康、滇三省调查资料的整理和报告撰述,内容包括学社近年调查的川、康、滇三省46县180余处古迹,附照片630张,图版90余张。

叶仲玑在学社指导下完成建筑史挂图50余帧,携返校中。

7月

陈明达完成彭山崖墓发掘报告之建筑部分,共5万余字,附图版12张,插图60余张。彭山崖墓发掘工作由中央博物院主办,学社派陈明达参与。

8月

刘敦桢接受中央大学建筑系之聘,离开学社,赴重庆沙坪坝任教。不久,刘敦桢的助手陈明达也离开学社,赴西南公路局就职。

10月

经教育部批复,学社工作人员正式加入国立中央博物院筹备处编制,在中央博物院支领薪水、生活补助费和学术研究费。

梁思成完成《中国建筑史大纲》,11万字,插图60余张,照片100余张。另受国立编译馆委托,作英文简纲,约3万字。

11月

梁思成受国立编译馆委托,撰作《中国雕塑史》大纲并译为英文,作为该馆主编《中国艺术史》之一章。本月脱稿。

莫宗江、卢绳调查沱江流域建筑及其附属文物。计划调查地点包括简阳、资阳、资中、仁寿等12个县。

是年其他工作:

测绘旋螺殿

本年春,卢绳、莫宗江和罗哲文三人测绘四川省南溪县西南的旋螺殿。卢绳著成《旋螺殿》一文,详述其沿革现状及结构特征,发表在《中国营造学社汇刊》第七卷第一期。

撰写四川民居研究专著

刘致平利用近两年四川南溪李庄和成都广汉的民居调查成果,着手撰写专著,计划5万余字,图版60余张。预计次年9月、10月间完成。

调查前蜀永陵彩绘

应中央博物院之邀,由莫宗江进行永陵内现存唐末五代绘画的调查研究。

继续绘制中国古代建筑模型图

本年学社专力于古建筑模型图绘制,已绘成墨线施工图达203张。

廊桥专题研究

刘敦桢综合史料与实物调查结果,写成《中国之廊桥》一文。

1944 年

5 月

以国立中央博物院筹备处和中国营造学社联合名义,在四川南溪李庄张家祠举办中国建筑图像展览,展出学社历年调查测绘成果。展览时间为 1944 年 5 月 14 日、5 月 21 日、5 月 28 日、6 月 4 日、6 月 11 日、6 月 18 日,共 6 天。

10 月

《中国营造学社汇刊》在李庄复刊,出版第七卷第一、二期,共印制 200 册。由于物资匮乏,只能以土纸石印,所有照片均描作墨线图。学社全体成员自己动手完成抄写、印刷、装订的全过程。这两期《中国营造学社汇刊》集中发表了学社成员在李庄的研究成果,《记五台山佛光寺建筑》和《为什么研究中国建筑》等重要论文即发表于此。

11 月

举办第二届"桂辛奖学金"设计竞赛,以后方农场为设计题目。

是年其他工作:

编制《战区文物保存委员会文物目录》

本年内,盟军筹划对日全面反攻。为保证敌占区的文物古迹在反攻中不遭破坏,国民政府教育部成立了"战区文物保存委员会",需要为盟军编制一份中英文双语的文物建筑目录,并在地图上标明位置。这项工作由梁思成承担,先编制中文目录,随即译成英文。王世襄参与英文校对。

全套目录共 8 册,列入重要文物建筑近 400 处,涵盖了沦陷区内的 15 个省市,并在每册前附有简明扼要的"古建筑鉴别原则"。

本年夏,梁思成和罗哲文前往重庆进行军事地图标注工作。梁思成用铅笔标注,罗哲文协助绘图。据罗哲文回忆,此项工作除了包括中国本土地图,还包括日本占领区地图,"还有一些不是中国的地图,我没有详细去区分,但是日本有两处我是知道的,就是京都和奈良。" ❶

❶ 文献 [5].

1945 年

2 月

上年度"桂辛奖学金"结果评定,中央大学朱畅中获第一名。设计题目和获奖方案发表于《中国营造学社汇刊》第七卷第二期。

5 月

《战区文物保存委员会文物目录》编制完成,全套 8 册,列入重要文物古建筑近 400 处,涵盖了沦陷区内的 15 个省市。惜配套的地图与照片未能保存至今。

10 月

《中国营造学社汇刊》出版第七卷第二期。

1946年

10月

朱启钤、梁思成和清华大学校长梅贻琦、工学院院长陶葆楷签订协议，将中国营造学社并入清华大学"合设研究所"[1]，部分资料和收藏也随梁思成转移到清华大学建筑系。中国营造学社作为独立学术研究机构的历史至此结束。

1949年

1—3月

为了在解放战争中保护文物建筑不受损害，梁思成受解放军有关部门委托，组织清华建筑系部分教师编制《全国重要文物建筑简目》，历月余即告成。简目中明确指出，编写目的在于"供中国人民解放军作战及接管时，保护文物建筑之用"。这是新中国文物保护史上第一份重要历史文献。

这份油印目录的编者署名是"国立清华大学、私立中国营造学社合设建筑研究所"，日期为"民国三十八年三月"。此即营造学社并入清华大学建筑系后合设之研究机构。参与编写者大部分都是原营造学社成员，所利用的也是营造学社积累的调查资料。因此，这份文献仍应视为营造学社名义下的最后一项学术成果。

附 中国营造学社职员名录 [2]

此表依照《中国营造学社汇刊》各期版权页所列职员名录整理。

关于"在社时间"一栏，因学社工作从1930年1月1日正式开展，故初始成员在社时间一律从1930年计。

关于"学社内职务"一栏，职务可能不止一项，因各人职务经年或有变动，也有同时兼任二职者。

《中国营造学社史略》编者整理有一份《中国营造学社职员一览表》，按编年顺序排列。此处则按照人员编排，体例不同，可互为参看。

需要注意的是，《中国营造学社史略》中的表格也存在一些问题。一是各年份人员统计或有疏漏，例如陶洙1932年仍在学社任编纂兼庶务，表中1932年一栏却未将其计入；王璧文1935年加入学社，却出现在1933年和1934年的名单里等。二是职务一栏也有变更，例如删去了"收掌"和"庶务"，而改为"财务"，或并入"会计"等；对于身兼二职者，则删去了其中一职，例如阚铎为编纂兼日文译述，《中国营造学社史略》中删去"日文译述"等。因此，研究者利用此表时应注意复核原始资料。

---

[1] 朱海北. 中国营造学社简史 [J]. 古建园林技术, 1999（4）: 10–14.

[2] 如文中所述，营造学社编制分为"职员"和"社员"，此处仅统计职员，不包括社员。统计依据为各期《中国营造学社汇刊》版权页刊登的职员和社员名录。"1949年后去向"则系综合各种公开资料整理汇总，不再一一注明出处。其中大部分成员今日已为人熟知，故不再作介绍，仅对少数在建筑学界不为人知者，在备注中简要说明。

附表1　中国营造学社职员名录

姓名（生卒年）	在社时间	学社内职务	1949年后去向	备注
朱启钤（1872—1964年）	1930—1946年	社长/文献主任	1949—1964年，中兴公司董事长 1955—1964年，中央文史研究馆馆员	
梁思成（1901—1972年）	1931—1946年	法式部主任	清华大学建筑系	
刘敦桢（1897—1968年）	1932—1943年	文献部主任	东南大学建筑系	
刘致平（1909—1995年）	1932—1946年	法式助理/研究员	清华大学建筑系	
莫宗江（1916—1999年）	1931—1946年	测绘/助理研究员	清华大学建筑系	
陈明达（1914—1997年）	1932—1943年	研究生	1949年，湖南衡阳工务局、重庆复兴农村水利工程处 1950—1953年，公营重庆建筑公司 1953—1961年，文化部文物局 1961—1973年，文物出版社 1973—1987年，中国建筑技术研究院建筑历史研究所	
赵法参（正之）（1906—1962年）	1934—1937年	研究生	1949—1952年，北京大学工学院建筑系 1952—1962年，清华大学建筑系	
罗哲文（1924—2012年）	1940—1946年	测绘	1949—1950年，清华大学建筑系 1950—2012年，文化部文物局、国家文物局	
邵力工（1904—1991年）	1932—1937年	法式助理/图绘	1937—1949年，力工建筑补习学校 1949—1958年，中国建筑企业公司 中国人民解放军海军工程部 1949—1958年，中国建筑科学研究院建筑理论历史室 1962—1964年，哈尔滨建筑工程学院建筑系	
王世襄（1914—2009年）	1943—1946年	助理研究员	1949—1962年，故宫博物院 1962—1994年，中国文物研究所 1994—2009年，中央文史研究馆馆员	
单士元（1907—1998年）	1931—1933年	编纂	故宫博物院	
王璧文（璞子）（1909—1988年）	1935—1937年	研究生	1952—1956年，宣化建筑公司、宣化市政府建设局 1956—1957年，中央第二机械工业部 1957—1988年，故宫博物院	
卢绳（1918—1977年）	1942—1944年	助理研究员	1949—1952年，北京大学工学院建筑系、交通大学唐山工学院建筑系 1952—1977年，天津大学建筑系	
阚铎（1875—1934年）	1930—1931年	编纂/日文译述/文献主任	—	
刘南策（生卒年不详）	1930—1931年	编纂/测绘工程司	不详	建筑工程师，朱启钤先生之姑父
梁启雄（1900—1965年）	1932—1934年	编纂	1949—1955年，北京大学中文系、哲学系 1955—1965年，中国科学院社会科学部哲学研究所	哲学史家，梁启超先生之弟

续表

姓名(生卒年)	在社时间	学社内职务	1949年后去向	备注
叶仲玑(1915—1977年)	1942—1943年	助理研究员	重庆大学建筑系、重庆建筑工程学院建筑系	
陈仲篪(生卒年不详)	1935—1937年	研究生	北京图书馆	
刘儒林(生卒年不详)	1935年	编纂	不详	
麦俨曾(生卒年不详)	1934—1937年	研究生	不详	康有为先生外孙
瞿兑之(1894—1973年)	1930—1937年	编纂/英文译述	中华书局上海编辑所、上海古籍出版社	文史学家,朱启钤先生之表弟
瞿祖豫(生卒年不详)	1932—1933年	编纂	不详	
宋麟徵(生卒年不详)	1930—1932年	测绘助理/图绘	中央财经委员会总建筑处设计公司	
陶洙(1878—1961年)	1930—1932年	编纂/庶务	继续从事古籍收藏及交易	藏书家,陶湘胞弟
王先泽(生卒年不详)	1932—1933年	测绘	不详	东北大学建筑系学生,与赵法参、梁思敬同班
谢国桢(1901—1982年)	1932年	编纂	南开大学、中国科学院哲学社会科学部	历史学家、文献学家
乔家铎(生卒年不详)	1933—1937年	庶务/收掌	不详	
朱湘筠(1894—?)	1930—1937年	收掌/会计	不详	朱启钤先生长女
刘家祺(生卒年不详)	1932—1933年	事务员	不详	
韩振魁(生卒年不详)	1932—1933年	收掌/庶务	不详	

注:纪玉堂曾参与学社测绘工作。《中国营造学社史略》将他列入职员名单,称其"1934年任测工,1936-1937年升测绘员……1937-1941仍留在学社任保管员"。经笔者查阅,纪玉堂未曾出现在1934—1937年《中国营造学社汇刊》职员名录中,职员名录中也并无"测工"这一职位。故此表未将他列入统计。但不能否认的是,纪玉堂确实曾经参与过学社实际工作,这一点在梁思成的著作中可以找到直接证据。

参考文献

[1] 中国营造学社汇刊[M].第一至第七卷.北京:知识产权出版社,2008.

[2] 朱海北.中国营造学社简史[J].古建园林技术,1999(4):10-14.

[3] 刘致平,刘进.忆"中国营造学社"[J].华中建筑,1993(4):66-70.

[4] 罗哲文.忆中国营造学社在李庄[J].古建园林技术,1993(3):8-12.

[5] 罗哲文.忆我与梁思成老师十事[C]//中国人民政治协商会议全国委员会,文史资料委员会.文史资料选辑合订本第39卷.北京:中国文史出版社,2000:123-124.

[6] 单士元.中国营造学社的回忆[J].中国科技史料,1980(2):83-87.

[7] 陈雁兵,王俊明.中国营造学社及其学术活动[J].民国档案,2002(2):107-109.

[8] 刘宗汉.有关朱启钤先生史料的几点补正[M]//北京市政协文史资料委员会.北京文史资料(第65辑).北京:北京出版社:2002.

[9] 龚良.中国营造学社与南京博物院[C]//建筑文化遗产的传承与保护论文集.天津:天津大学出版社,2011:70-76.

[10] 龚良.刘敦桢先生与南京博物院[C]//东南大学建筑学院.刘敦桢先生诞辰110周年纪念暨中国建筑史学史研讨会论文集.南京:东南大学出版社,2009.

[11] 朱启钤.营造论·暨朱启钤纪念文选[M].天津:天津大学出版社,2009:168.

[12] 陶宗震.继往开来,温故知新——纪念中国营造学社成立60周年[J].华中建筑,1990(2).

建筑文化研究

尼泊尔的尼瓦丽楼阁谱系——中国建筑视野下的类型研究

国庆华

（墨尔本大学建筑学院）

摘要： 尼泊尔位于喜马拉雅山中段南麓，地处中国西藏高原和印度平原之间。加德满都谷地是尼泊尔的文化中心。尼泊尔文化以三个城市王国为代表，它们保留了中世纪城市面貌和尼瓦丽建筑风格，作为加德满都谷地文化在1979年被列入世界文化遗产。尼泊尔建筑即尼瓦丽建筑，学者们对它的起源提出了不同假设：中国、印度、当地。但都没有直接资料可供讨论，尼瓦丽建筑历史至今仍是未解之谜。笔者从表层和结构两方面对尼瓦丽建筑进行考察，范围从住宅、塔庙、驿亭到宫楼和宫庙，分析其建筑构成，进行结构分类，继而趋近原型并找出原型到类型的衍生规律，并将之与中国建筑资料进行比较，以明尼瓦丽建筑结构系统之源流。

关键词： 尼瓦丽建筑，材料，结构，类型，原型，源流

Abstract: Nepalese architecture is Newari architecture named after the people who built it in the Katmandu Valley. The origin of the Newari architecture is a question in the minds of both those who are interest in Chinese architecture or Indian architecture and who are fascinated by Newari architecture or Himalayan architecture. The Newari architecture is regarded as the pagoda style. About the origin of this style, there are different suggestions: derived from China, since they resemble the Chinese pagodas; from India where the style was disappeared; and the indigenous architecture of the land. This study looks at the forms, materials and structures of the Newari architecture from houses, palaces to temples and pagodas. We use typological analysis to classify and to obtain information about their prototypes. We compare them with the Chinese architecture, which leads us to identify the Newari origin.

Keywords: Newari architecture, material, structure, type, prototype, paradigm

尼泊尔文化以三个城市王国为代表：帕坦（Lalitpur或Patan）、巴克塔普（Bhaktapur）和加德满都（Kathmandu），历史上统称为马拉王朝（Malla，13—18世纪）。其中帕坦的历史最悠久。三座城市保留了中世纪城市面貌和尼瓦丽建筑风格，作为加德满都谷地文化在1979年被列入世界文化遗产。尼泊尔的建筑为当地尼瓦丽人所建，亦称尼瓦丽建筑。尼瓦丽建筑文化是喜马拉雅地区建筑文化的核心。尼泊尔位于喜马拉雅山中段南麓，地处中国西藏高原和印度平原之间。处于大陆与次大陆交接带的尼泊尔多发地震，早期建筑今已无存。马拉王朝后期（1620—1768年）建造的实物尚多，其中不少经过1934年大地震破坏之后被修复。

尼泊尔国土东西长885公里，南北宽140—241公里，全国土地面积的四分之三是山地和丘陵。加德满都谷地是尼泊尔的文化中心（图1），面积500平方公里。气候分两季，雨季（6—8月）雨量丰沛，旱季温和无雪。尼泊尔境内的蓝毗尼（Lumbini）传说是释迦牟尼（公元前563/前480—前483/前400年）的出生地。佛教兴起和寺院缘起可追溯到离车国（Licchavi，依据铜

图1 加德满都河谷地的三个城市王国建在通往中国西藏的贸易线上
（Mohan Pant and Shuji Funo. *Stupa and Swastika*. Kyoto University Press, 2007: 4.）

币遗存推定离车国的年代存在多种说法，最早为 4 世纪）时代。❶ 至今可见不少佛寺分散在加德满都谷地。

就地理而言，中国大陆和印度次大陆被喜马拉雅山脉区分；就交通而言，加德满都谷地在连接东亚和南亚的要道上；就贸易而言，自公元前 2 世纪西汉通西域，即包括喜马拉雅地区❷；就佛教传播而言，399 年法显离长安经龟兹（今新疆库车地区）至印度，转入尼泊尔❸；就实物而言，四川乐山麻浩崖墓（东汉 - 蜀汉）内有石刻佛像❹；就文献而言，玄奘《大唐西域记》简要介绍了尼泊尔国情："泥波罗国，周四千余里，在雪山中。国大都城，周二十余里"❺，其人民"无学艺，有工巧"；就晚期文物艺术动向而言，西藏在元朝纳入中国版图，尼泊尔建筑艺术一枝独秀，影响汉藏两地❻；就研究成果而言，对丝绸之路的关注点一直集中在西路中国段，喜马拉雅地区与

---

❶ T.P.Verma.The Chronology of the Licchavis of Nepal: Summary[J]. *Proceedings of the Indian History Congress*,1973, vol. 34 – 1:348–349.

❷ 两汉时期，出使西域经天山道（龟兹），入克什米尔，再到尼泊尔。克什米尔和印度河流域被大月氏建立的贵霜王朝（Kushan Empire）统治 [大月氏将中国文化传入大夏 / 安息（Parthian kingdom）和印度]。新近成果表明，在喜马拉雅山南坡的崖墓群中（5—7 世纪），考古学者发现中国丝绸。参见：Margarita Gleba.Textile Technology in Nepal in the 5th – 7th centuries CE: the case of Samdzong[J]. *Science and Technology of Archaeological Research*, 2016, Vol. 2 Issue 1; 25–35. 由史实可知，盛唐时有吐蕃泥波罗道、川藏道、滇缅道和青海道。元代时忽必烈则建造了一条从青海通往萨迦地区的驿道。

❸ 章巽. 法显传校注 [M]. 上海：古籍出版社，1985.

❹ 乐山文化局. 四川乐山麻浩一号崖墓 [J]. 考古，1990（2）；115；吴焯. 四川早期佛教遗物及其年代与传播途径的考察 [J]. 文物，1992（11）：40–67。

❺ 季羡林，等. 大唐西域记校注 [M]. 北京：中华书局，1985.

❻ 1260 年，帝师八思巴（Drogön Chögyal Phagpa,1235—1280 年）欲建塔于中国西藏，尼泊尔选工匠前往成之，阿尼哥（Arniko，1244—1306 年）带队。其后，阿尼哥随八思巴赴京，负责北京妙应寺白塔（1271 年）和山西五台山塔院寺白塔（1301 年）的建造。此外，阿尼哥和弟子创造了"西天梵相"佛像风格。参见：[明] 宋濂，等. 元史 [M]. 卷二百三. 列传九十. 方技工艺. 阿尼哥. 北京：中华书局，1979。

中国内地之间的建筑文化技术走向研究还没有被注意，把西南路作为整个丝绸之路的一部分进行研究尚待开始。

加德满都谷地的尼瓦丽楼阁是本文的研究重点，其主要特征为：多层多檐、砖木结构、直坡瓦顶、檐下施斜撑。尼瓦丽建筑独特，形式古老，其原型和传统尚不清楚。尼泊尔建筑风格被称为塔风（Pagoda style），学者们对它的缘起有三种假说：中国❶、印度❷、喜马拉雅地区❸。但都没有直接资料可供讨论，尼瓦丽建筑之起源湮没于历史迷雾之中。

几年前，笔者对汉代建筑明器和画像砖表现的诸多种类高楼进行过讨论。❹它们表现出的建筑形象在我们熟悉的中国传统建筑中难以看到，然而尼瓦丽楼阁建筑却与时空相差甚远的汉代陶楼貌似，似乎某些汉代建筑形式在加德满都谷地被沿袭了。这一现象引发了一系列值得研究的问题：视觉相似的建筑之间是否有关系？面貌相似的建筑差别在何处？具体到本文关注问题则为：尼瓦丽楼阁建筑有几种类型？它们之间是否存在谱系关系（Genealogy）？砖木结构的前身是否为木构或坯木？早期中国建筑原型是否已完全在中国消失？追寻提出的问题，笔者的思路就此产生：把谱系作为思考方法，以求在看似"孤立"的物体之间看到"联系"；在发现"同一"的地方找到"差异"；在认为"简单"的地方发现"复杂"。

本文从两个角度对尼瓦丽建筑进行观察和分析：表层——形式和使用；结构——材料和构造。考察的范围从民居、驿亭、塔庙到宫庙和宫楼。通过比较建筑构成，进行结构分类，继而趋近原型。如果能找出原型或原型群，并找到原型到类型的衍生规律，就说明谱系存在。对照汉代建筑明器和画像砖反映的结构原则，考查这个谱系是否与中国楼阁建筑原则符合，以探求尼瓦丽建筑源流。此研究的真正意义在于通过结构类型谱系研究，向这些似知未知的建筑现象追问，为丝绸之路西南路的研究提供参考。

本文的参考资料来自几代学者的测绘工作，重要者有三：1）加拿大艺术史学者玛丽·斯拉瑟（Mary Shepherd Slusser），1965年到达加德满都，在美国大使馆工作，从写导游手册的想法开始，发展成对加德满都谷地艺术文化史的研究。代表作：《尼泊尔曼陀罗：加德满都河谷的文化研究》（Nepal mandala: a cultural study of the Kathmandu Valley）（上卷文字，下卷图版），1982年普林斯顿大学出版。该书把其建筑史分为三个时期：古王国时期（Licchavi Period），300—879年；过渡时期（Transition），879—1200年；马拉和沙王朝时期，1200年—20世纪70年代末。2）德国建筑和保护专家奈尼尔斯·古乔博士（Niels Gutschow），1971年开始参与巴克塔普建筑保护合作项目，1992年任联合国教科文组织尼泊尔建筑遗产顾问。主要著作有：《尼瓦丽城和建筑双语图解词典》（Niels Gutschow, Bernhard Kolver, Ishrananda Shresthacharya, *Newar Towns and Buildings: An Illustrated Dictionary*），1987年VGH Wissenschaftsverlag出版，以及《尼瓦丽建筑：类型和细部史》（*Architecture of the Newars. A History of Building*

❶ 渡边勝彦．ネパールの王宮建築における塔の研究 1-3// 日本建築学会計画系論文報告集．1985, 9: 100-111; 1986, 11: 114-120; 1993, 5: 135-141.

❷ Chattopadhyay, K.P.. An Essay on the History of Newar Culture[J]. *Journal of the Asiatic Society of Bengal*, vol. 19, 1923:465-560.

❸ Regmi, Delli Raman. *Ancient and Medieval Nepal*, Kathmandu, 1952.

❹ 两汉时期中国文化极为活跃，包括建筑文化。整合史籍文献、考古资料，通过建筑明器得知汉结构形状已具备后世建筑所有之各型。参见：Qinghua Guo. *The Mingqi Pottery Buildings of Han Dynasty China: Architectural Representations and Represented Architecture*[M]. Brighton: Sussex Academic Press, 2010.

Typologies and Details in Nepal），2011 年芝加哥 Serindia 出版。该书公布了多年多方的合作测绘资料，共三卷：一卷早期（200—1350 年），二卷马拉王朝（1350—1769 年），三卷沙王朝（1769—1950 年）。3）日本工业大学建筑学者在 20 世纪 80 年代对王宫和佛寺展开的一系列调查：《尼泊尔王宫建筑调查报告》（ネパールの王宮建築：ネパール王国古王宮調査報告书），1981 年日本工业大学出版；《尼泊尔都市和王宫》（ネパールの都市と王宮），1983 年日本工业大学出版；《尼泊尔王宫和佛寺》（ネパールの王宮と仏教僧院），1985 年日本工业大学出版；《尼泊尔佛寺》（ネパールの仏教僧院），1998 年东京中央公论美术出版。

一、尼瓦丽人和尼瓦丽城简述

尼瓦丽人（Newari）是加德满都河谷的原住民，操尼瓦丽语。根据语言学家的研究，尼瓦丽语的原型和结构属藏缅语系。传说史前时期曾有个藏缅王朝（Kirantis）存在于加德满都河谷（图 2）。❶学术界避免用民族概念定义尼瓦丽，因为在这一地理和交通交汇地区，尼瓦丽的血缘和文化在漫长的历史中变得非常复杂。❷

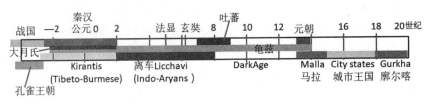

图 2　尼瓦丽历史年表
（作者绘制）

在尼泊尔，尼瓦丽和廓尔喀（Gurkha）是两个主体族群。❸廓尔喀是加德满都河谷外的印度裔[可能是拉其普特人（Rajput）]。1768 年，廓尔喀王攻占了尼瓦丽人的加德满都谷地，不久建立了统一王国，定都加德满都，立印度教为国教。

尼瓦丽人与不同的印度人种通婚。尼瓦丽社会的基础是宗族、种姓（caste）和宗教。尼瓦丽人是尼泊尔的劳动主力军，从事贸易、商业、手工业、建筑业和农业。他们的建筑技艺从哪里来？如何传承？尼瓦丽的建筑传统、历史和现状至今还未被讨论过。

尼瓦丽人沿交通道路和交汇点聚居。尼瓦丽城的共同特点是：坐落在交通要道上，要道的交汇点是中心广场。广场是城市公共生活的中心，周围有宫殿、寺庙、驿亭和水井。尼瓦丽城平面不规整，缭以城垣，现已无存。城中建筑密集，中心高度最大。宫殿作为重要建筑，其地位通过两方面凸显：居于城中心和拥有高大的宫楼。宫楼是全城最高的建筑，兼有民居和塔楼的特点。从宫殿区向外依次分布着富人、普通人和穷人。住房最高 4 层，

❶ Wolfgang Korn. *The Traditional Architecture of the Kathmandu Valley*. Kathmandu: Ratna Pustak Bhandar, 1976:17.

❷ Toffin.Gérard: *Newar Society. City, Village and Periphery*. Lalitpur: Social Science Baha, Himal Books, 2007.

❸ Percy Brown. *Picturesque Nepal*. London: Adam and Charles Black, 1912.

最低2层。城内街道窄小，但大小广场-公共空间，星罗棋布。尼瓦丽城里的公共建筑、生活水源和各种活动把人们吸引到广场上去。尤其在气候温和的旱季，适合户外活动。

笔者首先考察数量最多的民居建筑，下文将详述其形式和材料，解读其结构和技术。之后，各类建筑的讨论着重特殊点，省略相同处，以期查出原型。

二、民居

尼瓦丽民居是四合院式建筑，家族聚居。院子平面方形或略长，为交通枢纽和多功能空间。沿街作店铺或作坊，后面储藏，底层有一个祭祀空间。院子里没有水源，房子内没有厕所。房子平面长方形，间面阔不超过3.5米，通面阔不等；进深一间或两间，两间通进深5.4—6米。房子高3层、深两间者数量最多（图3），低种姓人不许上楼。二层是卧室，还有一个处理事物的房间。卧室中没有床，人在草垫子上睡觉，墙上开壁龛。顶层是家庭的客厅，檐下设大木窗，向院子或街道观望。人字屋顶下面的空间作厨房，低矮的土灶设在角落；小神龛设在相邻角落。做饭以木柴或牛粪为燃料，灶无烟突，屋顶上用特殊大瓦开"猫洞"通风。近代以来，人们在沿街侧的坡屋顶上开小"天井"，作为屋顶平台。在密度大的尼瓦丽城，人们在这个私密空间里享受阳光、观望街景和眺望群山。

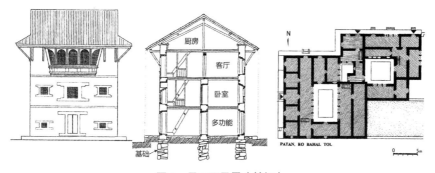

图3　尼瓦丽民居（帕坦）

（Wolfgang Korn. *The Traditional Architecture of the Kathmandu Valley* [M]. Kathmandu: Ratna Pustak Bhandar, 1976：18.）

建筑材料为砖、坯、木和瓦。尼瓦丽民居为砖/坯木混合结构，砖/坯墙承重。房子有地基：石基础宽约70厘米，高40—60厘米。地面上不起台基。土坯砌墙，砖用在外立面，全部卧摆。讲究的房子外立面饰"釉"砖，减小大雨破坏。釉砖楔形，以藏灰泥于砖缝内，同时利于砖泥咬紧。外墙从下至上逐层减薄，底层墙厚45—55厘米，中间填碎料（图4）。内墙做法与外墙同，但用土坯或低质量砖。穷人用土坯或低温砖做墙，茅草铺顶。普通砖，长方形。面砖，楔形，用楔形模具直接成形。

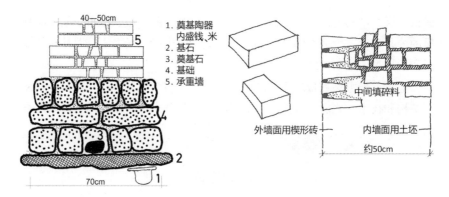

图 4　典型房基和墙体

（Gutschow N. *Newar Towns and Buildings*. Sankt Augustin: VGH-Wiss.-Verl, 1987.）

楼层上皮到上皮 2.25 米，净高约 1.8 米，楼层之间用木梯相连。楼层做法是在承重墙上密排木枋，枋头暴露于外墙上；木枋上铺板，其上用坯，很少铺砖（图 5）。图 6 是巴克塔普的两栋民居，右栋的墙面上可见成排的楼层枋头，左栋的枋头被横向砖饰掩盖。

图 5　倒塌的房子显示材料和构造（帕坦）❶　　图 6　巴克塔普的沿街民居

❶ 本文未标注来源图片均为作者自摄、自绘。

梁柱、屋架和门窗木制。做结构构件的木料是柳安木（Sal wood，拉丁名 Cedrus deodara），属硬木。尼瓦丽建筑的底层大部分开敞，开敞部分用一系列双柱承重。梁和柱的尺寸均不大，断面方形；柱头枋和檐柱之间用栱连接。双地栿之间施短木，用雁尾榫固定（图 7）。

（a）自院内向外望（帕坦）　　　　　（b）入口地栿 [班迪普（Bandipur）]

图 7　民居

承重墙上的窗洞从底层向上逐渐增大。因墙很厚，窗由内外两个木框组成，两者之间用木件钉牢（图8）。外侧的窗框分成几个窗格，分装窗扇。顶层的内侧窗框下部做成长凳，供人依窗而座（图9）。通过雕刻外侧窗框和门框达到建筑装饰的目的。

图8　内外窗框（帕坦）　　　图9　普加瑞（Pujari Math）内部❶（巴克塔普）

❶ 普加瑞为15世纪四合院，1763年重建时保留了某些原物，包括凤凰窗。1979年王位继承人Birendra王子结婚，作为贺礼，德国政府对该建筑进行了大修，之后用作木刻博物馆。

尼瓦丽民居屋顶两坡，屋檐转过山墙面，看上去如歇山顶（参见图3，左图）。屋顶坡度30°—40°，屋檐伸出角度约30°。斜枋和脊柱形成三角架，每间一榀。脊柱上用大斗承托脊檩，斜枋上放中平槫，下平槫置外墙上。椽子分两段铺设：上段自脊檩到下平槫，椽子在正脊背对接；下段自中平槫至檐槫。椽子间距25厘米，檐槫下有一系列斜撑。出檐深远者要求两层檐槫，分别承檐椽和飞椽。飞椽头水平插入檐口版。屋架构件的断面尺寸差不多，没有大料。构件之间主要靠木钉销接（图10）。

尼瓦丽屋面做法为椽子上安挂瓦条，间距约1米，上铺底瓦或草栈、柴栈，然后施一层5—8厘米厚的泥，最后覆瓦。不见用仰瓦和盖瓦覆盖

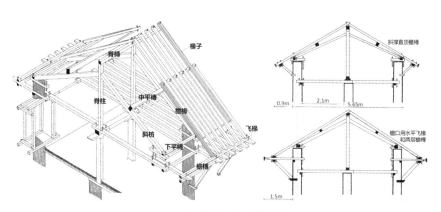

图10　屋架结构和屋檐构造

（Niels Gutschow. *Newar Towns and Buildings: An Illustrated Dictionary*，VGH: Wissenschaftsverlag, 1987：158-159.）

屋顶。尼瓦丽瓦顶平素无饰。瓦可分五种：底瓦、屋面瓦、脊瓦、角瓦和沟瓦。底瓦和屋面瓦最小，角瓦最大。底瓦为长方形平瓦，沿长度一面带沟。屋面瓦与底瓦同，但两面带沟。尼瓦丽瓦的平面尺寸很小，例如底瓦为 20 厘米 × 10 厘米。尼瓦丽瓦尺寸当与椽子密度有关，换言之，小底瓦、草栈或柴栈要求密排椽子。板栈允许较宽的椽子间距，但传统尼瓦丽屋顶不用板栈。屋面瓦互相扣合，局部叠压，瓦垄与屋檐不垂直。脊瓦断面 V 形，沿脊立置或卧置。沟瓦为槽形，今少见。常见脊瓦亦作沟瓦用。角瓦上扬，形同高翘的鸟翼，作为屋角的第一块瓦（图 11）。

尼瓦丽屋面瓦为手制。模具是一个长方形木框，在长边一侧固定一个木棍。和好的泥压入模内成型，木棍在瓦坯上留下一条沟。将瓦坯从模具中取出之后，左右手合作，用中指和小指在其表面压出波纹。最后，用大拇指将表面抹光（图 12）。晾晒一周后，瓦坯入窑烧一天。

图 11　屋面瓦件营法（帕坦）　　　　图 12　手制屋面瓦

（Niels Gutschow. *Newar Towns and Buildings: An Illustrated Dictionary*, VGH: Wissenschaftsverlag, 1987, 168.）

加德满都谷地的制瓦工来自一个叫阿佤的匠人帮（Avah community）。传统上，阿佤帮生产仰瓦和盖瓦，但为何人所用不清楚。除加德满都谷地，与尼瓦丽瓦类似的瓦曾经在孔雀王朝（公元前 326—前 180 年）的都城华氏城（Pataliputra）出土。❶

❶ Mukhopadhyay.P.C. *Archaeological Survey of India*, vol. XXVI, part 1, Calcutta, 1901.

三、神居

尼瓦丽的神有家。神居（Dyahche）与民居相差不大，通常 3 层，神"住"在二层中间，那里的窗子装饰漂亮。神居主要特点为：地点上，位于广场一角；建筑上，屋顶上有个灯笼形小阁，小阁是象征性的。在节日期间，人们将神请出来游行，平时神居是关闭的（图 13）。

图 13　神居（17 世纪，巴克塔普）

四、寺院

寺院是拜神的地方和僧侣的住所。寺院形同民居，砖墙承重，通常两层，院落式布局，院子（chok）由房子围成。房子进深一间，结构各自独立。面对院落入口的房子顶上有小阁。一般而言，早期寺院台基略高于路面，屋顶小阁灯笼形。晚期寺院台基增高，台阶两侧设狮子，屋顶上置覆钟形装饰。

院子围合方式有两种：其一、大小相同的四座建筑，按顺时针方向组合；其二、四栋I形和L形建筑相对，并对称组合。这一解读是东京工业大学调查团对帕坦王宫寺院进行测绘后公布的。❶ 该寺院有两个院落，Mul和Sundari，非同期营造。前者建于1666年，后者建于1628年，原2层，两者之间留约1米宽的空隙。1730年改造时，加建顶层于Sundari，并建塔于空隙之上（图14）。

❶ 日本工业大学. ネパールの王宮と仏教僧院[M]. 日本工业大学, 1985.

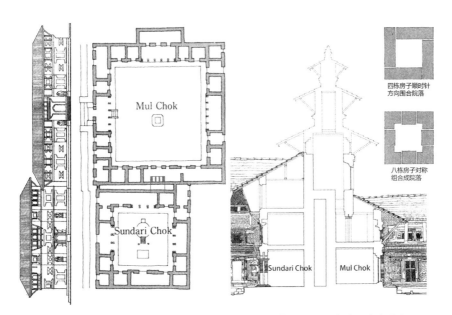

图14 帕坦王宫寺院（沿街立面，底层平面，塔剖面和四合院组合方式）
（日本工业大学. ネパールの王宮と仏教僧院[M]. 日本工业大学出版, 1985：85.）

五、塔庙

塔内置神像，是为塔庙，由三部分组成：屋顶、屋身和阶基。从平面着眼，尼瓦丽塔庙可分为方形和长方形两种，呈现出不同的形式和体量；从断面着眼，方形塔庙从一檐到五檐不等，比例高耸，均没有可使用的上层。底层四门，檐下盲窗，屋顶为攒尖顶。塔庙立于台基上，大型塔庙的台基层数随出檐层数增加而增加，得以远望其形状。长方形塔庙从三檐到四檐不等，均有可使用的上层，活动在内部空间进行，四坡顶；从功能着眼，方形神庙为塔，长方形神庙为庙。本文统称塔庙，下文逐一分析。

1. 方形塔庙

1）方形单檐塔庙

平面正方形，四面辟门。塔身单层，但外观为双层，原因是在墙体的一半高度使用联系梁，梁头探出墙外。外墙面上，在梁头上方有一圈砖砌线脚。线脚保护其下的梁头，同时接受其上的斜撑，并起装饰作用。屋架的中心短柱坐在联系梁上以聚合椽子。屋顶为攒尖顶，上施覆钟形塔刹（图15）。

图15　方形单檐塔庙（巴克塔普）
（作者自摄、自绘）

2）方形重檐塔庙

数量最多，可分为三式：木构一式，砖木混合二式。

I-A：木构，实例有玛达朴（Nasahmana Madap）。玛达朴位于巴克塔普下城的中心广场（Nasabmana），由大小两个框架上下叠落而成，内有通高中心柱，下设柱础，上施覆钟形塔刹。下层框架的高度（H）和边长（S）同为3.6米，为正方形；上层勾栏周回。上、下框架高度（H）一致（图16）。该建筑的历史可追溯到16世纪，1934年遭地震破坏，1977年重建。

I-B：砖木结构-砖墙木顶，与I-A之不同在于砖墙承重和细部设计。上、下承重墙之间分别施联系梁，上部分砖墙坐在下部分木梁上。木屋架搭在砖墙上，顶层梁上立一短柱承覆钟。上部分高H，下部分高2H，边长S=H，总高4H（包括覆钟）。上、下檐均用斜撑，斜度分别为54°和58°（图17）。

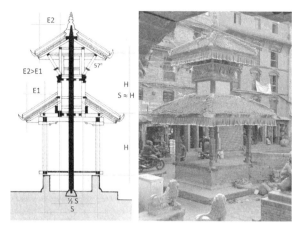

图16　方形重檐塔庙 I-A：木构（玛达朴，巴克塔普）
（Niels Gutschow. *Architecture of the Newars* [M].Chicago : Serindia Publications，2011.vol. 2 : 30.）

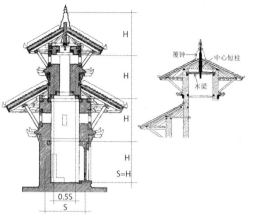

图17　方形重檐塔庙 I-B: 砖木混合
（Wolfgang Korn.*The Traditional Architecture of the Kathmandu Valley*, Kathmandu: Ratna Pustak Bhandar, 1976: 74.）

I-C：塔庙平面回字形，由内外两周结构组成。内周是主墙，外周"副阶"（借用《营造法式》术语），后者的高和宽均为前者的一半。底层面积是 I-A 型和 I-B 型的 4 倍。副阶，或木构，全部开敞；或砖木并用，中间设门。副阶上施屋架，斜撑与地面成 34° 角承挑屋檐，创造巨大的屋面保护墙体。通常重檐塔庙建在双重台基之上（图 18）。

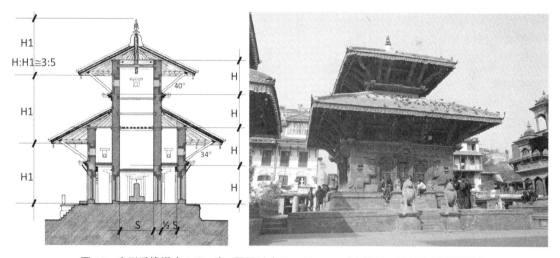

图18　方形重檐塔庙 I-C，察·那罗延（Char Narayan）（帕坦，2015 年地震坍塌）
（Wolfgang Korn.*The Traditional Architecture of the Kathmandu Valley* [M].Kathmandu: Ratna Pustak Bhandar, 1976: 78.）

3）方形三重檐塔庙

有三种结构形式：平面方形两式，长方一式。此处讨论方形，后文分析长方形。

方形三重檐塔庙 II-A：这种结构形式，可以说是在方形重檐 I-C 之上加一"小屋"。换言之，主体下部被副阶回绕，上面被小屋叠压，没有上层可以入内。副阶或全部木构，或上段砖墙、下段木廊。实例有：1）加德满都中心广场（Darba square）上的麻久地尬（Maju Dega），副阶和小屋高度接近（H）；主体和副阶净宽比为 1∶1/3（图 19）。立于九重台基之上，台基和塔庙高比为 1∶3。换言之，这座塔庙通高 4H。2015 年地震中倒塌。2）柯提普（Kirtipur）的乌玛麻施瓦拉（Uma Mahesvara，1673 年），副阶全木构，其高和宽均为主体的一半（图 20）。❶ 柯提普位于帕坦的东边，是加德满都谷地的一个尼瓦丽老城。

❶ Mehrdad Shokoohy (ed.).*Kirtipur: An Urban Community in Nepal: Its People, Town Planning, Architecture and Arts*[M]. London: Araxus, 1994.

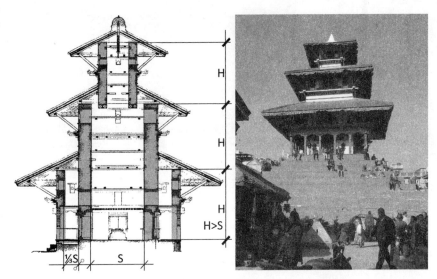

图 19　方形三重檐塔庙 II-A（麻久地尬，加德满都）
（Niels Gutschow. *Architecture of the Newars* [M].Chicago: Serindia Publications，2011.vol. 2∶89；作者加绘）

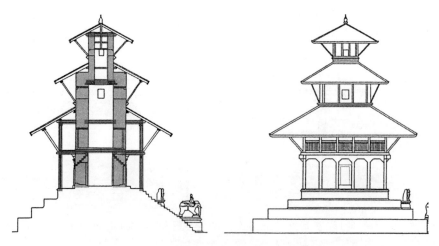

图 20　木构副阶（乌玛麻施瓦拉，柯提普）
（作者自绘）

方形三檐塔庙 II-B：结构特点：三圈同心方形砖筒。这种形式可以说是在方形重檐 I-C 之内加一个通高砖筒。加德满都中心广场上的塔乐久庙（Taleju temple，1564 年敕建，1664 年王加冕后为屋顶加一层铜皮），室内一层，水平方向分三层空间：中室、回廊和门廊。三重屋檐分别架在各自的承重墙上。三圈承重砖墙的高度比，从外到内为 3∶5∶7。大殿实为一层之庙，仪式活动在室外进行。塔乐久边长 12 米，高 22.2 米，坐在 9.6 米高的 12 层高台上。建筑设计既照顾供远处观赏的外部形象，又照顾供宗教仪式用的台基布局（图 21）。

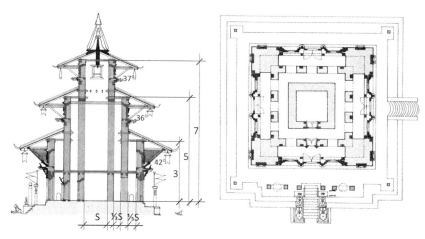

图 21　方形三檐塔庙 II-B（塔乐久庙，加德满都）
（Niels Gutschow. *Architecture of the Newars* [M].Chicago: Serindia Publications，2011.vol.2：110；作者加绘）

4）方形五檐塔庙（II-C）

巴克塔普的陶马迪广场（Taumadhi Tole）上的尼亚塔波拉（Nyatapola Temple，1702 年）是加德满都谷地最高的塔庙，边长 8.7 米，高 25 米，坐落在 8 米高的 5 层高台上；台基和塔庙高比约 1∶3。1934 年大地震后，上部重建。塔庙底层供妙音母（Siddha Laxmi，印度教财神），上设天花，没有上层使用空间。底层主墙外用"缠腰"（借用《营造法式》术语）。缠腰的结构作用如同副阶，但不扩大使用空间或空间有限。墙体随高度增加内收三次，高和厚自下而上递减。就结构而言，墙体内收使得椽子搭在墙头成为可能。椽子平行排列，在屋角呈扇形布置。角椽与椽子断面相同或稍大，檐端由斜撑承托，檐下没有斗栱。没有迹象表明斗栱曾被尼瓦丽使用过；就造型而言，椽子和斜撑创造巨大的屋檐，收缩急促，形成外轮廓为一方锥体的高耸五檐塔楼（图 22）。五层檐形成的水平线很强，方锥体的上升之势亦很强。从整体到细部，都贯彻着稳定、鲜明的性格。它是广场的垂直构图中心和建筑群的焦点；广场给塔庙以观赏角度。加德满都谷地神庙络绎相望，尼亚塔波拉作为巴克塔普的地标，高高矗立在城市的上空，引导行旅。

2. 长方神庙

长方体神庙三重檐或四重檐，四阿顶，平面进深一进或两进，立于低矮台基上，侧断面如同方形塔庙。下文讨论三个实例。

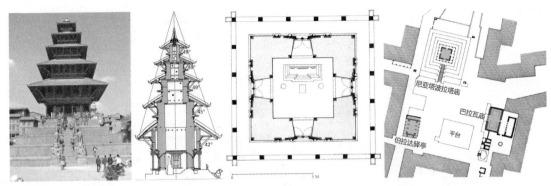

图22　方形五檐塔庙Ⅱ-C（尼亚塔波拉，巴克塔普）（地图标示广场中建筑群的位置和关系）
（Mary Slusser. *Nepal Mandala* [M]. Princeton University Press，1982.vol.2：12.）

例1，巴克塔普的巴拉瓦庙（Bhairava temple），位于上文刚刚提及的尼亚塔波拉的东侧。平面12.8米×7.4米，进深两进，总高21.4米。多层空间，外墙和中间墙承重。本文称Ⅲ-A型。外墙分三段，从下向上逐段内收，高度比为4.3：3：2.5。第一段3层，高宽相等；第二、三段各2层；中间墙高5层。祭祀在二层，这一空间向广场方向开一串长窗，雕刻的窗框在建筑立面上非常夺目。长窗下设假门，入口在背面，通过院子上楼（图23）。

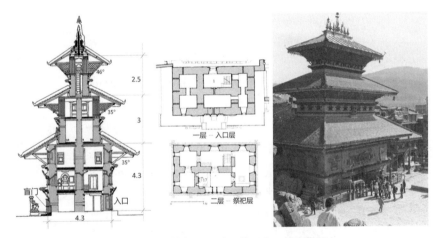

图23　长方塔庙Ⅲ-A（巴拉瓦庙，巴克塔普）
（Niels Gutschow. *Architecture of the Newars* [M].Chicago: Serindia Publications，2011.vol.2.）

通过观察引导笔者作出以下假定：Ⅲ-A的原型是方形重檐中心柱塔庙Ⅰ-A和3层民居；构成方式是前者坐落在后者之上。长方体神庙是仪典性寺庙，"民居部分"是使用空间，"Ⅰ-A"为外部视觉标志，门窗雕刻作艺术表现。这里的Ⅰ-A非全木构，而是木造和砖造组合，交替使用。回到巴拉瓦庙本身，它的建筑历史不甚清楚，已经掌握的信息有：北墙上曾有供养人1717年的题记；1829年假门外包一层铜皮；1934年神庙在大地震中倒塌。现存建筑是1990年重建的。

例2，柯提普的巴巴拉瓦庙（Bagh Bhairava）。根据庙碑，始建于1515年，以后不断增补。❶神庙长方体，进深一进，底层副阶周匝，平面7米×13米（包括副阶）。立于矮阶基上，外观3层。

---

❶ M. Shokoohy (ed.). *Kirtipur: An urban community in Nepal: its people, town planning, architecture and arts* [M]. London: Araxus,1994.

中间木构层全封闭，向外斜挑，下用斜撑；内部用梁柱结构取代承重墙，以获得开阔空间。就总体而言，该神庙结构分两部分，上小下大，叠落而成。每部分均上木下砖（图 24，深灰表示木构，浅灰表示砖构），总高 16.75 米（包括屋顶小阁）。就细节而言，木构层立于砖墙上，两层之间为夹层。楼层之间的结构层，在《营造法式》中称平座，乃高举的阶基。巴巴拉瓦庙之砖墙以上建立木构层者以"平座"为"阶基"的结构，较之上述塔庙结构法迥然不同。本文称为 III-B 型。

图 24　长方塔庙 III-B（巴巴拉瓦庙，柯提普）

（Niels Gutschow. *Architecture of the Newars* [M].Chicago: Serindia Publications，2011.vol. 2.）

例 3，加德满都中心玛汝广场（Maru）上的卡文达普（Kavindrapur，1653 年），本文称 III-C 型。结构上，它与上文讨论的 III-B 型无异。卡文达普体量大，底层承重墙部分为 4 米 ×15 米。建筑分为左中右三段，中央一段凸出，高 4 层，统领全局，两翼比中央低 2 层，对称构图。在 1934 年地震中，卡文达普的上半部被破坏；20 世纪 80 年代末修复下半部。建筑专家根据老照片和遗存绘制了复原图——4 层木构和两个砖平座，总高 21.2 米（图 25）。

3. 小结

神庙种类多，但程式化，其基本单位可稽。方形重檐 I-A 和 I-C 是基本类型。I-A 全部木造，大小构架，上下叠落，中心通柱。在 I-A 基础上改用坯／砖墙承重和中心短柱即得到 I-B。五檐

（a）原状　　　　　　　　　　　　　　　　（b）现状

图 25　长方塔庙 III-C（卡文达普，加德满都）

（Niels Gutschow. *Architecture of the Newars* [M]. Chicago: Serindia Publications，2011.vol. 2.）

II-C 是 I-B 的发展，即叠落 I-B 两次同时加倍底层的高度，并缠腰周回。I-C 的特点是砖墙木顶，主体墙和副阶墙内外相套。I-C 派生三檐 II-A 和 II-B。换言之，在 I-C 之上加一矮砖筒结构，即得到 II-A；在 I-C 之内加一通高砖筒，即得到 II-B。长方三檐 III-A 有两个原型：I-A 和 3 层民居，I-A 被拉长，与"民居"平面找齐。长方三檐 III-B 是 I-A 的另一种发展：I-A 的尺度和外形被调整，整体抬高，架在砖筒上；砖筒之外，副阶周回。I-A 和副阶均木构，均为重要使用空间。长方四檐 III-C 是长方三檐 III-B 的再发展。详言之，III 型砖木结构组合木构层为主空间，砖造层为结构层；木构层和砖构层作为一个建筑单元，交替重复（图 26）。

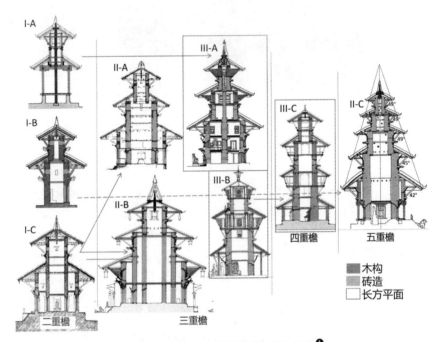

图 26　方形及长方多檐塔庙类型和关系 ❶

❶ 考虑到图面效果，各图未统一比例。

六、驿亭

尼瓦丽城中除了塔庙，还有满达帕（Mandapa，意为亭）供旅行者休息，兼供社区使用（包括婚丧）。城内驿亭很多，共同特点为开敞、无家具、无装饰。至少存在三种规模：1）大型满达帕，为王室捐建，位于城中心广场上，独立多层，四面开敞，勾栏周回。2）中、小型休息亭，独立或贴广场边，至少一面开敞，通常两层或一层半（上半层为睡觉用）。3）民居底层的拐角或临街部分作公共休息空间。本文仅讨论大型独立式驿亭，分三式：方形三重檐、长方重檐和龟头驿亭。

1. 方形三重檐（A型）驿亭

目前所知,加德满都谷地最大和最老的驿亭在加德满都杜巴广场（Durbar Square）的西南角,称为卡杉满达帕（Kasthamandapa）,意为木亭（图27）。它是一座12世纪的木建筑,传说整个建筑所用的木料来自一棵大树。那时,大型驿亭是国家性的,每逢节日,广场上举行盛大的仪式,它是庆典中心和观礼台。可惜在2015年4月25日的大地震中倒塌了。

图27 加德满都杜巴广场

(Pruscha, Carl. *Kathmandu Valley* [M]. Kathmandu: Vajra Books, 2015.)

卡杉满达帕由三个同心方形结构组成,非等高,从内向外包括：四柱通高木框架,两层高砖墙,底层副阶。建筑底层边长18.7米,通高16.3米。四面开敞,内部3层,有梯子相连。外观三重檐,檐下无斜撑。顶层檐角用斜柱,攒尖顶。底层高7.5米,中层高为底层高的2/3,上层高为底层高的1/3。副阶内设夹层,周边勾栏。二层楼板挑出砖墙外,形成一圈阳台。底层中心有神像（图28）。

2. 长方重檐（B型）驿亭

重檐驿亭叫作Sattal,本文称B型驿亭。巴克塔普的陶玛蒂（Taumadhi）广场西南角的伯拉

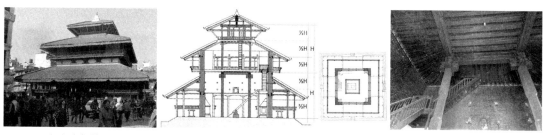

(a) 东侧外观　　　　　(b) 剖面和底层平面　　　　　(c) 楼层结构

图28 卡杉满达帕

(Niels Gutschow. *Architecture of the Newars* [M]. Chicago: Serindia Publications, 2011.vol. 2.)

图29 伯拉达驿亭（巴克塔普）
(Niels Gutschow. *Architecture of the Newars* [M].Chicago: Serindia Publications, 2011.vol. 2.)

达驿亭（Bhailahdyah Sattal）为长方体，平面6.6米×9.6米，四阿顶。外观重檐，内部3层，包括夹层。砖墙2层高，底层（除四角外）开敞，副阶周匝。上层木构，阳台周回。从结构角度出发，夹层的功能为承托上层、斜撑阳台和接受下层副阶屋架。夹层非暗层，墙上开窗（图29）。上、下层的木柱高度接近，可以解释为大木存在"模数"。此外，帕坦中心广场上的Sattal与巴克塔普的Sattal相似，B型驿亭似乎有"设计规范"，为标准"官式建筑"。

3. 龟头长方重檐驿亭

位于加德满都杜巴广场西南角的驿亭叫拉克丝米·那罗延（Laxmi Narayan Sattal，建于16世纪）。建筑的主体属于上文讨论的B型——长方体，四阿顶；外观重檐，内部3层；底层砖构，副阶周匝；上层木构，阳台周回。1859年，在驿亭的中部（朝广场侧）加建抱厦一座，外观为重檐"五脊殿"，使人联想到河北正定摩尼殿之龟头殿，本文称其为龟头长方重檐驿亭。龟头内设神像，为祭祀空间。换言之，驿亭同神庙相结合，新形式产生了，底层总长21.6米，最宽16米，最高15.8米（图30）。在廓尔喀时期，驿亭已经同神庙融为一体，世俗建筑改成了宗教建筑。拉克丝米·那罗延驿亭改称为庙（Laxmi Narayan Temple）。

4. 龟头方形三重檐驿亭

在加德满都谷地存在另外一种龟头驿亭。位于巴克塔普的榻处帕（Tachupal）广场上的驿亭名为答塔卓雅（Taha Chapahra），意为大驿亭。外观三重檐，内部5层（包括两个夹层）：底层和夹层砖构，上两层和副阶木构。底层承重墙2米厚，平面边长6.5米，围合一个约3米见方的空间；副阶1.8米宽。副阶和上、下层木构高度相等。

本文称此型为驿亭C。对照驿亭A型，C与A在平面上同为方形；形式上均三重檐。对照塔庙III-B，C与III-B在构成上一致，比例有别。大

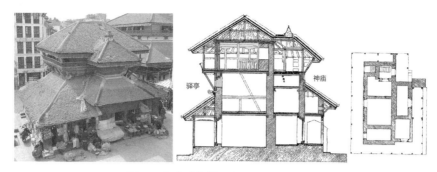

图 30　加德满都杜巴广场西南角的驿亭
（Wolfgang Korn. *The Traditional Architecture of the Kathmandu Valley* [M].Kathmandu: Ratna Pustak Bhandar, 1976: 101.）

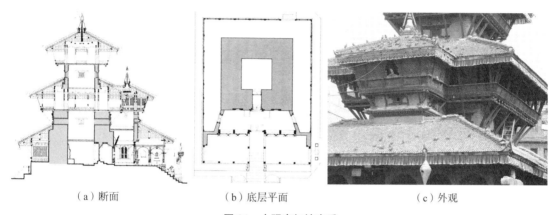

（a）断面　　　　　　（b）底层平面　　　　　　（c）外观

图 31　大驿亭加神庙后
（Niels Gutschow. *Architecture of the Newars* [M].Chicago: Serindia Publications, 2011.vol. 2.）

驿亭几经改造，最主要的改造是 1859 年在正面中部加建了一个二层"龟头殿"及前廊（图 31）。答塔卓雅嬗递演变为神庙，前面立鸟王（Garuda）铜像柱，大驿亭的名字被广场神庙所取代。

5. 小结

广场上的大型驿亭分 A、B 和 C 三种（图 32）。A 型，方平面，全木造；楼层开敞，有梯达顶，供远望。B 型，长方平面，砖木构。木构在上为使用空间，砖墙在下为承重结构。上下层之间有夹层；底层木构副阶周回。C 型，方平面，构造原理同塔庙 III-B，但是形状和比例均变化。

上文讨论的塔庙亦分三类：I、II 和 III，每类下分 A、B、C。塔庙 II-B 与驿亭 A 外轮廓相似，三套筒结构概念相同，但材料不同，空间不同，使用不同。塔庙的下层为使用空间；驿亭的上、下层同等重要。塔庙 III-B/C 形同驿亭 C。换言之，驿亭 C 重复两次为塔庙 III-C。因此有理由认为：1）答塔卓雅驿亭和卡文达普塔庙属同一结构类型；2）塔庙 I-C、II 和塔庙 III-B/C 非同源。

驿亭 A 和 B 是原型。C 和 B 同源；C 与塔庙 III-C 同根。B 和 C 型加龟头分别派生新型。至此可以看到四种派生方法：改变材料、改变比例和轮廓、重复原型和不同（元素）原型组合。无疑砖木结构结合创造多层建筑和复杂空间，宜多种用途。

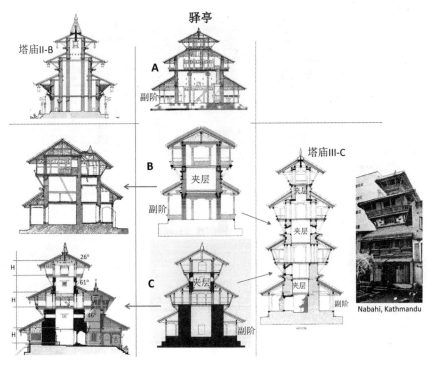

图 32　驿亭类型和派生

七、宫楼和宫庙

宫楼是尼瓦丽王居,宫庙是尼瓦丽王室或宗族专用塔庙,均为高层建筑。宫楼具有强烈的民居特点,或兼有民居和驿亭特点,平面长方,屋顶四阿。宫庙兼有民居和神庙的特点,平面方形或长方,屋顶攒尖。产生如此特点的方法实堪注意,考察实例来自努瓦科特(Nuwakot)、帕坦和加德满都。

1. 两进 5 层宫楼

努瓦科特的宫楼(Sattale Darbar)是廓尔喀沙王的居住建筑。努瓦科特在加德满都西北 30 公里,位于廓尔喀和加德满都之间,是通往中国西藏交通要道上的重要关口,由城堡发展起来,在马拉王朝时期属马拉领地。1744 年,廓尔喀沙王(Prithivi Narayan Shah)占领了努瓦科特,作为攻克加德满都谷地的基地。宫楼是他在 18 世纪 50 年代建造的。1775 年沙王死于此,1934 年地震后经过大修。

宫楼外观重檐 5 层,内部 6 层(包括屋架层),屋顶中心出瞭望阁。宫楼长方形,底层面积 15.06 米 × 11.66 米,通高 23 米(包括瞭望阁)。进深两进,三道承重墙将建筑分成前后两间。楼梯位于后间中心偏北,砖墙竖直。从下至上，墙体厚度从 1.95 米逐层减薄到 0.9 米，窗的尺寸逐渐加大。窗洞和门洞平面呈内八字形，第三层东立面（朝院子）中部开落地窗。第四层四面悬挑木廊，回廊全封闭，屋檐和回廊下用斜撑。第五层中间的承重墙被一系列木柱取代，三柱一组，一共七组。柱子上用栱与梁连接（图 33）。

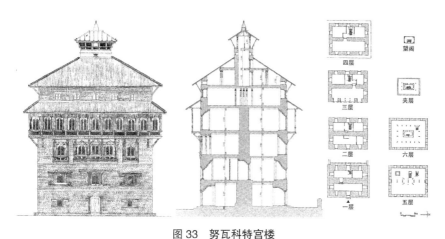

图 33　努瓦科特宫楼
（日本工业大学．ネパールの王宮と仏教僧院[M]．日本工业大学出版，1985：5-7．）

2. 四檐 10 层宫楼

加德满都谷地建筑规模最宏伟者为加德满都宫楼（Basantapur Durbar），建于 1770 年。它是沙王的住所和望楼，砖木结构。平面长方形，11.9 米 ×8 米，中间一道承重墙。外观四重屋檐，通高 31 米。结构 10 层，包括三个夹层（或平座）。按屋顶分，共有四个单元：第一至第四层为第一单元，形同尼瓦丽民居；第二、三、四单元各 2 层。每单元上层木构，空间通畅，视野广阔，有屋顶，为主层；下层砖构，高度不等，各为其上层的平座。

详言之，主层内用一系列木柱代替连续的承重墙，楼板枋悬挑出墙外；檐下斜置窗扇，形成封闭回廊（注：第八层中部挑窗）；廊下施斜撑。砖墙垂直，唯第四单元的平座向内收一墙厚。墙体随高度增加逐渐减薄，墙内设木龙骨，完全露明，涂成暗红色。第一层净高（地面到上层地板梁下皮）2.89 米，第二层高 2.58 米，第三层高 2.71 米，第四层高 2.71 米，第五层高 2.69 米，第六层高 2.68 米，第七层高 1.11 米，第八层高 2.51 米，第九层高 2.33 米，第十层高 2.45 米。每层之间有木楼梯，宽约 1 米（图 34）。

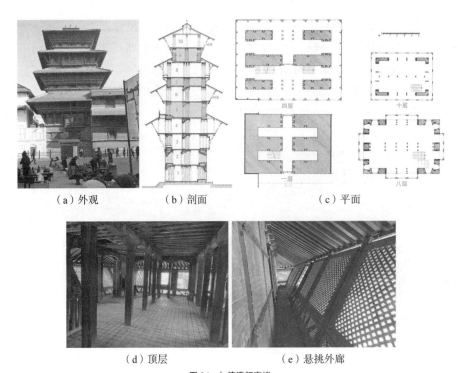

图 34　加德满都宫楼
（Many Slusser. *Nepal Mandala* [M]. Princeton University Press，1982. vol. 2.）

3. 四层实心三檐宫庙

在帕坦宫殿区，马拉王室拜神的地方名为大崗台（Degu Talle，"talle" 意为楼），1661 年建造，18 世纪初改造。立面上，大崗台由上下两部分组成：上部为尼瓦丽塔庙，三重檐收缩急促；下部形同尼瓦丽民居，第四层朝广场面设封闭外廊。平面上，下部为两个同心方形：内方形是一个边长 6.8 米的实心土台；外方形边长 13.3 米，围绕土台形成一个狭长空间。狭长空间内四面设联系墙，其布局产生一种顺时针运动的趋势。结构上，下部是上部的基座。上部塔庙 12.7 米见方，总高 27 米（包括钟形装饰）。现在看到的宫庙为 1934 年大地震倒塌后重建，只具外形，内无使用空间（图 35）。

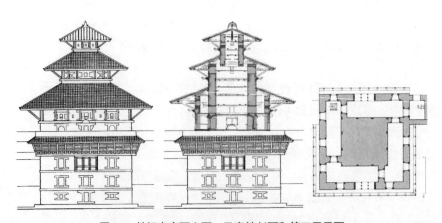

图 35　帕坦宫庙西立面、示意性剖面和第三层平面
（日本工业大学. ネパールの王宫と仏教僧院 [M]. 日本工业大学出版，1985.）

4. 三檐三层宗庙

帕坦中心北面的一个宗族庙保留了下来，宗族名为"巴坎尼玛"（Bakanima）。宗庙属 28 家共有，面朝街区广场，名为"帕图瓦安伽沉"（Patukva Agamchen），建于 1652 年之前。

外观上，帕图瓦安伽沉与上述的帕坦宫庙大致相同。平面上，两者完全不同。宗庙平面长方形，进深两间。底层前间三门，后间半开敞。祭台在前间二层中部，楼梯在后间一角。形式上，宗庙分上下两段，下段民居模样，上段三檐塔庙。剖面上，前后不对称——塔庙在前间。三道墙不等厚，第三层地面前后不等高，这些现象表明后间经过修改（图 36）。

巴坎尼玛宗庙式样并非孤例，同类建筑有帕坦王宫寺院中的塔庙（参见图 14）。加德满都中心广场上的巴格瓦蒂庙（Bhagwati temple），同样分上下两段，左右三段，以中央段为主，上设塔庙。这种等级层次分明的构图是尼瓦丽宗庙建筑的典型特征。

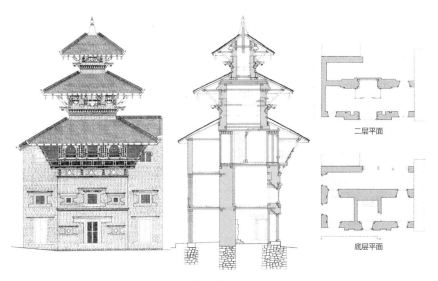

图 36　巴坎尼玛宗庙（帕坦）
（Erich Theophile & Niels Gutschow（ed.）. *The Sulima Pagada* [M]. Weatherhill, 2003:8.）

5. 小结

宫楼和宫庙是复合体，由两个基本体垒叠而成。这里民居、驿亭 B、塔庙 I-B 和 II-A 是基本体。努瓦科特的宫楼是放大的民居，屋顶加瞭望阁。加德满都宫楼由民居和驿亭 B 叠落组成，B 被重复三次，但不是简单地重复，在整体设计中每一部分都经过调整。帕坦宫庙由民居和塔庙 II-A 组成；帕坦宗庙由民居和塔庙 I-B 组成，二层为主空间（图 37）。纵观喜马拉雅地区，宗庙遗物显示通过调整基本体的比例和尺度，产生多种建筑形状。❶

❶ 西藏自治区文物保护研究所. 西藏古建筑测绘图集（一）[M]. 北京：科学出版社，2015.

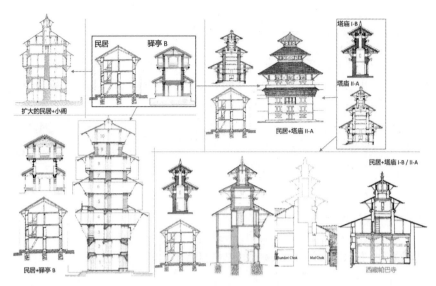

图 37 宫楼、宫庙的原型和构成

综上所述，民居、驿亭和塔庙原型各自派生多种形式；另一方面，它们相互组合不仅扩大容积体量，还构成更多的建筑形式。正是通过这一系列的发展、变通完成了尼瓦丽建筑体系。

八、早期中国楼阁资料

早期中国建筑之若干特征，如楼层之间用夹层、檐下用斜撑和屋角用大瓦之制，通过汉代陶楼和画像石/砖可考，它们即当时建筑之模型。来自四川、甘肃和河南的资料与尼瓦丽楼阁形象相近。笔者对照汉代建筑明器和画像砖反映的结构原则，试图寻找尼瓦丽谱系与中国建筑之间的关系，择要简述，列图如下。

1. 夹层

成都东汉画像石中的木屋为双层，上层开敞并悬挑，檐角用栱；下层木骨夹泥墙，无副阶。下层之上见一圈枋头，借此可知其中间设夹层。四坡瓦顶❶（图38）。尼瓦丽驿亭B两层，上下层之间为夹层。上层木构，悬挑部分下用斜撑；底层砖木构，副阶周匝。四坡瓦顶。

2. 阙楼

河北阳原西城南关出土的东汉阙楼，平面呈正方形，高167厘米，细致入微地表现了建筑细节。外观重亭，之间夹层，下部甚高。每个亭子上覆瓦顶下设勾栏。屋檐下每角施一斜撑，其上设横枋，置一栱三斗，承托出檐。❷加德满都中心广场上的塔乐久庙周围共有16个阙形小庙，阙出两檐，立于双重阶基之上。就整体而言，阳原陶楼和塔乐久阙楼同属（图39）。

❶ 成都市文物管理处. 四川成都曾家包东汉画像砖石墓[J]. 文物, 1981(10): 25-32.

❷ 河北省文物研究所, 张家口地区文化局. 河北阳原西城南关东汉墓[J]. 文物, 1990(5).

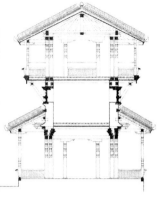

（a）中国成都画像石（东汉）　　（b）尼泊尔伯拉达驿亭（巴克塔普）

（成都市文物管理处．四川成都曾家包东汉画像砖石墓[J]．文物，1981，10：27．）　　（Niels Gutschow. *Architecture of the Newars* [M].Chicago: Serindia Publications, 2011.vol. 2.）

图 38　夹层屋

中国河北阳原出土陶楼（东汉）　　尼泊尔加德满都塔乐久庙台基上的阙

图 39　中国陶楼和尼泊尔阙楼

3. 高楼

四川、甘肃和河南出土众多汉代陶楼。建筑构成上，加德满都宫楼近乎河南焦作陶楼，区别在局部，檐口用斗栱还是用斜撑。焦作陶楼平面长方形，外观四重檐（包括望阁）。墙上开窗，顶层大窗。直坡四阿瓦顶，檐下斗栱出檐深远。从屋檐入手分析，高楼由四个单元组成（从下至上）：多层一檐、（两个）两层一檐、（一个）屋顶望阁。两层单元的上层悬挑，下层上出斗栱承接，下施勾栏周回。楼前有院，大门两侧设阙楼[1]（图40）。从形象资料和结构逻辑出发判断其结构：墙体为土坯或砖造，屋架和斗栱为木构。

[1] 韩长松.焦作陶仓楼[M].郑州：中州古籍出版社，2015：120.

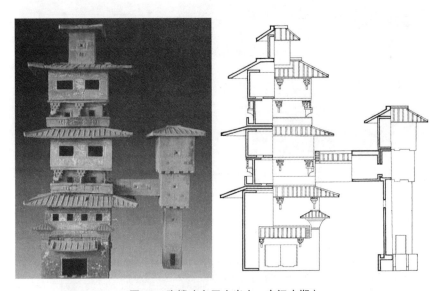

图40　陶楼（九里山出土，东汉中期）
（韩长松.焦作陶仓楼[M].郑州：中州古籍出版社，2015：120；线图作者自绘）

4. 重屋

这里意指房子叠落成楼，早期资料来自间接和实物两方面。现存汉代遗物中有好几个重屋陶楼，如河南刘家渠陶楼，由上下两个房子组成，但非直接叠落，之间有夹层和勾栏。下层房子两层，中间同样有夹层和阳台[2]。这样的建筑形式在唐以后不见，在日本飞鸟时代实物中尚存一例：奈良药师寺东塔（730年）。外观上，3层六檐，每层重檐，勾栏周回。结构上，中心柱通高，上层柱网立在下层房架上，无法上楼。使用上，只有底层空间（图41）。

尼瓦丽塔庙 III-B（Bag Bhairava）3层，均为使用空间。上两层木构，底层砖墙。结构上，木构和砖墙两套系统交替使用。两层木屋非直接叠落，而是坐在夹层上（参见图24）。夹层是一个结构单位，联系上下重屋，保障使用空间，是楼阁发展的必然。应县木塔结构属此类，但全木构，唐-辽重屋楼阁内部结构之实物，仅存此例。

[2] 黄河水库考古工作队.河南陕县刘家渠汉墓[J].考古学报，1965（1）：107-168.

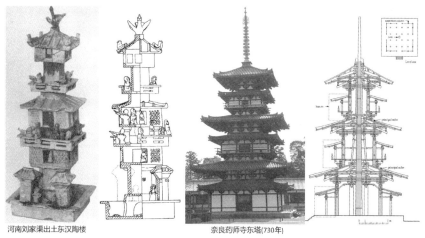

（a）中国河南刘家渠出土东汉陶楼　　　　　（b）日本奈良药师寺东塔（730年）
（黄河水库考古工作队.河南陕县刘家渠汉墓　　（日本建筑学会.日本建筑史图集[M].东京：彰国社，
[J].考古学报，1965（1）.）　　　　　　　　　　　　　1993：13.）

图41　重屋

5. 五重密檐

河南荥阳出土的五重檐陶楼，上下分三段，楼身平面窄长。楼身之下为二层敞廊，做成基座模样。楼身之上起屋檐五重，四阿瓦顶（图42）。高耸陶楼侧立面如塔，形制可与尼亚塔波拉相比较。

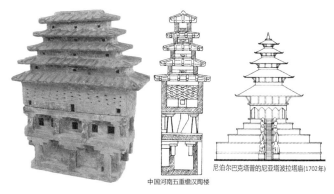

中国河南五重檐汉楼　　　尼泊尔巴克塔普的尼亚塔波拉塔庙（1702年）

图42　中国河南五重檐陶楼与尼泊尔尼亚塔波拉塔庙
（韩长松.焦作陶仓楼[M].郑州：中州古籍出版社，2015：62；右图作者改绘）

6. 斜撑、角瓦

河南出土陶楼中有斜撑者颇常见，自屋角出斜撑以挑承檐角。脊端有大瓦为饰，或翘起，偶下垂。灵宝陶楼平面方形或长方形，檐角出斜撑。角瓦硕大，形状如叶或花❶（图43）。这样的大瓦不见于后世。尼瓦丽建筑屋角用大瓦，形式古老，近乎汉式。本文大胆假设它们同汉有过渊源关系，详细实证尚待进行。

❶ 河南省博物馆.灵宝张湾汉墓[J].文物,1975(11): 75-93；三门峡市刘家渠汉墓的发掘，三门峡市文物工作队.三门峡市刘家渠汉墓的发掘[J].华夏考古,1994(1): 22-30.

屋角斜撑，挑台周回　河南灵宝张湾出土汉陶楼　　　屋脊和角脊端头用大瓦　河南三门峡出土汉陶楼

图 43　汉陶楼表现的建筑做法和形式
（河南博物院. 河南出土汉代建筑明器[M]. 郑州：大象出版社，2002.）

纵观上述诸例，可知远在汉代，楼阁之形式已经形成，以土木为主要材料，在许多方面都达到很高水平，对后世建筑影响深远。

九、结语

现存尼瓦丽建筑特征最值得关注者有以下几点：楼阁建筑木梁柱、土坯墙、平面一进，最大两进；以长面为正面。楼板枋坐在土墙上，房子进深受木枋长度的限制。建筑坡顶，出檐深远，檐下用斜撑。斜枋和椽子形成三角屋架。没有大木料，木构件之间串接是最主要的形式。梁柱之间普遍用栱；脊柱和脊槫之间有时用斗。

尼瓦丽建筑自原型于今，蜕变连续。不同建筑之间相承相交。换言之，民居、神居、驿亭、塔庙和宫楼彼此相像。结构上，尼瓦丽建筑有几种不同类型，各有原型。原型通过定型、规格、相互组合，转增繁缛，存在谱系关系，并非不同风格杂糅或不同成分拼合。尼瓦丽建筑的复杂性还在于同一类型建筑可作不同使用，以及同样的土木技术应用在不同类型和功能的建筑中。

现存最早的尼瓦丽建筑为中世纪建造，保持了早期原型和传统。中世纪以前或更早，它们已经相当稳定，有了成套的做法。以后的很长一段时期里，尼瓦丽建筑的发展集中在对原型的比例、搭配和完善上，形成成熟的风格，即后世所称"塔风"。尼瓦丽建筑文化保存和继承下来的原因至少包括：外部原因——（雨季）房子周期修缮和灾后重建；内部原因——尼瓦丽人对建筑业的长期垄断，从儿时开始学习专业技术，培养优秀工匠，继承文化成就，17岁的阿尼哥带队赴中国西藏建塔就是例子。

尼瓦丽建筑非砖石体系，没有拱券。尼瓦丽楼阁的原型是梁柱系统，依托土墙承重，土木技术。那么尼瓦丽楼阁是木构缘起，还是土木混合？

本文认为，全木构和梁柱土墙可以同时并存，未必前后相替。

尼瓦丽楼阁缘起年代无可考，揆之形制并间接反证，尼瓦丽楼阁不是孤立的建筑体系，其形式和技术可能受到早期中国建筑影响。就当地成分言，从已有资料出发，屋瓦制法和形状属于喜马拉雅地区建筑文化。

早期中国建筑原型是否已完全在中国消失？后期中国建筑与尼瓦丽建筑是否仍可比？这是有待继续研究的问题。在此，笔者想以两个实例表达个人的一点看法：湖北荆州玄妙观玉皇阁（明代）和塔乐久庙（1549年），同为方形三檐、高柱承顶、矮柱承檐、建造年代相当。前者梁柱结构，三圈柱网，中柱未落地。每层屋檐落在各自的柱头上。柱间用一系列大梁，以此获得宽敞的内部空间。后者用三圈砖墙，每层屋顶落在各自的墙头上，墙头施联系梁。依靠大墙，求得高耸的外部艺术表现力（图44）。综合以

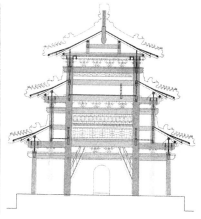

（a）中国湖北荆州玄妙观玉皇阁（明）

（湖北省建设厅. 湖北古代建筑[M]. 北京：中国建筑工业出版社，2005.）

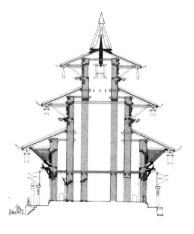

（b）尼泊尔塔乐久庙（1549年）

（Niels Gutschow. *Architecture of the Newars* [M]. Chicago：Serindia Publications，2011.vol.2.）

图44　两个同时期的方形三檐建筑

上观察，中国楼阁从陶楼表现的汉代建筑到玉皇阁的遂变之迹清晰可见；尼瓦丽楼阁从卡杉满达帕到塔乐久与中国楼阁存在的渊源关系亦清晰可见。中国建筑文明对喜马拉雅地区建筑文化的影响通过丝绸之路传送，中国建筑文化正是通过尼瓦丽人的继承和发展影响到加德满都谷地的。

（致谢：首先感谢我的朋友 Biresh Shah，对我在加德满都谷地调研提供的帮助。帕坦理工学院建筑系和巴克塔普工学院建筑系邀请我进行学术交流，谨向以上同仁表示感谢，特别是 Mohan Pant 院长。本文所用线图主要源自以下学者的著作：玛丽·斯拉瑟，奈尼尔斯·古乔和日本工业大学建筑调查组，在此衷心感谢。）

英文论稿专栏

Cause Analysis of *Hanegi*

Zhang Yijie, Dai Mingzhu, Ma Zhitao[1]

(Southwest Jiaotong University in Chengdu)

Abstract: *Hanegi* is a structural timber typical for traditional Japanese architecture. This paper analyzes the *hanegi* installed in the pagoda at Hokiji from a structural perspective. The gentle sloped roof and the deep projecting eaves are two remarkable features of wooden buildings of the Chinese Tang dynasty. When those features were introduced to Japan, problems arose due to the different environment. To solve those problems, the Japanese builders created a double-layer roof and used *hanegi*. The main function of *hanegi* is to bear the weight of the roof and transmit the load downward, preventing the rafters from bearing load. This is an indigenous Japanese modification of technology from mainland China: Japanese were inspired by technology from China but not dependent on it.

Keywords: *hanegi*, rough or hidden roof(*caojia wumian* in Chinese; *noyane* in Japanese), lever, diagram multiplication method

摘要: 桔木是一种典型的日本木结构古建筑构件。这篇论文从力学角度分析了设置于法起寺三重塔的桔木。唐代木结构建筑有两大典型特征：平缓的屋面和深远的出檐。当唐代的技术传入日本后，因为环境的不同而产生了新的问题。为了解决这些问题，日本先人们创造了双层屋面和桔木技术。桔木的主要功能是承担屋面荷载，并将这些荷载向下传递，与此同时将椽子从承担屋面荷载的重任中解脱出来。这是日本先人对中国技术巧妙的改进，在此过程中日本先人对中国技术的态度是尊崇而不盲从。

关键词: 桔木，草架屋面（野屋根），杠杆，图乘法

Introduction

Hanegi（桔木）is a structural element typical for Japanese wooden architecture. It is a rough structural member, which makes use of the principle of lever to support the deep eaves projection.[2] Up to date, there are only a few studies on *hanegi*, but our previous work has allowed us to gain new insights into this feature—its origin, its contribution to the history of Japanese technology, and its oldest actual examples.[3]

During our previous research, we noticed two prominent features of Chinese Tang-dynasty timber structures: the gentle gradient of the roof slope and the deep eaves projection. Introducing these features to Japan where there are many rainstorms, typhoons, and earthquakes had caused some problems. The first problem was the poor drainage of the gentle sloped roof. Japanese builders solved this by

---

[1] Contact author: Zhitao Ma / School of Architecture and Design of Southwest Jiaotong University, Xipu Town 611756, Chengdu, P.R.C. / +86-28-66366683 / mazhitao@home.swjtu.edu.cn

[2] Shimoide, *Kenchiku daijitenn* 1238–1239.

[3] Zhang, "Jiemu de zuoyong ji qiyuan."

separating the roof into two layers. The steeper layer layer solved the drainage problem, while the gentler layer retained the shape and the structural logic of buildings from mainland China. However, the original deep eaves projection with steepened rafters caused larger internal forces inside the rafters. *Hanegi* were used to solve this problem.

Although our previous research has provided a possible answer to the question if and how *hanegi* contributed to Japanese timber-frame architecture, the problem still needed further analysis. This paper will now finally address the problem more systematically from the perspective of mechanics.

Force State of Rafters in the Double-layer Roof

The third story of the pagoda at Hokiji（法起寺）is shown in figure 1. The illustration demonstrates that roof surface and inner structure of each story were built in two layers: first, the gentle decorative roof（using decorative rafters）; and second, the precipitous rough roof（using rough rafters）. The external force of decorative rafters is shown in figure 1c（depicting a roof without rough layer and *hanegi*）. The rafters may be viewed as two-span continuous beams carrying a uniform load q and having three supports named A, B, and C. The bending moment diagram of the beam is displayed in figure 1b（calculated through diagram multiplication method）.❶ The maximum bending moment of the beam from figure 1b is located at the point of support C, which is situated just above the *gagyo*（丸桁; *liaoyanfang* [撩檐枋] in Chinese）. Moreover, we can calculate the value of the maximum moment as $M_{max}=0.5ql^2$: q is a uniform load corresponding to the weight of the roof tiles（*wa* [瓦] in Chinese; *kawara* [瓦] in Japanese）; l is the depth of the eaves projection（measured from *gagyo* to rafter end）.

The analysis of the uniform load q from roofing, $q=q'/\cos\theta$, is presented in figure 1d. Herein, q' is the projection of the uniform load q perpendicular to the roof; and θ is the inclination of the rafters. The slope of the rough rafters is steeper than that of the decorative ones, which is expressed in the equation $\theta_r>\theta_d$. It is assumed that the roof tiles of all rafters were laid in the in same way, using the *yaqi lusan*（压七露三）method i.e. the roof tiles are laid in such a way that 70% of the tiles' area overlaps, exposing only 30% of the tiles' remaining area. It is important to notice that q' only relies on the way the tiles are laid. Consequently, q' will remain the same for any slope. Thus $q=q'/\cos\theta$ will increase as the slope increases. That is to say $q_r>q_d$.

The maximum bending moment is equal to $0.5ql^2$, and the depths of the projecting eaves of both the rough and decorative rafters have the same value of l. Therefore, the maximum bending moment of rough rafters is larger than that of decorative rafters: $M_{maxr}=0.5q_rl^2>M_{maxd}=0.5q_dl^2$. An increased slope may cause increased internal forces inside the rafters. In other words, the internal force of rough rafters is greater than that of decorative rafters.

---

❶ Conservation Office in Nara Prefecture, *Kokuhou Hokiji sanjunotou shuuri koji hokokusho* 34—40.

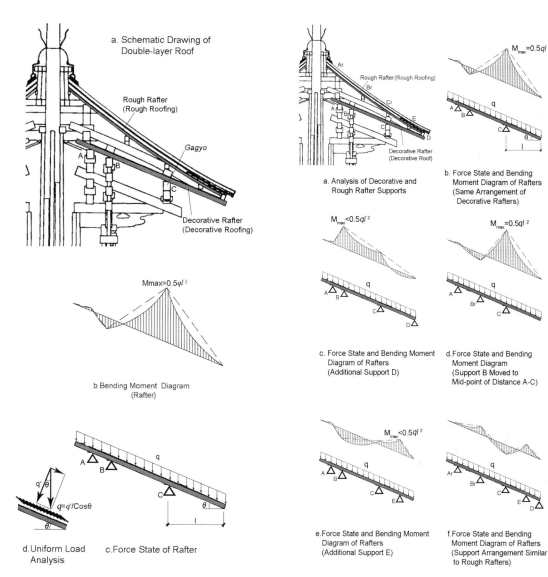

Figure 1　Forces exerted on rafters, third story of Hokiji pagoda, without *hanegi*

(Drawing by the authors; figure 1a modified after figure 3 in Naraken Bunkazai Hozonjo, *Kokuhou Hokiji sanjunotou shuuri koji hokokusho*)

Figure 2　Force state and bending moment diagram of rafters with different supports, third story of Hokiji pagoda, without *hanegi*

(Drawing by the authors; figure 2a modified after figure 3 in Naraken Bunkazai Hozonjo, *Kokuhou Hokiji sanjunotou shuuri koji hokokusho*)

Measures to Improve the Condition of Rough Rafters

To improve the poor internal force state, Japanese builders of the past changed the arrangement of rough rafter supports (Figure 2a).

The differences between decorative and rough rafters at Hokiji pagoda lie not only in degree of slope but also in the kind of support (Figure 2a). The change of support happens as follows. First, the cantilever of the right part from support C is changed into a simply supported beam; that is to say,

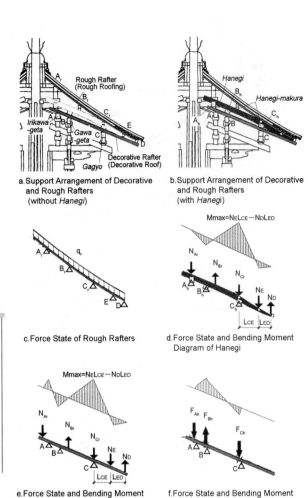

Figure 3　Force and bending moment diagram of decorative rafters, third story of Hokiji pagoda, either with or without *hanegi*

(Drawing by the authors ; Figures 3a, d modified after figure 3 in Naraken Bunkazai Hozonjo, *Kokuhou Hokiji sanjunotou shuuri koji hokokusho*)

support D is added. Second, support B is moved to the mid-point of the distance from A to C. Third, support E is added to the mid-point of cantilever from C.

The force and bending moment diagram of decorative rafters is depicted in figure 2b (with one-layer roof). In addition, figure 2d shows rafters with support B moved to the mid-point of the distance from A to C. If we compare these two illustrations, we can know that the change in support did not modify the value of M_{max}, but the bending moment was distributed more evenly lengthwise.

Next, the figures 2c and 2e depict the force diagrams and bending moments of the added cantilever supports D and E. The value of M_{max} is reduced significantly in both situations, but here the bending moment is not evenly distributed lengthwise.

The same state of rough rafter support (after integration of the above described three changes) is presented in figure 2f. If we compare figures 2b and 2f, then we can know: the value of M_{max} in figure 2f is far less than that in figure 2b; and the bending moment in figure 2f is distributed more evenly lengthwise than in figure 2b. Therfore, the change of support position has greatly improved the internal forces of rough rafters.

Although the increase of rafter slope could have allowed drainage, it also caused greater internal forces stressing the rafters. The Japanese builders of the past chose to arrange the supports differently to improve this situation.

Measures to Improve the Condition of Decorative Rafters

Although a change in support arrangement could improve the unfavorable situation of rough rafters (by increasing the rafter slope), it was not suitable for decorative rafters.

Figure 3a presents a schematic drawing of the roof structure without *hanegi*, showing support positions of both rough and decorative rafters. The external force diagram of rough rafters is depicted in figure 3c. In this situation (without *hanegi*), there may be five reaction forces, N_{Ar}, N_{Br}, N_{Cr}, N_E, and N_D. Without *hanegi*, these forces may directly influence the decorative rafters, and severe bending as shown in figure 3e may take place. The maximum bending moment equals $M_{max}=N_E l_{CE}-N_D l_{ED}$. The value of M_{max} of decorative rafters in this situation approximately equals that of M_{max} shown in figure 2b. Therefore, although the change of support arrangement may reduce the internal forces of rough rafters, it may not improve the internal forces of decorative rafters.

The solution were *hanegi* as shown in figure 3b. The reaction forces of rough rafter supports may act on *hanegi* and cause a bending moment for *hanegi* depicted in figure 3d. The bending moment diagram of figure 3d is almost the same as the diagram of figure 3e. Therefore, the internal forces of *hanegi* may roughly correspond to those of decorative rafters without *hanegi*, and both force systems are unfavorable. Since *hanegi* are rough timbers (hidden from the viewer), they can be randomly installed and shaped. In addition, they can be stocky to improve the bending strength of *hanegi*.

Ni (reaction force of rough rafter support) acts on the *hanegi*, and may cause reaction forces in the *hanegi* supports (F_{Ah}, F_{Bh}, and F_{Ch}). Those reaction forces may directly influence the decorative rafters (figure 3f), and a bending moment as shown in figure 3f may occur. The three *hanegi* supports (A_h, B_h, and C_h) are all situated just above the three decorative rafter supports (A, B, and C; figure 3d). In this case, the bending moments of decorative rafter are very small, most of them being equal to 0 (figure 3f). By comparing the figures 3c and 3f, we can know that this *hanegi* installment effectively improved the internal forces of decorative rafters.

Force State of *Hanegi*

The diagram and numerical value of *hanegi* forces is shown in figure 4a. N_i represents the reaction forces of the rough rafter supports (A_r, B_r, C_r, E, and D) and F_i, the reaction forces of the *hanegi* supports (A_h, B_h, and C_h). The rough-rafter supports A_r and C_r are positioned above the *hanegi* supports A_h and C_h. The concentrated loads and the reaction forces acting on these supports cancel each other out. If there were no supports A_h and B_h, then the reaction forces of these supports may transform into loads that act on *hanegi* ($F_A=6.2q$ and $F_B=19.7q$). The *hanegi* can be interpreted as a lever with C_h as the fulcrum

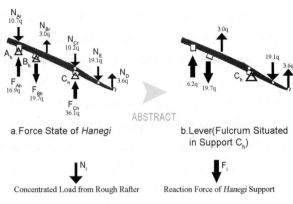

Figure 4 Force state of *hanegi*
(Drawing by the authors)

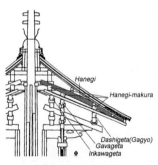

Figure 5 Positions of *hanegi-makura* and various *keta* (or *geta* in Japanese; *tuan* or *lin* in Chinese)

(Drawing by the authors ; figure 5a modified after figure 3 in Shimoide, *Kenchiku daijitenn*, 2047 ; figure 5b modified after figure 3 in Naraken Bunkazai Hozonjo, *Kokuhou Hokiji sanjunotou shuuri koji hokokusho* ; and figure 5c modified after Oota, *Nihon kenchikushi kiso shiryo shusei*, 191)

(figure 4b). In addition, the reaction force F inside the building can balance the weight of the exterior roof.

Furthermore, the reaction force of the fulcrum (*hanegi-makura* [桔木枕]) does not reduce because of the lever effect. Instead, the roof loads concentrate on the fulcrum, which is why the position of the *hanegi-makura* is very important. As illustrated in figure 5, the fulcrum is always installed above a structural member known as *keta* (or *geta* [桁]) in Japanese, such as *gawageta*, *irikawageta*, *dashigeta*, or *gagyo* (側桁, 入側桁, 出桁, 丸桁 ; known as *tuan* [槫] or *lin* [檩] in Chinese). This could guarantee a simple and direct route for forces to take. In other words, the roof weight can be transmitted directly from *hanegi* to bracket sets (*kumimono* [组物] in Japanese; *dougong* [斗栱] in Chinese). As a result, both the rough and decorative rafters could avoid bearing loads.

All the (decorative and rough) rafter loads were transmitted to *hanegi*. That is to say all of the roof loads were borne by *hanegi*, and the strong *hanegi* had become the most prominent element of the roof structure. In this way, rafters ingeniously avoided bearing large internal forces.

Summary and Conclusions

As discussed in the beginning of this paper, there are two typical features in a timber structure of the Chinese Tang dynasty: the first is the gentle roof slope, and the second is the deep eaves projection. This deep projection caused the eaves to sink. In addition, the gentle sloped roof was not beneficial for drainage. To improve these shortcomings,

Japanese builders of the past created the double-layer roof and used *hanegi*. The problem-solving process can be summarized as follows. First, a steeper roof was added to solve the roof drainage problem of the building; however, this practice caused another problem, resulting in large internal forces of rough rafters. Second, to solve this problem, Japanese builders made adjustments to the rough rafter support; the rough rafter changed from a cantilever to a several-span continuous beam; but this did not decrease the huge internal forces of decorative rafters. Third, then, *hanegi* were added and positioned in the narrow space of the rough roof structure; thanks to their stocky shape and reasonable arrangement, *hanegi* could bear the roof weight; in an ideal case of *hanegi* support, the external load was transmitted through the tops of decorative rafter supports; this finally reduced the internal forces of decorative rafters.

Three points are noteworthy. First, Japanese builders of the past did not simply steepen the roof to increase drainage; rather, they added a second, steeper roof layer, which turned the original roof into a decorative roof. Second, for a cantilever-type rafter, the maximum moment is equal to $0.5ql_2$. To reduce the increased internal force caused by the increase of rafter slope, there were three solutions: to lighten the weight of roof tiles per unit (i.e. to reduce q); to reduce the depth of eaves projection (i.e. to reduce l); and finally, to strengthen the rafters. However, Japanese builders adopted neither of these solutions. Third, the second roof layer added weight. The enormous roof weight was to be borne by *hanegi*. Thus it became necessary to produce increasingly stronger *hanegi*. As *hanegi* are rough timbers hidden from the viewer, no matter how much *hanegi* increased in size, they were never visible from the outside. Similar to the modifications of rough rafter supports, *hanegi* modifications are never noticeable from outside.

Japanese people of the past respected the advanced construction technology that had developed in mainland China. (Japanese retained the best of traditional Chinese practices while adapting them to the Japanese environment, exemplify by the need for drainage.) However, some innovations took place, for example, the ingenious development of the double-layer roof and the smart use of *hanegi*. The addition of *hanegi* as the main structural element freed the rafters from bearing large internal forces produced by steepened rafter slope, while preserving the deep eaves projection. And yet, the installation of *hanegi* was rational and fit smoothly in the organic structure of the roof, because the *hanegi* absorbed and transmitted the forces. Thus, the *hanegi* is an element that ingeniously solves the contradiction between outward appearance and function through the principle of the lever.

As a final conclusion, *hanegi* resulted from the Japanese modification of Chinese timber-frame technology with the aim to adapt to the climate and environment of Japan. *Hanegi* emerged as a way to improve the poor internal force state of the roof caused by the increase of roof slope while maintaining the original deep eaves projection. *Hanegi* were levers installed as part of the rough roof structure. During this process, the architectural design and the structural logic from mainland China were retained as much as possible. Some innovative adjustments were made to ensure that nothing was noticeable from outside. In a larger sense, this reflects the respectful attitude of Japanese people of the past toward traditional Chinese architecture, culture and technology.

Acknowledgments

This work was supported by the Japan Foundation in 2005, the National Natural Science Foundation of China (Grant No. 51978574), the Humanities and Social Sciences Foundation of the Ministry of Education of PRC (Grant No. 17YJA770022), Postgraduate Academic Literacy Improvement Program of SWJTU 2018 (Grant No. 2018KCJS19).

References

Conservation Office in Nara Prefecture (Naraken Bunkazai Hozonjo). *Kokuhou Hokiji sanjunotou shuuri koji hokokusho* (国宝法起寺三重塔修理工事報告書; Report on the repair of the three-storied pagoda at Hokiji). Nara: Naraken Kyouiku Iinnkai, 1975.

Liang, Sicheng. *Liang Sicheng quanji* (梁思成全集; Complete works of Liang Sicheng), vol 7. Beijing: China Zhongguo Jianzhu Gongye Chubanshe, 1983.

Lin, Jide. et al. *Jiegou lixue* (结构力学; Structural mechanics). Beijing: Renmin Jiaotong Chubanshe, 2010: 119–126.

Oota, Hirotaro. et al. *Nihon kenchikushi kiso shiryo shusei* 11, touba 1 (日本建築史基礎資料集成 11; 塔婆 1; Collection of basic material of Japanese architecture history, vol. 11, book 1 on pagodas). Tokyo: Chuo Koron Bijutsu Shuppan, 1966.

Shimoide, Genshitsu. *Kenchiku daijitenn* (建築大辞典; Large dictionary of architecture). Tokyo: Shokokusha Publishing, 1976.

Zhang, Yijie. *Jiemu de zuoyong ji qiyuan* (桔木的作用及起源; Function and origin of *hanegi*). *Jianzhushi* (2014) 33: 199–206.

古建筑测绘

山西高平二郎庙、三峻庙测绘图

姜 铮（整理）

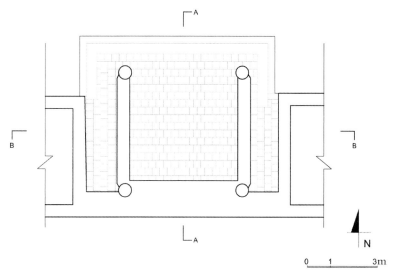

图1 山西高平二郎庙戏台平面图

（指导教师：刘畅 青锋 助教：徐扬 测绘人：白宇清 周梦雅 唐其祯 叶霞焕 邓思浩 鲍志远 许文静 李馨 李基世 刘蔚然 文汉强 胡朔斌 刘启毫 黄昌鸣 盛景超）

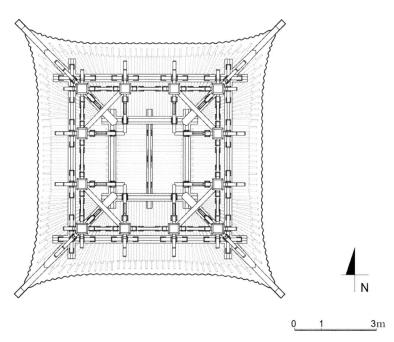

图2 山西高平二郎庙戏台仰视平面图

（指导教师：刘畅 青锋 助教：徐扬 测绘人：白宇清 周梦雅 唐其祯 叶霞焕 邓思浩 鲍志远 许文静 李馨 李基世 刘蔚然 文汉强 胡朔斌 刘启毫 黄昌鸣 盛景超）

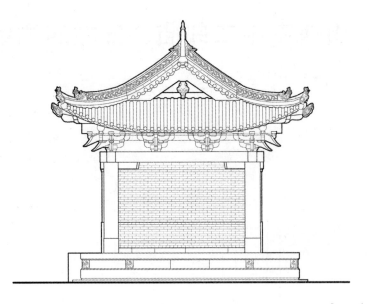

图 3　山西高平二郎庙戏台正立面图

（指导教师：刘畅　青锋　助教：徐扬　测绘人：白宇清　周梦雅　唐其祯　叶葭焕　邓思浩　鲍志远　许文静　李馨　李基世　刘蔚然　文汉强　胡朔斌　刘启毫　黄昌鸣　盛景超）

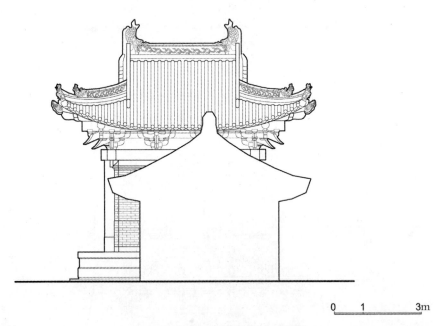

图 4　山西高平二郎庙戏台侧立面图

（指导教师：刘畅　青锋　助教：徐扬　测绘人：白宇清　周梦雅　唐其祯　叶葭焕　邓思浩　鲍志远　许文静　李馨　李基世　刘蔚然　文汉强　胡朔斌　刘启毫　黄昌鸣　盛景超）

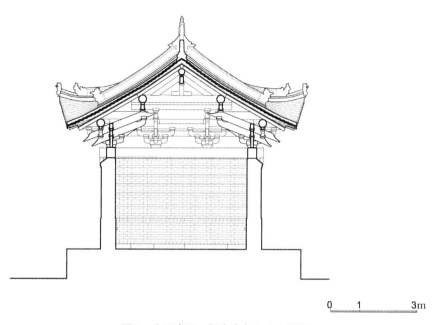

图 5　山西高平二郎庙戏台 B-B 剖面图

（指导教师：刘畅　青锋　助教：徐扬　测绘人：白宇清　周梦雅　唐其祯　叶葭焕　邓思浩　鲍志远　许文静　李馨　李基世　刘蔚然　文汉强　胡朔斌　刘启毫　黄昌鸣　盛景超）

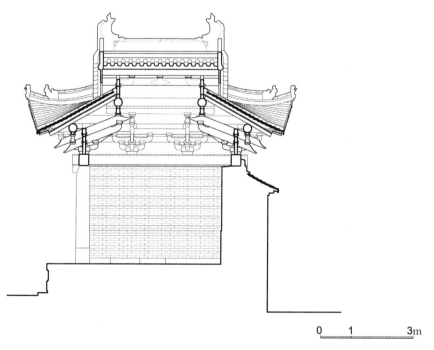

图 6　山西高平二郎庙戏台 A-A 剖面图

（指导教师：刘畅　青锋　助教：徐扬　测绘人：白宇清　周梦雅　唐其祯　叶葭焕　邓思浩　鲍志远　许文静　李馨　李基世　刘蔚然　文汉强　胡朔斌　刘启毫　黄昌鸣　盛景超）

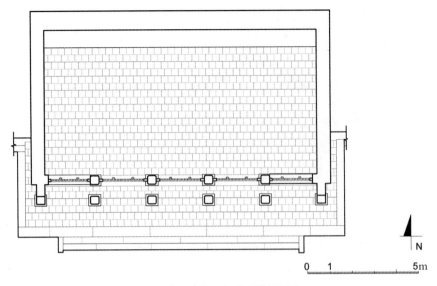

图7 山西高平二郎庙正殿平面图

(指导教师：刘畅 青锋 助教：徐扬 测绘人：白宇清 周梦雅 唐其祯 叶葭焕 邓思浩 鲍志远 许文静 李馨 李基世 刘蔚然 文汉强 胡朔斌 刘启毫 黄昌鸣 盛景超）

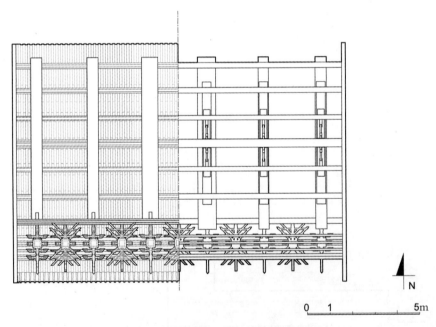

图8 山西高平二郎庙正殿屋架平面图

(指导教师：刘畅 青锋 助教：徐扬 测绘人：白宇清 周梦雅 唐其祯 叶葭焕 邓思浩 鲍志远 许文静 李馨 李基世 刘蔚然 文汉强 胡朔斌 刘启毫 黄昌鸣 盛景超）

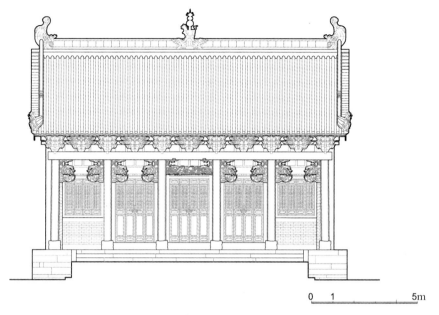

图 9 山西高平二郎庙正殿南立面图

（指导教师：刘畅 青锋 助教：徐扬 测绘人：白宇清 周梦雅 唐其祯 叶葭焕 邓思浩 鲍志远 许文静 李馨 李基世 刘蔚然 文汉强 胡朔斌 刘启毫 黄昌鸣 盛景超）

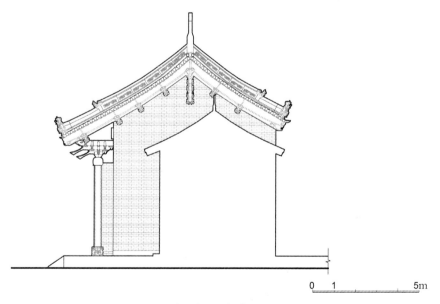

图 10 山西高平二郎庙正殿侧立面图

（指导教师：刘畅 青锋 助教：徐扬 测绘人：白宇清 周梦雅 唐其祯 叶葭焕 邓思浩 鲍志远 许文静 李馨 李基世 刘蔚然 文汉强 胡朔斌 刘启毫 黄昌鸣 盛景超）

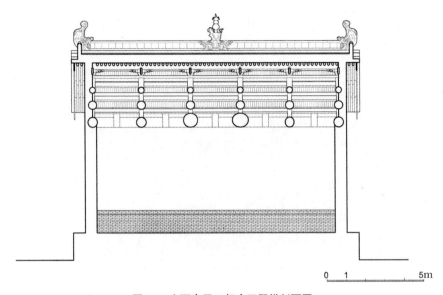

图 11　山西高平二郎庙正殿纵剖面图

（指导教师：刘畅　青锋　助教：徐扬　测绘人：白宇清　周梦雅　唐其祯　叶葭焕　邓思浩　鲍志远　许文静　李馨　李基世　刘蔚然　文汉强　胡朔斌　刘启毫　黄昌鸣　盛景超）

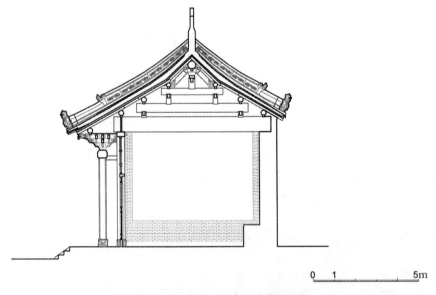

图 12　山西高平二郎庙正殿横剖面图

（指导教师：刘畅　青锋　助教：徐扬　测绘人：白宇清　周梦雅　唐其祯　叶葭焕　邓思浩　鲍志远　许文静　李馨　李基世　刘蔚然　文汉强　胡朔斌　刘启毫　黄昌鸣　盛景超）

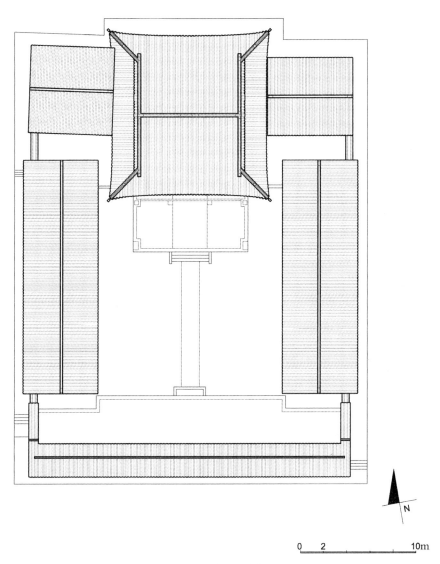

图 13 山西高平三嵚庙总屋顶平面图

（指导教师：刘畅　助教：赵寿堂　蔡孟璇　总图测绘人：宋文轩　徐易佳　叶天琳）

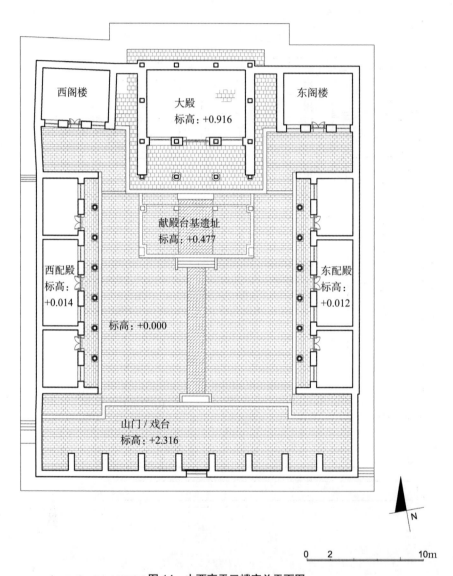

图 14　山西高平三嵕庙总平面图

（指导教师：刘畅　助教：赵寿堂　蔡孟璇　总图测绘人：宋文轩　徐易佳　叶天琳）

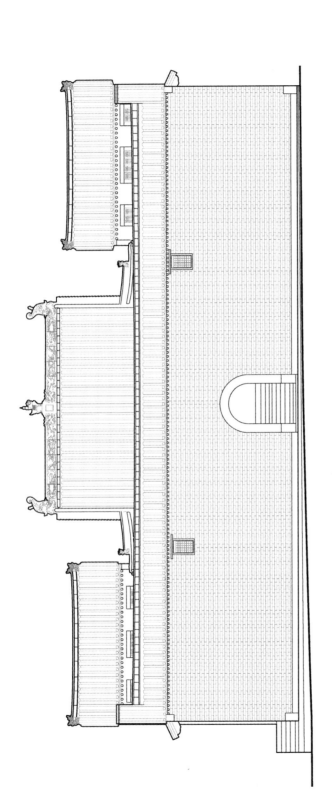

图 15 山西高平三嵕庙总南立面图

(指导教师：刘畅 助教：赵寿堂 蔡孟璇 总图测绘人：宋文轩 徐易佳 叶天琳)

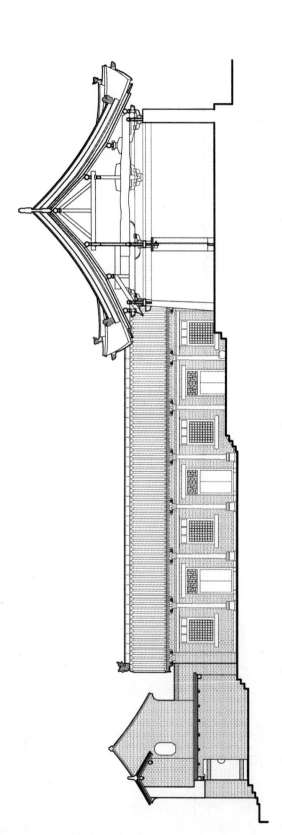

图 16 山西高平三嵕庙总纵剖面图

（指导教师：刘畅 助教：赵寿堂 蔡孟璇 总图测绘人：朱文轩 徐易佳 叶天琳）

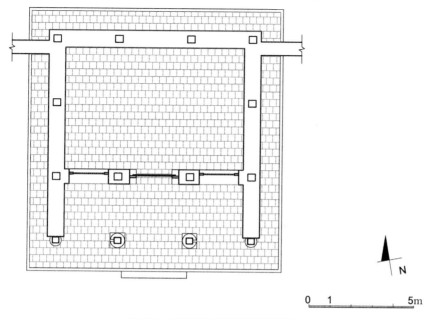

图 17　山西高平三嵕庙正殿平面图

（指导教师：刘畅　助教：赵寿堂　蔡孟璇　大殿测绘人：宫宸　李周炫　连畅　斐婧然　潘徽音）

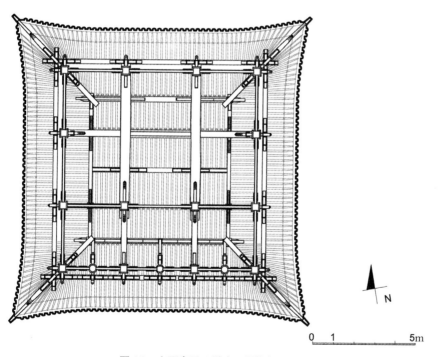

图 18　山西高平三嵕庙正殿仰视平面图

（指导教师：刘畅　助教：赵寿堂　蔡孟璇　大殿测绘人：宫宸　李周炫　连畅　斐婧然　潘徽音）

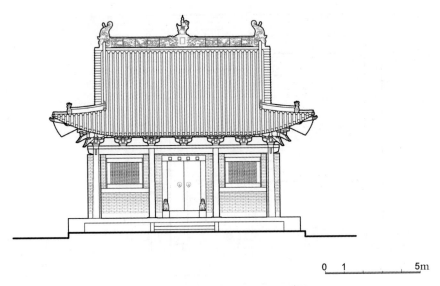

图 19　山西高平三嵕庙正殿正立面图

（指导教师：刘畅　助教：赵寿堂　蔡孟璇　大殿测绘人：宫宸　李周炫　连畅　斐婧然　潘徽音）

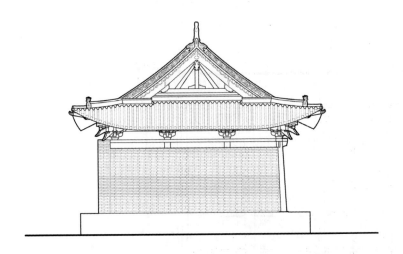

图 20　山西高平三嵕庙正殿侧立面图

（指导教师：刘畅　助教：赵寿堂　蔡孟璇　大殿测绘人：宫宸　李周炫　连畅　斐婧然　潘徽音）

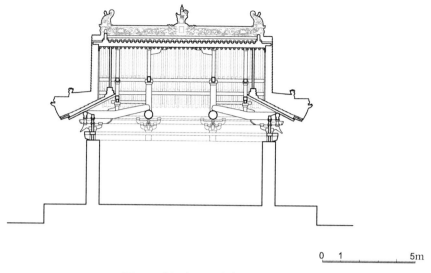

图 21　山西高平三嵕庙正殿纵剖面图

（指导教师：刘畅　助教：赵寿堂　蔡孟璇　大殿测绘人：宫宸　李周炫　连畅　斐婧然　潘徽音）

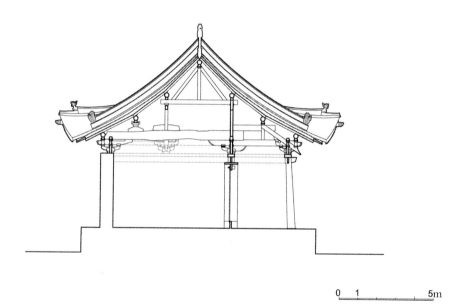

图 22　山西高平三嵕庙正殿横剖面图

（指导教师：刘畅　助教：赵寿堂　蔡孟璇　大殿测绘人：宫宸　李周炫　连畅　斐婧然　潘徽音）

《中国建筑史论汇刊》稿约

一、《中国建筑史论汇刊》是由清华大学建筑学院主办，清华大学建筑学院建筑历史与文物建筑保护研究所承办，中国建筑工业出版社出版的系列文集，以年辑的体例，集中并逐年系列发表国内外在中国建筑历史研究方面的最新学术研究论文。刊物出版受到华润雪花啤酒（中国）有限公司资助。

二、宗旨：推展中国建筑历史研究领域的学术成果，提升中国建筑历史研究的水准，促进国内外学术的深度交流，参与中国文化现代形态在全球范围内的重建。

三、栏目：文集根据论文内容划分栏目，论文内容以中国的建筑历史及相关领域的研究为主，包括中国古代建筑史、园林史、城市史、建造技术、建筑装饰、建筑文化以及乡土建筑等方面的重要学术问题。其着眼点是在中国建筑历史领域史料、理论、见解、观点方面的最新研究成果，同时也包括一些重要书评和学术信息。篇幅亦遵循国际通例，允许做到"以研究课题为准，以解决一个学术问题为准"，不再强求长短划一。最后附"古建筑测绘"栏目，选登清华建筑学院最新古建筑测绘成果，与同好分享。

四、评审：采取匿名评审制，以追求公正和严肃性。评审标准是：在翔实的基础上有所创新，显出作者既涵泳其间有年，又追思此类问题已久，以期重拾"为什么研究中国建筑"（梁思成语，《中国营造学社汇刊》第七卷第一期）的意义，并在匿名评审的前提下一视同仁。

五、编审：编审工作在主编总体负责的前提下，由"专家顾问委员会"和"编辑部"共同承担。前者由海内外知名学者组成，主要承担评审工作；后者由学界后辈组成，主要负责日常编务。编辑部将在收到稿件后，即向作者回函确认；并将在一月左右再次知会，文章是否已经通过初审、进入匿名评审程序；一俟评审得出结果，自当另函通报。

六、征稿：文集主要以向同一领域顶级学者约稿或由著名学者推荐的方式征集来稿，如能推荐优秀的中国建筑历史方向博士论文中的精彩部分，也将会通过专家评议后纳入文集，论文以中文为主（每篇论文可在2万字左右，以能够明晰地解决中国古代建筑史方面的一个学术问题为目标），亦可包括英文论文的译文。自2019年1月1日起，除特邀作者的文章外，稿件发表后原则上不再付稿费，亦不收取版面费。

七、出版周期：以每年1~2辑的方式出版，每辑11~15篇，总字数为50万字左右，16开，单色印刷。

八、编者声明：本文集以中文为主，从第捌辑开始兼收英文稿件。作者无论以何种语言赐稿，即被视为自动向编辑部确认未曾一稿两投，否则须为此负责。本文集为纯学术性论文集，以充分尊重每位作者的学术观点为前提，唯求学术探索之原创与文字写作之规范，文中任何内容与观点上的歧异，与文集编者的学术立场无关。

九、入网声明：为适应我国信息化发展趋势，扩大本刊及作者知识信息交流渠道，本刊已被《中国学术期刊网络出版总库》及CNKI系列数据库收录，其作者文章著作权使用费与本刊稿酬一次性给付，免费提供作者文章引用统计分析资料。如作者不同意文章被收录入期刊网，请在来稿时向本刊声明，本刊将做适当处理。

来稿请投：E-mail: xuehuapress@sina.cn；或寄：清华大学建筑学院新楼503室《中国建筑史论汇刊》编辑部，邮编：100084。

本刊博客：http://blog.sina.com.cn/jcah

《中国建筑史论汇刊》编辑部

Guidelines for Submitting English-language Papers to the *JCAH*

The *Journal of Chinese Architecture History* (*JCAH*) provides art opportunity for scholars to Publish English-language or Chinese—language papers on the history of Chinese architecture from the beginning to the early 20th century. We also welcome papers dealing with other countries of the East Asian cultural sphere. Topics may range from specific case studies to the theoretical framework of traditional architecture including the history of design, landscape and city planning.

JCAH is strongly committed to intellectual transparency, and advocates the dynamic process of open peer review. Authors are responsible to adhere to the standards of intellectual integrity, and acknowledge the source of previously published material Likewise, authors should submit original work that, in this manner, has not been published previously in English, nor is under review for publication elsewhere.

Manuscripts should be written in good English suitable for publication. Non-English native speakers are encouraged to have their manuscripts read by a professional translator, editor, or English native speaker before submission.

Starting with January 1, 2019, authors are not paid for publishing scholarly articles in the journal, except for invited authors; authors are not charged a publication or layout fee.

Manuscripts should be sent electronically to the following email address: xuehuapress@sina.cn
For further information, please visit the *JCAH* website, or contact our editorial office:
English Editor: Alexandra Harrer（荷雅丽）
JCAH Editorial office
Tsinghua University, School of Architecture, New Building Room 503 / China, Beijing, Haidian District 100084
（北京市海淀区 100084/ 清华大学建筑学院新楼 503/JCAH 编辑部）
Tel [Ms Zhang Xian（张弦）/Ms Li Jing 李菁)]: 0086 10 62796251
Email: xuehuapress@sina.cn
http://blog.sina.corn.cn/jcah

Submissions should include the following separate files:

1) Main text file in MS-Word format (labeled with "text" + author's last name) It must include the name (s) of the author (s), name (s) of the translator (s) if applicable, institutional affiliation, a short abstract (less than 200 words), 5 keywords, the main text with footnotes, acknowledgment if necessary, and a bibliography. For text style and formatting guidelines, please visit the *JCAH* website (mainly Chicago Manual of Style, 16th Edition, *Merriam-webster Collegiate Dictionary*, 11th Edition)

2) Caption file in MS-Word format (labeled with "caption" + author's last name).It should list illustration captions and sources.

3) Up to 30 illustration files preferable in JPG format (labeled with consecutive numbers according to the sequence in the text+ author's last name). Each illustration should be submitted as an individual file with a resolution of 300 dpi and a size not exceeding 1 megapix.

Authors are notified upon receipt of the manuscript. If accepted for publication, authors will receive an edited version of the manuscript for final revision.

图书在版编目（CIP）数据

中国建筑史论汇刊. 第壹拾捌辑／王贵祥主编. —北京：中国建筑工业出版社，2019.10
ISBN 978-7-112-24158-3

Ⅰ.①中… Ⅱ.①王… Ⅲ.①建筑史—中国—文集 Ⅳ.①TU-092

中国版本图书馆CIP数据核字（2019）第191115号

责任编辑：董苏华　李　婧
责任校对：王　瑞

中国建筑史论汇刊·第壹拾捌辑
王贵祥　主　编
贺从容　李　菁　副主编
*
中国建筑工业出版社出版、发行（北京海淀三里河路9号）
各地新华书店、建筑书店经销
北京雅盈中佳图文设计公司制版
北京中科印刷有限公司印刷
*
开本：787×1092毫米　1/16　印张：21　字数：415千字
2019年10月第一版　2019年10月第一次印刷
定价：99.00元
ISBN 978-7-112-24158-3
（34653）

版权所有　翻印必究
如有印装质量问题，可寄本社退换
（邮政编码100037）